utb 5351

Eine Arbeitsgemeinschaft der Verlage

Böhlau Verlag · Wien · Köln · Weimar
Verlag Barbara Budrich · Opladen · Toronto
facultas · Wien
Wilhelm Fink · Paderborn
Narr Francke Attempto Verlag / expert Verlag · Tübingen
Haupt Verlag · Bern
Verlag Julius Klinkhardt · Bad Heilbrunn
Mohr Siebeck · Tübingen
Ernst Reinhardt Verlag · München
Ferdinand Schöningh · Paderborn
transcript Verlag · Bielefeld
Eugen Ulmer Verlag · Stuttgart
UVK Verlag · München
Vandenhoeck & Ruprecht · Göttingen
Waxmann · Münster · New York
wbv Publikation · Bielefeld

Ira Frost

Statistik für Wirtschafts-wissenschaftler

expert

Bibliografische Information der Deutschen Nationalbibliothek
Die Deutsche Nationalbibliothek verzeichnet diese Publikation in der Deutschen Nationalbibliografie; detaillierte bibliografische Daten sind im Internet über http://dnb.dnb.de abrufbar.

Dischingerweg 5 · D-72070 Tübingen

Internet: www.expertverlag.de
eMail: info@verlag.expert

Einbandgestaltung: Atelier Reichert, Stuttgart
Printed in Germany

utb-Nr.: 5351
ISBN 978-3-8252-5351-6 (Print)
ISBN 978-3-8385-5351-1 (ePDF)

Vorwort

Es ist offensichtlich, dass Statistik zunehmend in fast alle Disziplinen, ja sogar in den Alltag eindringt. So sind statistische Methoden aus den Wirtschaftswissenschaften nicht mehr wegzudenken. Entsprechend gibt es eine Fülle hervorragender und ausführlicher Lehrbücher zu diesem Fach. Doch gerade diese Fülle scheint viele Studienanfänger zu überfordern. Das vorliegende Buch möchte deshalb insbesondere den *Einstieg* ins Fach Statistik erleichtern und damit den Boden für eine später vertiefende Lektüre bereiten.

Die Grundlage dieses Buches bilden die Vorlesungen und Übungen, die ich für die Studierenden der Betriebswirtschaftslehre an der Hochschule München abgehalten habe. Da dieses Buch Basiswissen vermittelt, genügen in aller Regel die allgemeinen Grundkenntnisse der Schulmathematik. Allerdings ist es häufig die Formelsprache, die „mathematischen Laien" den Zugang erschwert. Um Zusammenhänge und Vorgänge klar, effizient und universal auszudrücken – gerade in den Wirtschaftswissenschaften – sind Formeln jedoch unverzichtbar.

So finden sich in diesem Buch zahlreiche Formeln. Damit die durch die Formeln dargestellten Zusammenhänge leichter zu erfassen sind, werden diese zusätzlich verbal erläutert bzw. kommentiert. Oft ist es unbefriedigend, fertige Formeln (Ergebnisse) vorgesetzt zu bekommen. Deswegen werden einige dieser Formeln, wie etwa der Verschiebungssatz für die Varianz (Abschnitt 2.5), die Kleinsten-Quadraten-Schätzer (Kapitel 5) sowie ausgewählte Ergebnisse in Schätzen und Testen explizit hergeleitet. Außerdem macht es einfach mehr Spaß, die erworbenen mathematischen Kenntnisse anzuwenden.

Ausführliche, Schritt für Schritt erklärte Beispiele unterstützen das Selbststudium sowie die Vor- und Nachbereitung des Vorlesungsstoffes. Eine richtige Methode zu erkennen und Ergebnisse sachgerecht zu interpretieren setzt voraus, dass man die Instrumente beherrscht. Deswegen werden zusätzlich zu praxisorientierten auch rein technisch ausgerichtete (Rechen-) Beispiele ausgeführt.

Um das Gelernte zu festigen, stehen Übungsaufgaben zum Download unter `https://www.utb-shop.de/9783825253516` bereit. Zu allen Aufgaben können außerdem Musterlösungen heruntergeladen werden. Die Musterlösungen ermöglichen es den Lernenden, ihre *eigenen* Ergebnisse zu überprüfen.

Das Buch gliedert sich in drei Teile und folgt damit den klassischen Statistik-Einführungskursen. Der erste Teil über die *deskriptive Statistik* beginnt mit der Einführung in die Terminologie. Standardverfahren der Datenaufbereitung (Tabellen und Grafiken), Kennzahlen zur Datenbeschreibung sowie Grundlagen der linearen Regression werden eingeführt. Ein Kapitel über Indexzahlen schließt den ersten Teil ab.

Der zweite Teil behandelt die *elementare Wahrscheinlichkeitsrechnung*, die wiederum für die induktive Statistik erforderlich ist. Hier finden sich neben mathematisch anmutenden Grenzwertsätzen auch einige wichtige praxisrelevante Modelle der Wahrscheinlichkeitsverteilung. Wenn auch der Leser die Grenzwertsätze nicht im Detail beherrschen muss, sollte er sich jedoch ihrer Bedeutung bewusst sein. Auf diesen Grenzwertsätzen basieren die praktischen Methoden der Statistik.

Der dritte Teil über die *induktive Statistik* präsentiert ausgewählte anwendungsorientierte Themen aus dem klassischen Bereich der induktiven Statistik, nämlich aus Schätz- und Testverfahren. Für die Auseinandersetzung mit diesen Methoden sind Ergebnisse aus der Wahrscheinlichkeitsrechnung erforderlich.

Ich möchte an dieser Stelle nicht versäumen, Herrn Dr. Arnulf Krais vom expert verlag meinen Dank auszusprechen. Ohne seine Unterstützung wäre dieses Projekt nicht möglich gewesen. Zudem haben viele Personen an diesem Buch mittelbar oder unmittelbar mitgewirkt: die Studierenden der Hochschule München, die durch Gespräche innerhalb und außerhalb der Vorlesungen zahlreiche Anregungen gegeben haben, Harald Frost, Markus Wessler, Helge Röpcke, Alexandra Fuchs-Würth, Alexandra und Lydia Frost. Ihnen allen danke ich sehr. Schließlich danke ich Herrn Hans Wolfertstetter, meinem ehemaligen Lehrer, der trotz seiner Lehrverpflichtungen das Manuskript durchgesehen hat.

Vorwort zur zweiten Auflage

Die vorliegende Auflage ist gegenüber der ersten im wesentlichen unverändert. Um Missverständnisse zu vermeiden, wurden Textkorrekturen vorgenommen. Ergänzt wurde die neue Auflage durch Konzentrationsmessung (Lorenzkurve, Gini-Koeffizient).

Ich bedanke mich bei Kollegen und Studierenden für Hinweise auf Fehler und Verbesserungsvorschläge. Mein besonderer Dank gilt Herrn Dr. Josef Dietl für das Durchlesen und wertvolle Anregungen.

Vorwort zur dritten Auflage

In der dritten Auflage wurden einige Druckfehler korrigiert. Vielen Dank für hilfreiche Hinweise von Studierenden und Lesern.

Vorwort zur vierten Auflage

Diverse Tippfehler wurden in der vierten Auflage beseitigt; das Beispiel in der Einführung ist aktualisiert worden. Ich bedanke mich für die hilfreichen Hinweise von Studierenden und Lesern. Ein besonderer Dank gilt Herrn Patrick Sorg vom *expert verlag*.

Inhaltsverzeichnis

Einführung

Statistik ist ein Instrument zur Gewinnung von Informationen aus Daten. Sie beschäftigt sich mit Methoden der Datenaufbereitung und -analyse. Man unterteilt Statistik im Allgemeinen in zwei Teilgebiete: **deskriptive** oder **beschreibende** Statistik und **induktive** oder **schließende** Statistik - auch **Inferenzstatistik** genannt.

Die Aufgabe der deskriptiven Statistik besteht darin, Informationen aus Daten zu filtern; sie knapp, dennoch aussagekräftig, durch Kennzahlen, Tabellen und Grafiken darzustellen. Jeder von uns kennt sicherlich ein ähnliches Beispiel wie das folgende Ergebnis der Befragung über die durchschnittliche Nutzung des Internets in Minuten pro Tag in den Jahren 2000 bis 2018 in Deutschland. Die Studie wurde von GfK Media and Communication Research durchgeführt; insgesamt haben 2009 Personen ab 14 Jahren in Deutschland daran teilgenommen.[1] Das von ARD/ZDF veröffentlichte Ergebnis wird in Form einer Tabelle (siehe Tabelle 0.1) und einer Grafik (siehe Abbildung) präsentiert. Die im Beobachtungszeitraum jährlich errechnete Kennzahl *Durchschnittswert der Internetnutzung* bildet die Grundlage der beiden Darstellungsformen. An der Grafik erkennt man, dass die durchschnittliche Nutzung des Internets jedes Jahr (mit einer kleinen Unterbrechung in den Jahren 2004 und 2015) zunimmt. Das erneute Wachstum ab 2004 verlief etwas langsamer, bis ein Sprung von 2012 auf 2013 stattfand. Die durchschnittliche Nutzungsdauer bleibt etwa auf diesem Niveau und steigt sichtbar von 2015 bis 2018.

Außer tabellarischen und grafischen Darstellungen von Daten umfasst die deskriptive Statistik Themenbereiche, die aus Veröffentlichungen der Wirtschaftswelt bzw. allgemein aus den Medien vertraut sind, wie etwa Korrelation, Regression und Indexzahlen. Statistische Methoden, die in der induktiven Statistik vorgestellt werden, ermöglichen uns, aus dem Ergebnis der obigen Studie mit 1252 Personen Aussagen über die durchschnittliche Nutzung des Internets in der Bundesrepublik

---

[1] `https://de.statista.com/statistik/daten/studie/1388/umfrage/taegliche-nutzung-des-internets-in-minuten/` (Stand: 09.09.2019)

	Werte		Werte		Werte
2000	17	2006	48	2012	83
2001	26	2007	54	2013	108
2002	35	2008	58	2014	111
2003	45	2009	70	2015	108
2004	43	2010	77	2016	128
2005	46	2011	80	2017	149
				2018	196

Tabelle 0.1.: Tägliche Nutzung des Internets in Minuten

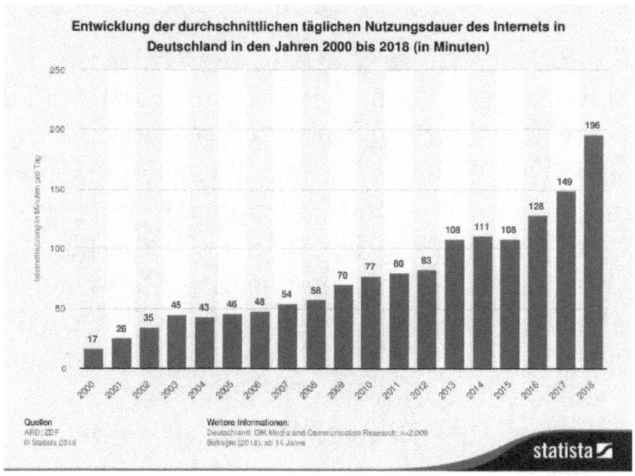

Deutschland zu treffen[2]. Wir können unter bestimmten Bedingungen auch beurteilen, ob ein Stichprobenergebnis eher als zufällig anzusehen ist oder nicht. Kurz gesagt: Die Inferenzstatistik beschäftigt sich mit Methoden, die Schlüsse aus einer Teilgesamtheit (Stichprobe) auf die Grundgesamtheit ermöglichen. Es liegt auf der Hand, dass solche Aussagen mit Unsicherheiten verbunden sind. Eine Wissenschaft, die sich Unsicherheit und Zufall zu eigen macht, ist die Wahrscheinlichkeitstheorie. Deshalb ist es nur verständlich, dass zahlreiche Ergebnisse aus der Wahrscheinlichkeitstheorie in der induktiven Statistik intensiv genutzt werden.

[2] „Es ist mir noch heute schleierhaft, daß man herausbringt, was sechzig Millionen Menschen denken, wenn man zweitausend Menschen befragt. Erklären kann ich das nicht. Es ist eben so.“ (Elisabeth Noelle-Neumann, Meinungsforscherin). Zitat aus [16]

Teil I.

Deskriptive Statistik

1. Grundbegriffe

Wir haben in der Einführung die Begriffe *Grundgesamtheit* und *Stichprobe* bereits erwähnt. Wie sie genau definiert sind, erfahren wir jetzt. Eine **Grundgesamtheit** oder **Population** ist eine Gruppe aller uns interessierenden Einheiten, auch **statistische Einheiten** genannt. So bilden beispielsweise alle Internetnutzer ab 14 Jahren in der Bundesrepublik Deutschland eine Grundgesamtheit. Eine Grundgesamtheit muss nicht unbedingt aus Personen bestehen. Die Einheiten können Länder, Gebäude, Unternehmen, Maschinen, Waren etc. sein.

Eine **Stichprobe** ist ein Teil der Grundgesamtheit, der, nach einem bestimmten Verfahren ausgewählt, tatsächlich untersucht wird. Grundsätzlich gibt es zwei Auswahlverfahren: die **bewusste Auswahl** und die **Zufallsauswahl**. Bei einer Zufallsauswahl besitzt jedes Element der Grundgesamtheit die gleiche Chance, in die Stichprobe zu gelangen. Bei einer bewussten Auswahl wie etwa der Quotenstichprobe erfolgt die Auswahl nur teilweise zufällig. Sind beispielsweise 21% der bayerischen Bevölkerung evangelisch, so sollen ebenso 21% der Personen in der Stichprobe der evangelischen Kirchen angehören. Unter Einhaltung dieser Quoten hat ein Interviewer freie Hand.

In der Gfk-Studie zur Internetnutzung bilden die 2009 befragten Personen ab 14 Jahren eine Stichprobe. Die Anzahl der Einheiten in der Stichprobe nennt man **Stichprobenumfang**; er wird in der Regel mit n bezeichnet. (In der GfK-Studie ist $n = 2009$.) Eine **Vollerhebung** liegt vor, wenn alle Einheiten der Grundgesamtheit untersucht werden.

An jeder ausgewählten Einheit wird eine bestimmte *Eigenschaft* beobachtet. Diese Eigenschaft nennen wir **Merkmal** oder **Variable**. Wir bezeichnen sie mit Großbuchstaben wie X, Y, Z o. a.. Die möglichen (unterschiedlichen) Werte eines Merkmals heißen **Merkmalsausprägungen**. In der GfK-Studie wurde das Merkmal *Tägliche Nutzung des Internets in Minuten* untersucht. Die Ausprägungen dieses Merkmals sind nicht negative ganze Zahlen.

Unter **Daten** verstehen wir die beobachteten Ausprägungen in der Stichprobe. Um Daten zu beschaffen, kann man beispielsweise eine Befragung durchführen; sie kann schriftlich, mündlich, telefonisch oder online erfolgen. Auch interne Firmenunterlagen, die amtliche Statistik (`www.destatis.de`) oder Veröffentlichungen der Deutschen Bundesbank (`http://www.bundesbank.de`) können als Datenquelle fungieren. (Ausführlicher zur Stichprobenverfahren und Datenbeschaffung siehe [2], [6], [11].)

Merkmalsausprägungen und Daten bezeichnen wir mit Kleinbuchstaben wie $a_j, x_i, \ldots$. Dabei weist der Index i oder j auf den i-ten Datenpunkt oder die j-te Ausprägung hin. Um die eingeführten Begriffe zu festigen, betrachten wir nun den folgenden Ausschnitt eines Fragebogens[1]:

Alter: ...... Jahre

Geschlecht Männlich... □
Weiblich ... □

Wie schätzen Sie Ihre eigenen Mathematik-Kenntnisse ein?
(1 = sehr gut bis 6 = sehr schlecht)

1... □ 2... □ 3... □ 4... □ 5... □ 6... □

Bei dieser Untersuchung werden die Merkmale *Alter* (X), *Geschlecht* (Y) und *Einschätzung der eigenen Mathematik-Kenntnisse* (Z) erhoben. Die Ausprägungen des Merkmals X sind beispielsweise Zahlen zwischen 18 und 34, die des Merkmals Y sind m = männlich oder w = weiblich, und schließlich hat das Merkmal Z die Ausprägungen 1 = sehr gut bis 6 = sehr schlecht. Tabelle 1.1 gibt ein mögliches Ergebnis einer solchen Befragung wieder.

1.1. Merkmalsarten

Merkmale, die numerischer Natur sind, heißen **quantitativ**. Beispiele sind u. a. *Alter*, *Einkommen*, *Wohnfläche*. Merkmale mit verbal for-

[1]Eine solche Umfrage könnte beispielsweise im Rahmen einer Verbesserung der Studienbedingungen durchgeführt werden.

Stud. Nr. i	Alter x_i	Geschlecht y_i	Einschätzung der Mathe.-Kenntnisse z_i
1	20	m	1
2	19	m	3
3	21	m	5
4	20	w	1
5	28	m	2
6	28	w	2
7	34	w	5
8	25	m	5
9	25	w	5
10	25	m	3
11	18	w	2
12	24	m	4
13	19	w	3
14	19	w	3
15	24	w	4
16	21	w	2
17	22	m	2
18	22	w	2
19	20	w	1
20	18	w	2

Tabelle 1.1.: Ergebnis der Befragung unter $n = 20$ Studierenden des ersten Semesters

mulierten Ausprägungen nennt man **qualitativ**. Beispiele sind u. a. *Geschlecht*, *Religionszugehörigkeit*, *Nationalität*. Aber auch das Merkmal *Einschätzung der eigenen Mathematik-Kenntnisse* ist qualitativ, obwohl seine Ausprägungen Ziffern sind. Diese Ziffern stellen eine (im Prinzip) willkürliche Kodierung dar. Man kann sie beliebig ändern, wenn man nur die Ordnung beibehält. Statt die Kodierung „1 = sehr gut“, „2 = gut“ bis „6 = sehr schlecht“ könnte man zum Beispiel auch „10 = sehr gut“, „9 = gut“ bis „5 = sehr schlecht“ wählen.

Bei einer Datenanalyse kann man die verschiedenen Merkmale nicht gleich behandeln. Für das Merkmal *Alter* ergibt zum Beispiel die Aussage „A ist doppelt so alt wie B“ einen Sinn, während eine solche Aussage für die Merkmale *Geschlecht* oder *Einschätzung der Mathematik-Kenntnisse* sinnlos ist.

Für eine adäquate Datenanalyse werden Merkmale nach zwei weiteren Kriterien in Kategorien aufgeteilt. Bezüglich ihrer quantitativen Eigenschaften unterscheidet man drei Skalenniveaus:

1. Auf dem niedrigsten Skalenniveau befindet sich die **Nominalskala**. Alle Ausprägungen nominal skalierter Merkmale lassen sich nur nach ihrer Art unterscheiden und sind gleichwertig. Die Merkmale *Geschlecht*, *Religionszugehörigkeit* oder *Nationalität* sind einige Beispiele dafür.

2. Auf der nächsthöheren Skalenstufe steht die **Ordinalskala**. Zwischen den Ausprägungen ordinal skalierter Merkmale gibt es eine Rangordnung. Beispiele sind u. a. *Einschätzung der eigenen Mathematik-Kenntnisse*, *Beurteilung der Geschäftslage* (zum Beispiel im Rahmen des ifo-Konjunkturtests).

3. Die **metrische** oder **kardinale** Skala befindet sich auf dem höchsten Skalenniveau. In der Literatur findet man eine weitere Unterteilung der Kardinalskala in **Intervall-** und **Verhältnisskala**. Die Verhältnisskala besitzt einen natürlichen Nullpunkt. Beispiele dafür sind *Alter*, *Einkommen* oder *Wohnfläche.* Quotientenbildung ist für die Verhältnisskala sinnvoll, d. h., es lassen sich Aussagen treffen wie „Herr A verdient doppelt so viel wie Frau A. Dafür ist sie halb so alt wie er“. Solche Aussagen sind für intervallskalierte Merkmale nicht sinnvoll, denn die Intervallskala basiert auf Differenzen. Sie besitzt keinen natürlichen Nullpunkt. Ein klassisches Beispiel dazu ist *Temperatur in °C bzw. Fahrenheit.* Wir lassen im Folgenden die Unterscheidung außer Acht und sprechen einfach von der Kardinal- oder metrischen Skala.

Eine weitere Unterscheidung der Merkmale erfolgt nach der Abzählbarkeit ihrer Ausprägungen. Merkmale heißen **diskret**, wenn ihre Ausprägungen *abzählbar* sind, d. h. man kann sie „durchnummerieren“. Beispiele sind u. a. *Haushaltsgröße*, *Anzahl der Kinder*, *Alter in Jahren.* Kann man die Ausprägungen eines Merkmals nicht abzählen, sondern nur messen, dann heißt das Merkmal **stetig**. Beispiele sind u. a. *Alter*, *Wohnfläche*, *Lebensdauer.*

Je nach Ziel einer Studie können stetige in diskrete Merkmale überführt werden. So kann man beispielsweise das stetige Merkmal *Alter* (das Altern kann man als einen kontinuierlichen Prozess in der Zeit ansehen) in Jahren, wie etwa 1 Jahr, 2 Jahre usw., angeben, wodurch es einen diskreten Charakter erhält.

1.2. Zusammenfassung

Wichtige Begriffe

Merkmale (Variable)
Merkmalsausprägungen
Statistische Einheiten (Merkmalsträger)
Grundgesamtheit (Population)
Stichprobe
Vollerhebung
Daten

Qualitatives Merkmal
Quantitatives Merkmal
Nominalskala
Ordinalskala
Kardinalskala (Metrische Skala)
Diskret
Stetig

2. Eindimensionale Daten

Daten heißen eindimensional, wenn sie nur Werte eines einzigen Merkmals darstellen. Untersucht man an jeder Einheit zwei Merkmale gemeinsam, z. B. X: *Alter* und Y: *Gewicht*, dann heißen sie zweidimensional. Wir werden uns mit den beiden genannten Fällen beschäftigen und beginnen in diesem Kapitel mit dem eindimensionalen Fall. Die hier gewonnenen Ergebnisse werden in der zweidimensionalen Datenanalyse im nachfolgenden Kapitel verwendet und erweitert.

Sei X ein Merkmal mit m Ausprägungen $a_1, \ldots, a_m$, das an $n \in \mathbb{N}$ Merkmalsträgern gemessen wird. Die Daten über X, die an den n Merkmalsträgern beobachtet werden, seien $x_1, \ldots, x_n$. Man nennt diese Daten **Rohdaten** oder **Urliste**[1].

Beispiel 2.1

Betrachten wir die folgende Urliste des Merkmals X: *Alter* (in Jahren), beobachtet an $n = 10$ Personen:

$$20 \quad 19 \quad 21 \quad 20 \quad 28 \quad 28 \quad 34 \quad 25 \quad 25 \quad 25.$$

Nach unserer Notation lauten die $n = 10$ Beobachtungen (Daten)

$$x_1 = 20,\ x_2 = 19, \ldots, x_{10} = 25$$

und die $m = 6$ Ausprägungen sind:

$$a_1 = 19,\ a_2 = 20,\ a_3 = 21,\ a_4 = 25,\ a_5 = 28,\ a_6 = 34.$$

(Ordnet man sie der Größe nach, so verringert man das Risiko, Ausprägungen zu vergessen.)

Eine weitere Urliste stellt das Ergebnis einer Beobachtung des Merkmals Y: *Geschlecht* ($n = 10$) dar:

$$\text{m, m, m, w, m, w, w, m, w, w.}$$

Nach unserer Notation sind:

$$y_1 = \text{m},\ y_2 = \text{m}, \ldots, y_{10} = \text{w}.$$

Die $m = 2$ Ausprägungen lauten: $b_1 = \text{m},\ b_2 = \text{w}$.

[1] m = Anzahl der Ausprägungen, n = Anzahl der Daten = Anzahl der Merkmalsträger, $(m \leq n)$

2.1. Häufigkeitstabelle und Grafiken

In der Urliste (Rohdaten) befinden sich Werte, die mehrfach vorkommen. Urlisten sind in der Regel unübersichtlich. Die einfachste Methode, sie zu ordnen, ist das Erstellen einer **Häufigkeitstabelle**. In eine Häufigkeitstabelle trägt man zu jeder Ausprägung[2] a_j die Anzahl ein, wie oft diese beobachtet wurde. Die Häufigkeit, mit der a_j in der Urliste vorkommt, wird mit $f(a_j)$ oder kurz f_j bezeichnet. Man nennt f_j auch die **absolute Häufigkeit** von a_j. Die absoluten Häufigkeiten addieren sich zu n (im Anhang finden Sie eine ausführliche Erklärung zum *Summenzeichen* $\sum$):

$$\sum_{j=1}^{m} f_j = n \tag{2.1}$$

Der Anteilswert

$$\boxed{h_j = h(a_j) = \frac{f_j}{n}} \tag{2.2}$$

heißt entsprechend die **relative Häufigkeit** von a_j. Die Anteilswerte summieren sich zu Eins:

$$\sum_{j=1}^{m} h_j = 1 \tag{2.3}$$

Beispiel 2.2
Zählt man für den Datensatz im Beispiel 2.1, wie oft jeweils eine Ausprägung a_j erscheint, so erhält man die absoluten Häufigkeiten:

$$f_1 = 1,\ f_2 = 2,\ f_3 = 1,\ f_4 = 3,\ f_5 = 2,\ f_6 = 1.$$

Summenbildung dieser Werte ergibt

$$\sum_{j=1}^{6} f_j = 1 + 2 + 1 + 3 + 2 + 1 = 10 = n.$$

Die relativen Häufigkeiten (Anteilswerte) sind

$$h_1 = \frac{1}{10},\ h_2 = \frac{2}{10},\ h_3 = \frac{1}{10},\ h_4 = \frac{3}{10},\ h_5 = \frac{2}{10},\ h_6 = \frac{1}{10}.$$

[2]Der Klarheit halber vereinbaren wir: Der Laufindex i wird für die Werte einer Urliste und der Laufindex j für die Ausprägungen verwendet. Somit gilt: $i = 1, \ldots, n$ und $j = 1, \ldots, m$.

Die Anteilswerte addieren sich zu Eins

$$\sum_{j=1}^{6} h_j = 0,1 + 0,2 + 0,1 + 0,3 + 0,2 + 0,1 = 1,0.$$

Ausprägung Nr. j	Ausprägung a_j	Absolute H. f_j	Relative H. h_j
1	19	1	0,1
2	20	2	0,2
3	21	1	0,1
4	25	3	0,3
5	28	2	0,2
6	34	1	0,1
		10	1,0

Tabelle 2.1.: Häufigkeitstabelle des Merkmals *Alter* aus Beipiel 2.1

Grafisch kann man die absoluten oder relativen Häufigkeiten als **Stab-** oder **Säulendiagramm** darstellen. Man zeichnet über $a_1, \ldots, a_m$ jeweils einen zur x-Achse senkrechten Stab der Höhe f_j bzw. h_j (siehe Abbildung 2.1). Stabdiagramme stellt man auf, wenn lediglich die Häufigkeiten der Ausprägungen dargestellt oder verglichen werden sollen. Sie sind sehr einfach zu konstruieren und für Merkmale mit wenigen Ausprägungen geeignet.

Eine andere grafische Darstellung ist das **Kreis-** oder **Tortendiagramm**. Dabei werden die Häufigkeiten als Kreissektoren abgebildet. Der Kreis stellt die Gesamtheit dar. Kreisdiagramme sind besonders zur Darstellung von Anteilen geeignet. Der Winkel des j-ten Kreissektors α_j wird so bestimmt, dass

$$\alpha_j = h_j \cdot 360^\circ. \tag{2.4}$$

Abbildung 2.2 stellt die Daten aus Tabelle 2.1 als Kreisdiagramm dar. Die Winkel der Sektoren sind:

$$\alpha_1 = 0,1 \cdot 360^\circ = 36^\circ,\ \alpha_2 = 0,2 \cdot 360^\circ = 72^\circ,\ \alpha_3 = 0,1 \cdot 360^\circ = 36^\circ,$$

$$\alpha_4 = 0,3 \cdot 360^\circ = 108^\circ,\ \alpha_5 = 0,2 \cdot 360^\circ = 72^\circ,\ \alpha_6 = 0,1 \cdot 360^\circ = 36^\circ.$$

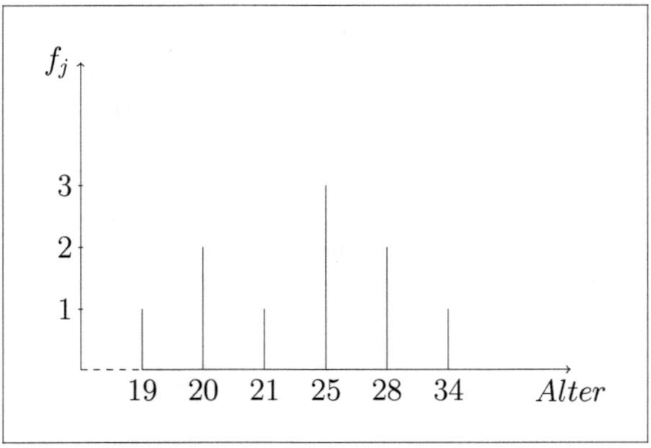

Abbildung 2.1.: Stabdiagramm für das Merkmal *Alter* aus Tabelle 2.1

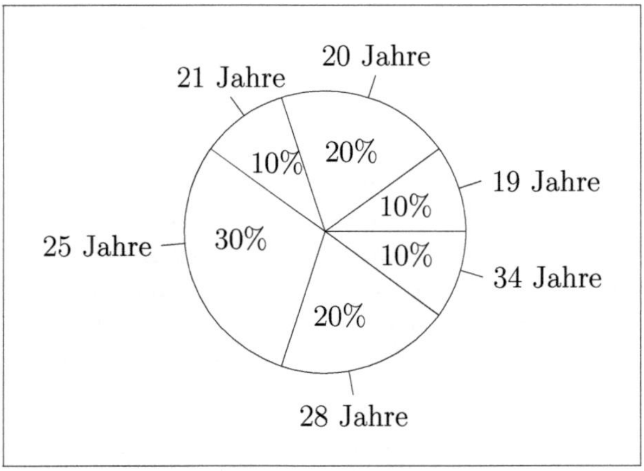

Abbildung 2.2.: Kreisdiagramm für das Merkmal *Alter* aus Tabelle 2.1

2.2. Empirische Verteilungsfunktion

Definition 2.1
Seien $a_1 < \ldots < a_m$ die Ausprägungen des Merkmals X. Die Funktion

$$H(x) = \sum_{a_j \leq x} h(a_j) \tag{2.5}$$

nennt man **empirische Verteilungsfunktion** von X. $H(x)$ gibt den Anteil der Werte an, die kleiner oder gleich x sind.

Zur Konstruktion von $H(x)$ kumuliert man zunächst die relativen Häufigkeiten, d. h. für jedes $j = 1, \ldots, m$ bestimmt man

$$H_j = H(a_j) = \sum_{i=1}^{j} h(a_i) \tag{2.6}$$

Diese bilden die Werte von $H(x)$ für $a_j \leq x < a_{j+1}$, $j = 1, \ldots, m-1$; für $x < a_1$ ist $H(x) = 0$ und für $x \geq a_m$ ist $H(x) = 1$.

Beispiel 2.3
Wir bestimmen für das Merkmal *Alter* aus Tabelle 2.1 die empirische Verteilungsfunktion. Dazu werden zunächst die relativen Häufigkeiten kumuliert (siehe Tabelle 2.2).

	Alter	Rel. Häufigkeit	Kumulierte rel. Häufigkeit
j	a_j	h_j	$H_j = \sum_{i=1}^{j} h(a_i)$
1	19	0,1	0,1
2	20	0,2	0,3 (= 0,1 + 0,2)
3	21	0,1	0,4 (= 0,1 + 0,2 + 0,1)
4	25	0,3	0,7 (= 0,1 + 0,2 + 0,1 + 0,3)
5	28	0,2	0,9 (= 0,1 + 0,2 + 0,1 + 0,3 + 0,2)
6	34	0,1	1,0 (= 0,1 + 0,2 + 0,1 + 0,3 + 0,2 + 0,1)

Tabelle 2.2.: Relative und kumulierte relative Häufigkeiten

Die empirische Verteilungsfunktion für das Merkmal X: *Alter* ist gegeben durch

$$H(x) = \begin{cases} 0 & \text{für} \quad x < 19 \\ 0,1 & \text{für} \quad 19 \leq x < 20 \\ 0,3 & \text{für} \quad 20 \leq x < 21 \\ 0,4 & \text{für} \quad 21 \leq x < 25 \\ 0,7 & \text{für} \quad 25 \leq x < 28 \\ 0,9 & \text{für} \quad 28 \leq x < 34 \\ 1,0 & \text{für} \quad x \geq 34 \end{cases}$$

Lesebeispiele: Der Funktionswert an der Stelle

- $x = 30$: $H(30) = 0,9$ bedeutet, dass 90 % der Befragten jünger oder gleich 30 Jahre alt sind.
- $x = 20$: $H(20) = 0,3$ bedeutet, dass 30 % der Befragten jünger oder gleich 20 Jahre alt sind.
- $x = 21,6$: $H(21,6) = 0,4$ bedeutet, dass 40 % der Befragten jünger oder gleich 21,6 Jahre alt sind.

Grafisch wird $H(x)$ in Abbildung 2.3 dargestellt.

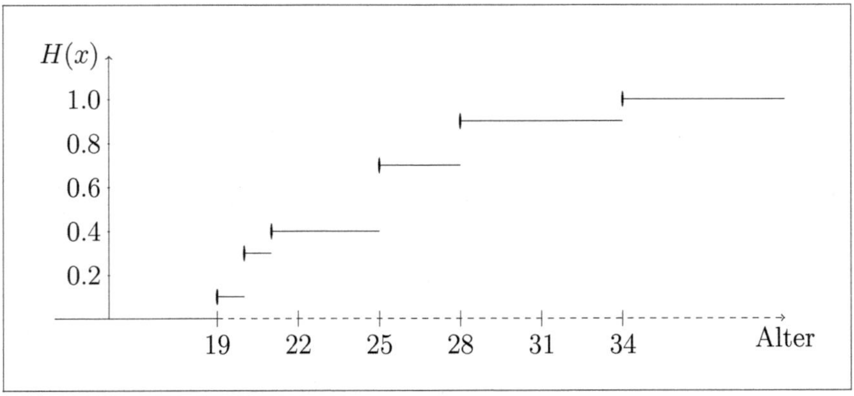

Abbildung 2.3.: Empirische Verteilungsfunktion für das Merkmal *Alter* aus Tabelle 2.1

Eigenschaften der empirischen Verteilungsfunktion:

1. $H(x)$ ist eine monoton steigende Treppenfunktion, d. h. für alle $x_1 \leq x_2$ gilt $H(x_1) \leq H(x_2)$.
2. An den Ausprägungen $a_1 < \ldots < a_m$ springt $H(x)$ um die entsprechende relative Häufigkeit.
3. Der zugehörige Funktionswert an den Sprungstellen ist der obere Wert (d. h. sie ist rechtsseitig stetig).
4. $H(x)$ besitzt die Grenzwerte

$$\lim_{x \to -\infty} H(x) = 0 \qquad \text{und} \qquad \lim_{x \to \infty} H(x) = 1.$$

2.3. Klassierte Daten und Histogramm

Häufig ist es sinnvoll, Daten in **Klassen** oder **Gruppen** aufzuteilen, etwa dann, wenn ein Merkmal sehr viele Ausprägungen besitzt. Man spricht dann von klassierten oder gruppierten Daten. Zum Beispiel wurden im Rahmen der Nationalen Verzehrsstudie II (NVS II)[3] die Haushalts-Netto-Einkommen der Teilnehmer in 9 Einkommensklassen aufgeteilt. Von 19.329 Befragten gaben 2137 „Weiß nicht" an und 1445 machten keine Angabe. Einschließlich dieser Ergebnisse gibt Tabelle 2.3 die absoluten Anzahlen der Beobachtungen in der einzelnen Klassen wieder. Formal werden aus einer Urliste $k \in \mathbb{N}$ Klassen (Gruppen)

$$[b_0, b_1[,\ [b_1, b_2[, \ldots, [b_{k-1}, b_k[$$

gebildet. Jede Klasse $[b_{j-1}, b_j[,\ j = 1, \ldots, k$ ist ein linksabgeschlossenes und rechtsoffenes Intervall, d. h. für alle

$$x \in [b_{j-1}, b_j[$$

gilt

$$b_{j-1} \leq x < b_j.$$

Man nennt b_{j-1} **Klassenuntergrenze** und b_j **Klassenobergrenze**. Die absolute Häufigkeit f_j stellt entsprechend die Anzahl der Beobachtungen dar, die in die Klasse j fallen. (Die Klassenhäufigkeit wird auch **Besetzungszahl** genannt.)

[3] NVS II ist eine Studie des *Bundesministeriums für Ernährung, Landwirtschaft und Verbraucherschutz* zum Ernährungsverhalten der 14- bis 80-jährigen Bevölkerung Deutschlands.

Einkommen von ... bis unter ...	Absolute Häufigkeit
Unter 400	191
400–750	648
750–1500	3125
1500–2000	2811
2000–2500	2711
2500–3000	2054
3000–4000	2539
4000–5000	882
5000 und mehr	786
Weiß nicht	2137
Keine Angabe	1445

Tabelle 2.3.: Haushalts-Netto-Einkommen (in Euro) der NVS II-Teilnehmer

Offene Klassen wie etwa die 1. bzw. die 9. Klasse der Tabelle 2.3 sollte man vermeiden, da man keine Klassenmitte (siehe (2.9) unten) bestimmen kann. Klassenmitten werden wir später (siehe (2.18) im Abschnitt 2.4.4) als Näherungswerte für Klassenmittelwerte benötigen.

Für die Anzahl der Klassen k gibt es verschiedene Empfehlungen. Im Lexikon der Statistik ([24]) steht zum Beispiel

$$k \approx \sqrt{n},$$

wobei mindestens 5 Klassen gebildet werden sollten ($k \geq 5$). Alternativ dazu bieten sich die folgenden Faustregeln ([15]) an:

Anzahl der Beobachtungen	Anzahl der Klassen
< 50	5–7
50–200	7–9
200–500	9–10
500–1000	10–11
1000–5000	11–13
5000–50.000	13–17
> 50.000	17–20

Nicht zuletzt hängt die Klassenbildung auch von der Art der vorliegenden Daten und dem Anspruch des Auswertenden ab. Sicher ist: Je kleiner k gewählt wird, umso mehr Informationen gehen verloren.

Die Differenz zwischen der oberen und der unteren Klassengrenze

$$\boxed{b_j - b_{j-1}} \tag{2.7}$$

nennt man **Klassenbreite**. Als **Klassendichte** bezeichnet man den Quotienten aus Häufigkeit und Klassenbreite:

$$\boxed{f_j^* = \frac{f_j}{b_j - b_{j-1}}} \tag{2.8}$$

Es ist sinnvoll, jede Klassengrenze so zu wählen, dass sie nicht mit einem beobachteten Wert zusammenfällt.

Die **Klassenmitte** m_j bestimmt man gemäß:

$$\boxed{m_j = \frac{b_j + b_{j-1}}{2}} \tag{2.9}$$

Wir haben ungruppierte Daten als Stabdiagramm dargestellt: Für jede Ausprägung a_j auf der x-Achse wurde ein vertikaler Stab der Höhe f_j oder h_j gezeichnet. Auf ähnliche Weise können klassierte Daten grafisch als **Histogramm** aufbereitet werden. Ein Histogramm erhält man, wenn man über jedem der k Intervalle $[b_0, b_1[$, $[b_1, b_2[, \ldots, [b_{k-1}, b_k[$ ein Rechteck mit dem Flächeninhalt proportional zu f_j oder h_j zeichnet. Die Proportionalität des Rechtecksinhalts zu den Häufigkeiten bestimmt somit die Rechteckshöhen. Da der Flächeninhalt eines Rechtecks sich aus der Multiplikation von Höhe und Breite ergibt und die Breite des Rechtecks durch die Klassenbreite $b_j - b_{j-1}$ wiedergegeben wird, entspricht die Rechteckshöhe der Klassendichte f_j^* oder $h_j^* = \frac{h_j}{b_j - b_{j-1}}$. Aufgrund der Konstruktion des Histogramms gilt

$$\sum_{j=1}^{k} h_j^* \cdot (b_j - b_{j-1}) = \sum_{j=1}^{k} \frac{h_j}{b_j - b_{j-1}} \cdot (b_j - b_{j-1}) = \sum_{j=1}^{k} h_j = 1.$$

Das heißt: Der Flächeninhalt eines Histogramms ist gleich eins (bzw. gleich n, wenn man f_j^* statt h_j^* einsetzt).

Beispiel 2.4
Tabelle 2.4 gibt das durchschnittliche monatliche Nettoeinkommen der Elterngeld-Bezieher im Jahr 2009 vor der Geburt des Kindes[4] wieder. Insgesamt wurden die Einkommen von $n = 130.836$ Elterngeld-Beziehern erhoben. Daraus wurden $k = 5$ Klassen gebildet. In diesem Fall haben alle Klassen die gleiche Breite: $b_j - b_{j-1} = 200$ $(j = 1, \ldots, 5)$. An der Gestalt des Histogramms in Abbildung 2.4 erkennt man, dass mit steigendem Einkommen die Anzahl der Elterngeld-Bezieher sinkt.

Einkommen von ... bis unter ... $[b_{j-1}; b_j[$	Klassen-breite $b_j - b_{j-1}$	Absolute Häufigk. f_j	Dichte f_j^*	Relative Häufigk. h_j
1500 – 1700	200	41.430	207,15	0,317
1700 – 1900	200	33.228	166,14	0,254
1900 – 2100	200	24.102	120,51	0,184
2100 – 2300	200	17.764	88,82	0,136
2300 – 2500	200	14.312	71,56	0,109
		130.836		1,000

Tabelle 2.4.: Durchschnittliches monatliches Nettoeinkommen der Elterngeld-Bezieher 2009

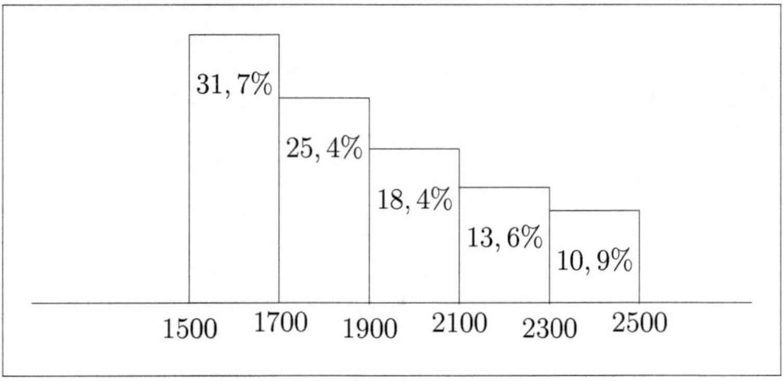

Abbildung 2.4.: Histogramm zur Tabelle 2.4

[4]Aus einer Veröffentlichung der *Süddeutschen Zeitung* am 31. Juli/1. August 2010

2.4. Lageparameter

Im vorangegangenen Kapitel haben wir erste, aus Rohdaten gewonnene Informationen in Form von Diagrammen und Tabellen dargestellt. In diesem Kapitel gehen wir einen Schritt weiter: Wir werden Daten durch ihr Zentrum charakterisieren. Kennzahlen, die den Ort beschreiben, an dem sich das Zentrum der Häufigkeitsverteilung befindet, heißen **Lageparameter**. Abbildung 2.5 zeigt zwei gleichförmige Häufigkeitsverteilungen, die jedoch an zwei verschiedenen Stellen der x-Achse liegen. Das Zentrum der einen Population liegt bei 3,6 auf der Merkmalsachse, das Zentrum der anderen bei 12,1. Abhängig von der Skalierungsart wendet man arithmetisches Mittel, Median oder Modalwert (Modus) als Lageparameter an.

2.4.1. Modus

Definition 2.2
Unter dem **Modus** oder **Modalwert** x_{mod} versteht man diejenige Ausprägung, die am häufigsten[5] vorkommt.

Ist der Modalwert eindeutig, d. h. hat die Häufigkeitsverteilung ein eindeutiges Maximum, dann spricht man von einer **unimodalen (eingipfeligen)** Verteilung. Gibt es zwei oder mehrere Modalwerte, dann heißt die Verteilung **multimodal (mehrgipfelig)** (siehe Abbildung 2.6).

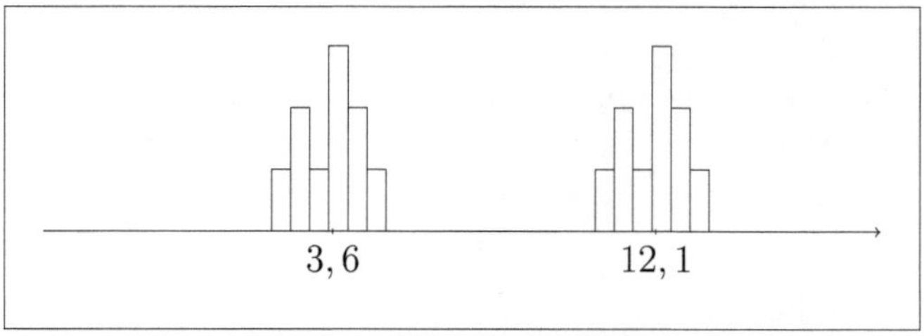

Abbildung 2.5.: Zwei gleiche Häufigkeitsverteilungen mit unterschiedlichen Lagen

[5]Mehrere „häufigste“ Werte sind möglich.

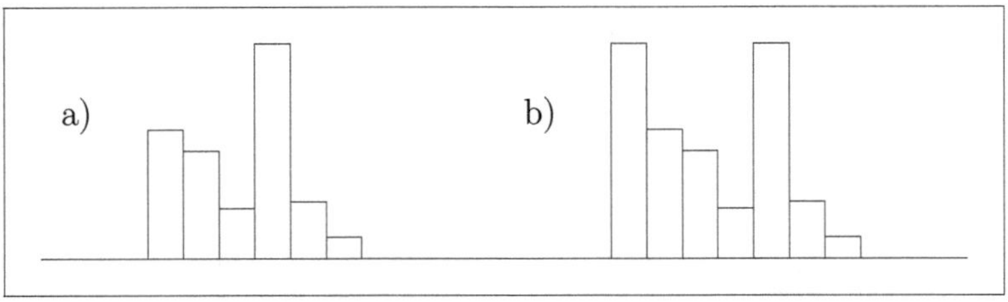

Abbildung 2.6.: a) unimodal (eingipfelig), b) bimodal (zweigipfelig)

Bei einer unimodalen Verteilung ist der Modus in der grafischen Darstellung als Stabdiagramm diejenige Ausprägung mit dem höchsten Stab. Modalwerte sind für alle Skalierungsarten bestimmbar.

Beispiel 2.5
Von fünf Schülern wurden die Merkmale X: *Alter*, Y: *Geschlecht* und Q: *Sportnote* erfasst (Tabelle 2.5). Die Modalwerte sind:

$$x_{mod} = 8, \; y_{mod} = \text{m}, \; q_{mod} = 1.$$

Das bedeutet: Achtjährige Schüler bilden die Mehrheit, Jungen sind häufiger vertreten als Mädchen, und die meisten Schüler erzielen eine sehr gute Leistung in Sport.

Schüler Nr. i	Alter (Jahre) x_i	Geschlecht y_i	Sportnote q_i
1	8	m	1
2	10	w	1
3	12	w	1
4	8	m	3
5	8	m	2

Tabelle 2.5.: Ergebnis der Erhebung der Merkmale X: *Alter*, Y: *Geschlecht* und Q: *Sportnote*

2.4.2. Median

Definition 2.3
Der **Median** oder **Zentralwert** x_{med} ist der Wert mit folgender Eigenschaft: *Mindestens 50% aller Merkmalswerte sind kleiner oder gleich* x_{med} *und mindestens 50% aller Merkmalswerte sind größer oder gleich* x_{med}.

Um den Median zu bestimmen, muss die Urliste zunächst der Größe nach geordnet werden

$$x_{[1]} \leq x_{[2]} \leq \ldots \leq x_{[n]}.$$

Dabei wird der Laufindex der geordneten Urliste zwischen zwei eckige Klammern gesetzt. Den Median bestimmt man dann folgendermaßen:

$$x_{med} = \begin{cases} x_{[\frac{n+1}{2}]} & n \text{ ungerade} \\ \\ \frac{1}{2}\left(x_{[\frac{n}{2}]} + x_{[\frac{n}{2}+1]}\right) & n \text{ gerade} \end{cases} \tag{2.10}$$

Beispiel 2.6
Wir betrachten die folgende Urliste

$$x_1 = 7, \quad x_2 = 13, \quad x_3 = 3, \quad x_4 = 10, \quad x_5 = 3.$$

Die geordnete Urliste lautet

$$x_{[1]} = 3, \quad x_{[2]} = 3, \quad \underbrace{x_{[3]} = 7,}_{x_{med}} \quad x_{[4]} = 10, \quad x_{[5]} = 13.$$

Der Median bestimmt sich gemäß (2.10) für $n = 5$

$$x_{med} = x_{[\frac{5+1}{2}]} = x_{[3]} = 7.$$

Das heißt: Mindestens 50% der Werte sind ≤ 7 und mindestens 50% sind ≥ 7.

Beispiel 2.7
Erweitern wir die Urliste um drei weitere Werte

$$x_1 = 7,\ x_2 = 13,\ x_3 = 3,\ x_4 = 10,\ x_5 = 3,\ x_6 = 20,\ x_7 = 17,\ x_8 = 13$$

Die geordnete Urliste

$$x_{[1]} = 3, x_{[2]} = 3, x_{[3]} = 7, \underbrace{x_{[4]} = 10, x_{[5]} = 13}_{x_{med}=\frac{10+13}{2}=11{,}5}, x_{[6]} = 13, x_{[7]} = 17, x_{[8]} = 20.$$

Man bestimmt den Median nach (2.10) für $n = 8$

$$\begin{aligned} x_{med} &= \frac{x_{[\frac{8}{2}]} + x_{[\frac{8}{2}+1]}}{2} = \frac{x_{[4]} + x_{[5]}}{2} \\ &= \frac{10 + 13}{2} = 11,5. \end{aligned}$$

Das heißt: Mindestens 50% der Werte sind $\leq 11,5$ und mindestens 50% sind $\geq 11,5$.

Der Median teilt also *die geordnete* Urliste in zwei Hälften. Ist n eine ungerade Zahl, so ist der Median unmittelbar abzulesen (Beispiel 2.6). Ist n eine gerade Zahl, dann befinden sich zwei Werte in der Mitte der geordneten Urliste. Als Median bezeichnet man dann die Hälfte der Summe der beiden in der Mitte stehenden Werte (Beispiel 2.7). Den Median kann man für ordinal- oder kardinalskalierte Merkmale bestimmen.

Weiter gilt für den Median x_{med}:

$$H(x_{med}) \geq 0,5 \tag{2.11}$$

Dabei ist $H(x)$ die empirische Verteilungsfunktion von X. Diese Eigenschaft nutzt man für die Medianbestimmung bei einer großen Datenmenge.

Beispiel 2.8
Das Ifo Institut für Wirtschaftsforschung erstellt monatlich den ifo-Geschäftsklimaindex, der als Frühindikator für die konjunkturelle Entwicklung in Deutschland angesehen wird. In diesem Zusammenhang werden Unternehmen gebeten, ihre gegenwärtige Geschäftslage zu beurteilen (1 = gut, 2 = befriedigend oder 3 = schlecht). Das Ergebnis in Tabelle 2.6 ist fiktiv (jedoch nicht unmöglich).

Laufindex j	1	2	3	
Beurteilung a_j	1	2	3	
Anzahl der Unternehmer f_j	40	15	45	100

Tabelle 2.6.: Ergebnis einer fiktiven Umfrage zur Geschäftslage

Für die Bestimmung des Medians bilden wir die kumulierten Häufigkeiten:

Absolute Häufigkeit f_j	40	15	45	100
Relative Häufigkeit h_j	0,40	0,15	0,45	1,00
Kumul. rel. Häufigkeit H_j	0,40	0,55	1,00	

Wegen

$$H_1 = H(1) = 0,40 < 0,5 \quad \text{und} \quad H_2 = H(2) = 0,55 > 0,5$$

ist $x_{med} = 2$. Das bedeutet: Mindestens 50% der befragten Unternehmen beurteilen die Geschäftslage als befriedigend oder gut. (Mindestens 50% der befragten Unternehmen beurteilen die Geschäftslage als befriedigend oder schlecht.)

2.4.3. Arithmetisches Mittel

Definition 2.4
Für eine Urliste $x_1, x_2, \ldots, x_n$ heißt

$$\boxed{\bar{x} = \frac{1}{n} \sum_{i=1}^{n} x_i} \tag{2.12}$$

das **arithmetische Mittel** von X.

Liegen Häufigkeitsdaten vor, dann errechnet sich das arithmetische Mittel wie folgt:

$$\boxed{\bar{x} = \frac{1}{n} \sum_{j=1}^{m} a_j \cdot f_j = \sum_{j=1}^{m} a_j \cdot h_j} \tag{2.13}$$

Beispiel 2.9
Eine Befragung von neun Familien nach der Anzahl der Kinder liefert das folgende Ergebnis:

3 2 0 0 6 0 1 0 3

Das Merkmal X: *Anzahl der Kinder* besitzt 5 Ausprägungen, die zusammen mit ihren Häufigkeiten in der folgenden Tabelle wiedergegeben werden:

j	1	2	3	4	5	
Anzahl der Kinder a_j	0	1	2	3	6	
Anzahl der Familien f_j	4	1	1	2	1	9

Das arithmetische Mittel, berechnet aus der Urliste

$$\begin{aligned} \bar{x} &= \frac{1}{9}\sum_{i=1}^{9} x_i \\ &= \frac{1}{9}(3+2+0+0+6+0+1+0+3) = \frac{5}{3} \end{aligned}$$

bzw. aus den Häufigkeitsdaten

$$\begin{aligned} \bar{x} &= \sum_{j=1}^{5} a_j \cdot h_j \\ &= 0 \cdot \frac{4}{9} + 1 \cdot \frac{1}{9} + 2 \cdot \frac{1}{9} + 3 \cdot \frac{2}{9} + 6 \cdot \frac{1}{9} = \frac{5}{3}. \end{aligned}$$

Im Durchschnitt hat jede Familie 1,7 (gerundet) Kinder. (Das arithmetische Mittel muss keinen tatsächlich vorkommenden Wert annehmen.)

Wichtige Eigenschaften des arithmetischen Mittels:

1. Für das arithmetische Mittel gilt die **Schwerpunkteigenschaft**

$$\boxed{\sum_{i=1}^{n}(x_i - \bar{x}) = 0} \tag{2.14}$$

   Das heißt: Die Summe der Abweichungen der Werte von ihrem arithmetischen Mittel verschwindet. Das arithmetische Mittel lässt sich somit als der Schwerpunkt der Daten auf der Zahlengeraden interpretieren. An diesem Punkt würde sich die Zahlengerade im Gleichgewicht befinden.

2. **Lineare Transformation**. Für $a, b \in \mathbb{R}$ sei $Y = a + b \cdot X$, d. h. für jedes $i = 1, 2, \ldots, n$ ist $y_i = a + b \cdot x_i$, dann gilt:

$$\boxed{\bar{y} = a + b \cdot \bar{x}} \tag{2.15}$$

Die Schwerpunkteigenschaft folgt aus

$$\begin{aligned}\sum_{i=1}^{n}(x_i-\bar{x}) &= \sum_{i=1}^{n}x_i-\sum_{i=1}^{n}\bar{x}\\ &= \sum_{i=1}^{n}x_i-n\cdot\bar{x}\\ &= \sum_{i=1}^{n}x_i-\sum_{i=1}^{n}x_i=0\end{aligned}$$

und die zweite Eigenschaft gilt, weil

$$\begin{aligned}\bar{y} &= \frac{1}{n}\sum_{i=1}^{n}y_i=\frac{1}{n}\sum_{i=1}^{n}(a+b\cdot x_i)\\ &= \frac{1}{n}\Big(\sum_{i=1}^{n}a+\sum_{i=1}^{n}bx_i\Big)\\ &= \frac{1}{n}\Big(n\cdot a+b\cdot\sum_{i=1}^{n}x_i\Big)\\ &= a+b\cdot\frac{1}{n}\sum_{i=1}^{n}x_i=a+b\cdot\bar{x}.\end{aligned}$$

2.4.4. Modus, Median, arithmetisches Mittel für klassierte Daten

Definition 2.5
Als **Modalklasse** bezeichnet man diejenige Klasse mit der höchsten Dichte.

Siehe dazu Beispiel 2.10. In der Literatur, wie etwa in [11], wird die Klassenmitte der Modalklasse als Näherung für den Modalwert der Urliste vorgeschlagen. Wie bei der Urliste kann es in diesem Fall auch zwei oder mehrere Klassen mit „höchster“ Dichte geben.

Für klassierte Daten kann man den Median nicht mehr als einen einzigen Wert bestimmen; lediglich die Klasse $[b_{z-1}, b_z[$, in der der Median liegt, lässt sich angeben. Sie wird mit Hilfe der empirischen Verteilungsfunktion $H(x)$ bestimmt. Dazu nützt man die folgende Eigenschaft des Medians aus:

$$x_{med} \in [b_{z-1}, b_z[\quad \Leftrightarrow \quad H(x_{med}) \geq 0,5 \tag{2.16}$$

Als **Mediianklasse** $[b_{z-1}, b_z[$ bezeichnet man diejenige Klasse, für die die empirische Verteilungsfunktion erstmals den Wert 0,5 überschreitet. Siehe dazu wiederum Beispiel 2.10.

Zur Bestimmung des arithmetischen Mittels bei klassierten Daten seien für $j = 1, \ldots, k$ gegeben:

- f_j Anzahl der Daten in der j-ten Klasse
- $\bar{x}_j$ arithmetisches Mittel der j-ten Klasse

Das gesamte arithmetische Mittel der Datenreihe errechnet sich als

$$\bar{x}_{ges} = \frac{1}{n} \sum_{j=1}^{k} f_j \cdot \bar{x}_j = \sum_{j=1}^{k} h_j \cdot \bar{x}_j \tag{2.17}$$

Beispiel 2.10
Die folgende Tabelle gibt das Ergebnis einer Befragung von 1000 Haushalten nach dem verfügbaren Monatseinkommen X (in €) wieder.

Einkommen von… bis unter… $[b_{j-1}, b_j[$	Anzahl f_j	Klassenmittelwert $\bar{x}_j$	Klassendichte f_j^*	Kumul. rel. Häufigkeit H_j
0 – 1000	98	800	0,098	0,098
1000 – 2000	263	1600	0,263	0,361
2000 – 4000	288	2200	0,144	0,649
4000 – 6000	236	5100	0,118	0,885
6000 – 10.000	115	7500	0,029	1,000
	1000			

a) Modalklasse: $[1000, 2000[$. Diese ist die Klasse mit der höchsten Dichte $f_2^* = 0,263$

b) Median: $x_{med} \in [2000, 4000[$. Denn $H_2 = 0,361 < 0,5$ und $H_3 = 0,649 > 0,5$

c) Arithmetisches Mittel:

$$\begin{aligned}\bar{x}_{ges} &= \frac{1}{1000}\sum_{j=1}^{5} f_j \cdot \bar{x}_j \\ &= \frac{98 \cdot 800 + 263 \cdot 1600 + 288 \cdot 2200 + 236 \cdot 5100 + 115 \cdot 7500}{1000} \\ &= 3198,90\end{aligned}$$

Im Monat stehen jedem Haushalt durchschnittlich 3198,90 € zur Verfügung.

Sind die Gruppenmittelwerte unbekannt, dann kann man das Gesamtmittel nicht berechnen. Man kann es jedoch mit Hilfe der *Klassenmitten* m_j approximieren. Durch Ersetzen von $\bar{x}_j$ durch m_j in der Formel erhält man eine Näherung des Gesamtmittelwertes:

$$\bar{m} = \frac{1}{n}\sum_{j=1}^{k} f_j \cdot m_j \qquad (2.18)$$

Bemerkungen:

- Die Genauigkeit der Approximation lässt sich optimieren, wenn die Klassenmitte ein guter Repräsentant für die jeweilige Klasse ist. Dies ist dann der Fall, wenn innerhalb der Klassen die Werte annähernd gleichmäßig um die Klassenmitte verteilt sind.
- Rechentechnisch ist es vorteilhaft, wenn die Klassenmitten einfache Zahlen sind.

Beispiel 2.11
Wir nehmen an, dass für den Datensatz aus dem Beispiel 2.10 die Klassenmittelwerte unbekannt sind. Sie werden durch die Klassenmitten

$$m_1 = 500, \; m_2 = 1500, \; m_3 = 3000, \; m_4 = 5000, \; m_5 = 8000$$

geschätzt.

Der Schätzwert für das durchschnittliche verfügbare Monatseinkommen pro Haushalt beträgt somit

$$\begin{aligned}\bar{m} &= \frac{1}{1000}\sum_{j=1}^{5} f_j \cdot m_j \\ &= \frac{98 \cdot 500 + 263 \cdot 1500 + 288 \cdot 3000 + 236 \cdot 5000 + 115 \cdot 8000}{1000} \\ &= 3407,50.\end{aligned}$$

Bei dieser Einkommensverteilung geht man davon aus, dass pro Haushalt im monatlichen Mittel 3407,50 € zur Verfügung stehen.

2.4.5. Modus, Median, arithmetisches Mittel im Vergleich

Den Modalwert bzw. die Modalwerte kann man für alle Skalierungsarten bestimmen. Der Median verlangt, dass mindestens eine Ordinalskala vorliegt. Das arithmetische Mittel kann man nur für metrisch skalierte (kardinalskalierte) Merkmale berechnen. Die folgende Tabelle gibt eine Übersicht:

	Lageparameter		
Skalenart	Modus	Median	Arithmetisches Mittel
Nominal	*Ja*	*Nein*	*Nein*
Ordinal	*Ja*	*Ja*	*Nein*
Kardinal	*Ja*	*Ja*	*Ja*

Ein Wert, der nicht typisch für eine Datenreihe ist, kann ein arithmetisches Mittel extrem verändern, wodurch ein falscher Eindruck über die Daten entstehen kann. Als Beispiel betrachten wir die Reihe

$$1 \quad 1 \quad 1 \quad 1 \quad 2$$

mit dem Median $x_{med} = 1$ und dem arithmetischen Mittel $\bar{x} = 1,2$. Ersetzt man den letzten Wert (2) nun durch 5, so lautet die Reihe

$$1 \quad 1 \quad 1 \quad 1 \quad 5.$$

Das arithmetische Mittel beträgt jetzt $\bar{x} = 1,8$, während der Median $x_{med} = 1$ sich nicht verändert hat. Im Gegensatz zum arithmetischen

Mittel bleibt der Median von einem untypischen Wert unberührt. Diese Eigenschaft des Medians nennt man **robust**.

Eine weitere wichtige Eigenschaft einer Verteilung ist die Symmetrie. Eine Verteilung heißt **symmetrisch**, wenn die rechte und die linke Hälfte der Verteilung zueinander annähernd spiegelbildlich sind. Sie heißt **rechtsschief** oder **linkssteil**, wenn kleine Werte häufig vorkommen, große selten. Sie heißt **linksschief** oder **rechtssteil**, wenn überwiegend große Werte auftreten.

Bei einem *kardinal* skalierten Merkmal, dessen Verteilung *eingipfelig* ist, gilt die folgende **Lageregel** (siehe Abbildung 2.7):

$$\begin{array}{lcl} \bar{x} = x_{med} = x_{mod} & \Leftrightarrow & \text{Symmetrische Verteilung} \\ \bar{x} > x_{med} > x_{mod} & \Leftrightarrow & \text{Linkssteile Verteilung} \\ \bar{x} < x_{med} < x_{mod} & \Leftrightarrow & \text{Rechtssteile Verteilung} \end{array} \tag{2.19}$$

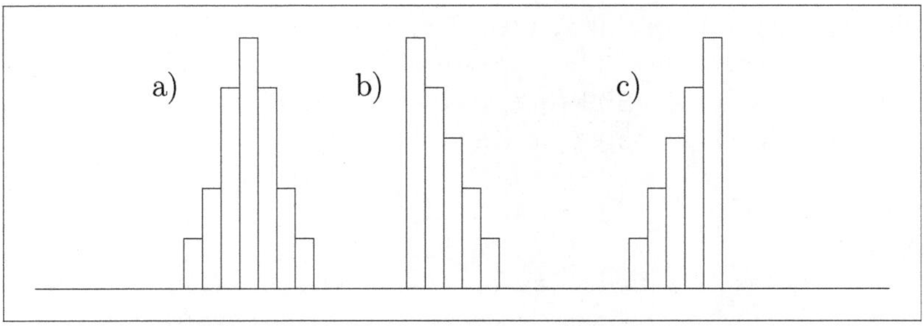

Abbildung 2.7.: a) symmetrisch: $\bar{x} = x_{med} = x_{mod}$, b) linkssteil: $\bar{x} > x_{med} > x_{mod}$, c) rechtssteil: $\bar{x} < x_{med} < x_{mod}$

2.4.6. Geometrisches Mittel

Definition 2.6
Das **geometrische Mittel** von T nicht negativen Zahlen $x_1, x_2, \ldots, x_T$ ist

$$x_{geom} = \sqrt[T]{\prod_{t=1}^{T} x_t} \tag{2.20}$$

Dabei ist $\prod_{t=1}^{T} x_t = x_1 \cdot x_2 \cdot \ldots \cdot x_T$.

Viele Prozesse in der Ökonomie sind Wachstumsprozesse. Das Endergebnis eines Wachstumsprozesses entsteht durch *Multiplikationen* von Wachstumsfaktoren mit dem Anfangswert über mehrere Perioden hinweg. Deswegen ist für die Ermittlung des durchschnittlichen Wachstumsfaktors das geometrische Mittel geeignet.

Ein klassisches Beispiel für einen ökonomischen Wachstumsprozess ist die Kapitalentwicklung über einen bestimmten Zeitraum: Ausgehend von einem Anfangskapital K_0 und einem (konstanten) Zinssatz i p. a. erhält man nach T Jahren ein Kapital von

$$K_T = (1+i)^T K_0.$$

Das Kapital wächst um den Faktor $(1+i)$ jährlich. Wenn der Zinssatz nicht konstant ist (i_1 für das erste Jahr, i_2 für das zweite Jahr usw.), dann entwickelt sich das Kapital im Zeitraum von beispielsweise 3 Jahren gemäß

$$K_3 = (1+i_3) \cdot (1+i_2) \cdot (1+i_1) K_0.$$

Allgemein ergibt sich für T Perioden

$$K_T = (1+i_T) \cdot \ldots \cdot (1+i_1) K_0.$$

Die Zinssätze i_t $(t = 1, \ldots, T)$ variieren Periode für Periode. Es stellt sich hier die Frage nach dem *durchschnittlichen* Zinssatz pro Periode. Um den durchschnittlichen Zinssatz zu ermitteln, muss man zunächst den durchschnittlichen Zinsfaktor bestimmen. Für T Perioden ist der durchschnittliche Zinsfaktor pro Periode nichts anderes als der konstante Faktor $(1+i)$, der über T Perioden hinweg den gleichen Endbetrag wie die sukzessive Multiplikation der Zinsfaktoren mit dem Anfangskapital K_0 erbringt, d. h., es gilt

$$(1+i_1)\cdot(1+i_2)\cdot\ldots\cdot(1+i_T)K_0=(1+i)^T K_0.$$

Nach dieser Gleichung muss sich der durchschnittliche Zinsfaktor pro Periode gemäß

$$(1+i)=\sqrt[T]{\prod_{t=1}^{T}(1+i_t)}$$

berechnen lassen. Er ist somit das geometrische Mittel der T Zinsfaktoren. Der gesuchte durchschnittliche Zinssatz i ergibt sich folglich als

$$i=\sqrt[T]{\prod_{t=1}^{T}(1+i_t)}-1.$$

Beispiel 2.12

Ein Betrag von $K_0 = 5000$ € wird drei Jahre lang verzinst. Die Zinssätze betragen fürs erste Jahr 1%, fürs zweite 2% und fürs dritte 4%. Die Zinsen werden jeweils dem bisher angesammelten Kapital zugeschlagen und mitverzinst. Nach einem Jahr beträgt das Kapital (in €)

$$K_1=(1+0,01)\cdot 5000=5050,$$

nach zwei Jahren

$$K_2=(1+0,02)\cdot 5050=5151$$

und nach drei Jahren

$$K_3=(1+0,04)\cdot 5151=5357,04.$$

Das Kapital wächst also mit den Faktoren 1,01 im ersten, 1,02 im zweiten und 1,04 im dritten Jahr. Auf drei Jahre bezogen beträgt der Zinsfaktor

$$1,04\cdot 1.02\cdot 1,01=1,071408.$$

Dies entspricht einem jährlichen konstanten Zinsfaktor von

$$\sqrt[3]{1,071408}=1,023257559.$$

Dieser liefert über drei Jahre hinweg ebenfalls einen Betrag von 5357,04 €. Der Zinssatz (in %) beträgt somit im Mittel

$$(1,023257559 - 1) \cdot 100 = 2,3257559$$

pro Jahr. (Damit die Rechenschritte nachvollzogen werden können, werden die Ergebnisse nicht gerundet.)

Nach diesem Einführungsbeispiel formulieren wir die Anwendung des geometrischen Mittels in einem Wachstumsprozess allgemein. Dazu seien

$x_0, x_1, \ldots, x_T$	Merkmalswerte, die sich über T Zeitperioden mit einem Anfangswert x_0 hinweg entwickeln.
$q_t = \frac{x_t}{x_{t-1}}$	**Wachstumsfaktor der Periode** t
$w_t = (q_t - 1) \cdot 100\%$	**Wachstumsrate der Periode** t

Es gilt

$$x_T = \prod_{t=1}^{T} q_t \cdot x_0. \tag{2.21}$$

Das geometrische Mittel der T Wachstumsfaktoren $q_1, \ldots, q_T$

$$\boxed{q = \sqrt[T]{\prod_{t=1}^{T} q_t}} \tag{2.22}$$

stellt den **durchschnittlichen Wachstumsfaktor** dar, und

$$\boxed{w = (q - 1) \cdot 100\%} \tag{2.23}$$

gibt die **durchschnittliche Wachstumsrate** wieder.

2.5. Streuungsparameter

Lageparameter zeigen, wo die Daten auf der Merkmalsachse liegen. Für eine Beschreibung von Verteilungen reicht dies jedoch nicht aus. So kann zum Beispiel das durchschnittliche Pro-Kopf-Einkommen in zwei Populationen identisch sein, obwohl in der einen Population die Einkommen gleichmäßig verteilt sind, während in der anderen große Unterschiede zwischen Arm und Reich herrschen. Diese Unterschiede oder Schwankungen sind in vielen Bereichen der Wirtschaftswissenschaften von Interesse. So wird das Auf und Ab der Aktienkurse oder Zinsen genau beobachtet und analysiert. Ebenso wird jedes Unternehmen Qualitätsschwankungen seiner Produkte vermeiden wollen. Es ist somit sinnvoll, zusätzlich zu Lageparametern **Streuungsparameter** anzugeben.

Definition 2.7
Den Abstand zwischen dem größten (x_{max}) und dem kleinsten Wert (x_{min})

$$R = x_{max} - x_{min} \tag{2.24}$$

nennt man **Spannweite**.

Beispiel 2.13
Betrachten wir die folgenden Datensätze:

Datensatz 1:	2	5	5	5	5	30
Datensatz 2:	2	5	15	13	29	30

Die Spannweite des ersten Datensatzes beträgt $R_1 = 30 - 2 = 28$, die des zweiten beträgt $R_2 = 30 - 2 = 28$.

2.5.1. Empirische Varianz, Standardabweichung, Variationskoeffizient

Die Bestimmung der Spannweite ist sehr simpel. Sie hat jedoch den Nachteil, dass man über die „inneren“ Werte, wie Beispiel 2.13 zeigt, keine Aussage treffen kann. Dort sind die Spannweiten gleich, obwohl die Daten sehr unterschiedlich strukturiert sind. Die empirische Varianz gibt das Ausmaß der Datenstreuung um das arithmetische Mittel an.

Definition 2.8
Das arithmetische Mittel der quadrierten Abweichungen der Werte von ihrem arithmetischen Mittel $\bar{x}$

$$s^2 = \frac{1}{n}\sum_{i=1}^{n}(x_i - \bar{x})^2 \qquad (2.25)$$

heißt die **empirische Varianz**[6] von X.

Beispiel 2.14
Für die Datensätze aus Beispiel 2.13 seien $\bar{x}$ das arithmetische Mittel des Datensatzes 1 und $\bar{y}$ das des Datensatzes 2:

$$\bar{x} = \frac{2 + 4 \cdot 5 + 30}{6} = 8,67$$

und

$$\bar{y} = \frac{2 + 5 + 15 + 13 + 29 + 30}{6} = 15,67$$

Man bestimmt die Varianzen gemäß (2.25):

$$\begin{aligned} s_X^2 &= \frac{1}{n}\sum_{i=1}^{n}(x_i - \bar{x})^2 \\ &= \frac{1}{6}\Big((2 - 8,67)^2 + (5 - 8,67)^2 + (5 - 8,67)^2 \\ &\quad +(5 - 8,67)^2 + (5 - 8,67)^2 + (30 - 8,67)^2\Big) \\ &= \frac{553,33}{6} = 92,22 \end{aligned}$$

$$\begin{aligned} s_Y^2 &= \frac{1}{n}\sum_{i=1}^{n}(y_i - \bar{y})^2 \\ &= \frac{1}{6}\Big((2 - 15,67)^2 + (5 - 15,67)^2 + (15 - 15,67)^2 \\ &\quad +(13 - 15,67)^2 + (29 - 15,67)^2 + (30 - 8,67)^2\Big) \\ &= \frac{691,33}{6} = 115,22 \end{aligned}$$

[6] Im Weiteren sprechen wir einfach von *Varianz* und meinen in der deskriptiven Statistik damit die *empirische Varianz*.

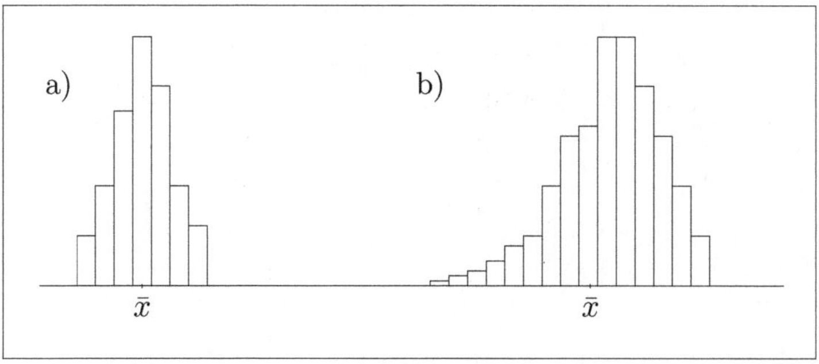

Abbildung 2.8.: a) Kleine Streuung, b) Große Streuung

Ein Vergleich der beiden Datensätze im Beispiel 2.13 zeigt: Die Werte des ersten Datensatzes sind homogener (sie schwanken weniger) als die des zweiten. Diese Tatsache wurde von der Spannweite nicht erfasst. Berechnet man hingegen die jeweilige Varianz, so zeigt sich, dass die Varianz des ersten Datensatzes kleiner als die des zweiten ist. Die Varianz s^2 gibt das Ausmaß der Streuung der Daten um ihren Mittelwert $\bar{x}$ an (vgl. Abbildung 2.8). Je kleiner s^2 ist, umso mehr Daten befinden sich nahe $\bar{x}$. Sind alle Werte gleich, dann gilt $s^2 = 0$. Nach oben ist s^2 nicht beschränkt; ihr Minimum liegt bei Null. Man nennt s^2 auch die **mittlere quadratische Abweichung vom arithmetischen Mittel** $\bar{x}$.

Beispiel 2.15

Seien 4, 3, 6, 2, 5 die von fünf Studenten jeweils benötigten Minuten zur Bearbeitung einer Statistik-Aufgabe. Im Mittel benötigt jeder Student

$$\bar{x} = \frac{4+3+6+2+5}{5} = 4$$

Minuten zur Bearbeitung der Aufgabe. Um die Varianz zu berechnen, ermitteln wir für jeden Wert zunächst dessen Abweichung von diesem Mittelwert (3. Spalte der Tabelle 2.7). Haben wir diese, so bilden wir ihre Quadrate (4. Spalte derselben Tabelle).

Die empirische Varianz errechnen wir nach (2.25):

$$s^2 = \frac{1}{n}\sum_{i=1}^{n}(x_i - \bar{x})^2 = \frac{10}{5} = 2 \text{ (Minuten}^2\text{)}$$

i	x_i	$x_i - \bar{x}$	$(x_i - \bar{x})^2$
1	4	0	0
2	3	-1	1
3	6	2	4
4	2	-2	4
5	5	1	1
	20	0	10

Tabelle 2.7.: Arbeitstabelle zur Berechnung der empirischen Varianz

Gemäß ihrer Berechnung ist die Einheit der Varianz die Einheit der Daten im Quadrat (im obigen Beispiel Minuten^2). Dies führt zu Schwierigkeiten bei der Interpretation der Varianz. Dagegen besitzt die positive Wurzel der Varianz, **Standardabweichung** genannt,

$$s = \sqrt{s^2} \tag{2.26}$$

die gleiche Einheit wie die Daten selbst. Die Standardabweichung lässt sich als der *mittlere Abstand der einzelnen Werte von ihrem arithmetischen Mittel* auffassen. Für die obigen Daten beträgt die Standardabweichung

$$s = \sqrt{2} \approx 1,4 \text{ Minuten.}$$

Das heißt: Im Mittel benötigt jeder Student vier Minuten zur Bearbeitung der Aufgabe. Die durchschnittliche Abweichung von diesem Mittelwert beträgt pro Student ca. 1,4 Minuten.

Für s^2 gilt der sogenannte **Verschiebungssatz**:

$$s^2 = \frac{1}{n} \sum_{i=1}^{n} x_i^2 - \bar{x}^2 \tag{2.27}$$

Denn:

$$\begin{aligned}
s^2 &= \frac{1}{n}\sum_{i=1}^{n}(x_i-\bar{x})^2 = \frac{1}{n}\sum_{i=1}^{n}(x_i^2-2x_i\bar{x}+\bar{x}^2)\\
&= \frac{1}{n}\Big(\sum_{i=1}^{n}x_i^2 - 2\bar{x}\sum_{i=1}^{n}x_i + \sum_{i=1}^{n}\bar{x}^2\Big)\\
&= \frac{1}{n}\sum_{i=1}^{n}x_i^2 - 2\bar{x}\cdot\underbrace{\frac{1}{n}\sum_{i=1}^{n}x_i}_{\bar{x}} + \frac{1}{n}\underbrace{\sum_{i=1}^{n}\bar{x}^2}_{n\bar{x}^2}\\
&= \frac{1}{n}\sum_{i=1}^{n}x_i^2 - 2\bar{x}^2+\bar{x}^2 = \frac{1}{n}\sum_{i=1}^{n}x_i^2-\bar{x}^2
\end{aligned}$$

Beispiel 2.16
Wir wenden den Verschiebungssatz für die Berechnung der Varianz der Bearbeitungszeit einer Statistik-Aufgabe aus Beispiel 2.15 an:

$$\begin{aligned}
s^2 &= \frac{1}{n}\sum_{i=1}^{n}x_i^2-\bar{x}^2\\
&= \frac{1}{5}\big(4^2+3^2+6^2+2^2+5^2\big)-4^2\\
&= \frac{90}{5}-16 = 2
\end{aligned}$$

Liegen Häufigkeitsdaten vor, so berechnet man die Varianz wie folgt:

$$s^2 = \frac{1}{n}\sum_{j=1}^{m}(a_j-\bar{x})^2\cdot f_j = \sum_{j=1}^{m}(a_j-\bar{x})^2\cdot h_j \tag{2.28}$$

Beispiel 2.17
Von sechs Studenten seien die jeweils benötigten Minuten zur Bearbeitung einer Statistik-Aufgabe bekannt

$$3 \quad 3 \quad 6 \quad 2 \quad 5 \quad 5.$$

Das Merkmal X: *Bearbeitungszeit* (in Minuten) hat 4 Ausprägungen

$$a_1=2,\ a_2=3,\ a_3=5,\ a_4=6.$$

Als Häufigkeitstabelle dargestellt ergibt sich:

j	1	2	3	4	
a_j	2	3	5	6	
f_j	1	2	2	1	6
h_j	$\frac{1}{6}$	$\frac{2}{6}$	$\frac{2}{6}$	$\frac{1}{6}$	1

Das arithmetische Mittel beträgt

$$\bar{x} = \frac{\sum_{j=1}^{4} a_j \cdot f_j}{6} = \frac{2 \cdot 1 + 3 \cdot 2 + 5 \cdot 2 + 6 \cdot 1}{6} = 4.$$

Die empirische Varianz beträgt (vgl. Tabelle 2.8)

$$s^2 = \sum_{j=1}^{4} (a_j - \bar{x})^2 \cdot h_j = 2.$$

Im Mittel braucht jeder Student 4 Minuten für die Bearbeitung der Aufgabe. Von diesem Mittelwert weicht die Bearbeitungszeit durchschnittlich $\sqrt{2}$ Minuten ab.

j	a_j	h_j	$a_j - \bar{x}$	$(a_j - \bar{x})^2$	$(a_j - \bar{x})^2 \cdot h_j$
1	2	$\frac{1}{6}$	-2	4	$\frac{4}{6}$
2	3	$\frac{2}{6}$	-1	1	$\frac{2}{6}$
3	5	$\frac{2}{6}$	1	1	$\frac{2}{6}$
4	6	$\frac{1}{6}$	2	4	$\frac{4}{6}$
		1			$\frac{12}{6} = 2$

Tabelle 2.8.: Arbeitstabelle für die Berechnung der empirischen Varianz aus Häufigkeitsdaten

Wenn man sich für eine Kapitalanlageform entscheiden möchte, so möchte man wissen, ob die Renditen[7] große Schwankungen aufweisen

[7]Rendite ist definiert als der Quotient zwischen dem Ertrag (Verlust) und dem eingesetzten Kapital. Ein Kapital von 100 €, das sich nach einem Jahr zu 108 € vermehrt hat, hat eine Rendite von 8%. Wenn das Kapital nach einem Jahr um 20 € geringer geworden ist, dann beträgt die Rendite -20%.

oder ob sie sich stabil um einen bestimmten Wert bewegen. Große Schwankungen bedeuten hohe Risiken, aber auch hohe Gewinnchancen. Vor diesem Hintergrund verwendet man die Standardabweichung als Risikomaß. Im Rahmen des Aktienhandels nennt man sie **Volatilität** einer Aktie. Je größer die Volatilität ist, umso größer ist die Chance zu gewinnen, aber auch zu verlieren.

Beispiel 2.18
Seien A und B zwei Kapitalanlageformen, deren Renditen in 10 Monaten in Tabelle 2.9 wiedergegeben werden. Beide Anlageformen besitzen die gleiche mittlere Rendite $\bar{x}_A = \bar{x}_B = 1,50$, jedoch mit unterschiedlichen Standardabweichungen

$$s_A = 0,073 < 0,235 = s_B.$$

Das bedeutet: Mit der Anlageform B kann man eine höhere Rendite als mit der Anlageform A erreichen; das Risiko für einen Verlust bei der Anlageform B ist aber ebenfalls höher als bei der Anlageform A.

Auch grafisch, wie Abbildung 2.9 zeigt, kann man diesen Sachverhalt erkennen. Die Amplituden der Anlageform B sind deutlich größer als die der Anlageform A.

	Rendite	
Monat	Anlage A	Anlage B
1	1,47	1,48
2	1,52	1,35
3	1,50	1,69
4	1,48	1,20
5	1,38	1,88
6	1,54	1,23
7	1,45	1,50
8	1,40	1,20
9	1,64	1,68
10	1,57	1,75

Tabelle 2.9.: Entwicklung der Rendite zweier Kapitalanlagen

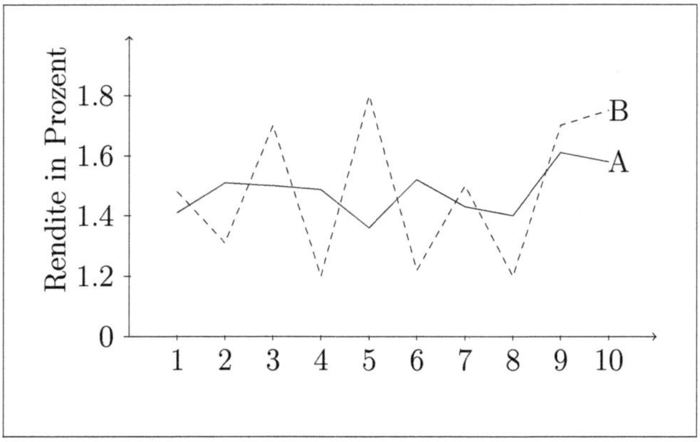

Abbildung 2.9.: Rendite der Anlage A ($s_A = 0,073$) verläuft ruhiger als die der Anlage B ($s_B = 0,235$)

Wichtige Eigenschaften der Varianz:

1. Transformiert man x_i $(i = 1, \ldots, n)$ gemäß $y_i = a + b \cdot x_i$ $(a, b \in \mathbb{R})$, so transformiert sich s_x^2 gemäß

$$\boxed{s_y^2 = b^2 \cdot s_x^2} \tag{2.29}$$

2. Die Standardabweichung der transformierten Variablen ist somit

$$\boxed{s_y = | b | \cdot s_x} \tag{2.30}$$

Hat man den Mittelwert $\bar{x}$ und die Standardabweichung s berechnet und ist die Häufigkeitsverteilung annähernd symmetrisch, dann kann man in der Praxis die folgenden empirischen Regeln anwenden:

1. Ca. 68% der Daten befinden sich im Ein-s-Bereich ($\bar{x} \pm s$).

2. Ca. 95% der Daten befinden sich im Zwei-s-Bereich ($\bar{x} \pm 2s$).

3. Ca. 99,7% der Daten befinden sich im Drei-s-Bereich ($\bar{x} \pm 3s$).

Beispiel 2.19
Nach einer gründlichen Analyse fand ein Investor heraus, dass die Verteilung der Rendite seiner Kapitalanlage annähernd symmetrisch

ist. Aus seinen Beobachtungen errechnete er ein arithmetisches Mittel von 10% und eine Standardabweichung von 4%. Aus den empirischen Regeln folgert er, dass

1. ca. 68% der Renditen zwischen 6% (=10% -4%) und 14% (=10% +4%) liegen,
2. ca. 95% der Renditen zwischen 2% und 18% liegen,
3. ca. 99,7% der Renditen zwischen -2% und 22% liegen.

Definition 2.9
Der Quotient zwischen der Standardabweichung s und dem arithmetischen Mittel $\bar{x} \neq 0$

$$\boxed{VK = \frac{s}{\mid \bar{x} \mid}} \tag{2.31}$$

heißt **Variationskoeffizient** von X.

Der Variationskoeffizient berücksichtigt das Datenniveau, indem er die Streuung relativ zum arithmetischen Mittel misst. Außerdem ist VK dimensionslos. Dies ermöglicht einen direkten Vergleich mehrerer Datensätze. Warum man das Datenniveau bei der Streuungsmessung einbezieht, lässt sich anhand des folgenden Beispiels illustrieren.

Beispiel 2.20
Wir nehmen an, die mittlere Rendite der Anlageform B aus Beispiel 2.18 betrage $\bar{x}_B = 6,38$. Alle anderen Werte seien konstant geblieben. Insbesondere bleibt $s_A = 0,073 < 0,235 = s_B$ bestehen. Der Variationskoeffizient der Anlage A beträgt

$$VK_A = \frac{s_A}{\bar{x}_A} = \frac{0,073}{1,50} = 0,0487$$

und der der Anlage B beträgt

$$VK_B = \frac{s_B}{\bar{x}_B} = \frac{0,235}{6,38} = 0,0368.$$

Es gilt:

$$VK_B = 0,0368 < 0,0487 = VK_A$$

Relativ zu ihrem jeweiligen Niveau ist die Anlageform A risikoreicher als die Anlageform B.

2.5.2. Empirische Varianz bei klassierten Daten

Seien für $j = 1, \dots, k$

f_j	Anzahl der Werte in der Gruppe j
$n = \sum_{j=1}^{k} f_j$	gesamter Datenumfang
$\bar{x}_j$	arithmetisches Mittel in der Gruppe j
$\bar{x}_{ges} = \frac{1}{n} \sum_{j=1}^{k} f_j x_j$	Gesamtmittel
s_j^2	Varianz in der Gruppe j

Für die gesamte Varianz gilt:

$$s_{ges}^2 = \underbrace{\frac{1}{n} \sum_{j=1}^{k} f_j \cdot s_j^2}_{s_{in}^2} + \underbrace{\frac{1}{n} \sum_{j=1}^{k} f_j (\bar{x}_j - \bar{x}_{ges})^2}_{s_{ex}^2} \qquad (2.32)$$

Der erste Summand ist das arithmetische Mittel der k Varianzen s_j^2. Man nennt ihn **interne** oder **innere** Varianz und bezeichnet diese mit s_{in}^2. Der zweite Summand ist die Varianz der Klassenmittelwerte $\bar{x}_j$ und heißt **externe** oder **äußere** Varianz (s_{ex}^2). Sind die Werte innerhalb der Gruppen untereinander ähnlich, so ist die interne Varianz klein. Je unterschiedlicher die Gruppen untereinander sind, umso größer ist die externe Varianz.

Beispiel 2.21
Tabelle 2.10 zeigt das Ergebnis einer Befragung von 1000 Haushalten nach ihrem verfügbaren Monatseinkommen X (in €). In der 3. Spalte der Tablelle 2.10 steht in jeder Zeile j das arithmetische Mittel und in der 4. Spalte die Standardabweichung der Klasse j, so bedeutet beispielsweise $\bar{x}_1 = 800$ und $s_1 = 150$: In der Gruppe der Haushalte mit einem Einkommen unter 1000 € beträgt das mittlere Einkommen pro Haushalt 800 € mit einer Standardabweichung von 150 €; in der Einkommensklasse 2 (von 1000 € bis unter 2000 €) beträgt das mittlere Einkommen 1600 € mit einer Standardabweichung von 50 €.

Einkommen von... bis unter... $[b_{j-1}; b_j[$	Anzahl f_j	Mittelwert $\bar{x}_j$	Standardabweichung s_j
0– 1000	98	800	150
1000 – 2000	263	1600	50
2000 – 4000	288	2200	100
4000 – 6000	236	5100	100
6000 – 10.000	115	7500	100

Tabelle 2.10.: Verfügbares Einkommen von 1000 Haushalten

Für die Berechnung der Gesamtvarianz ermitteln wir zunächst den gesamten Mittelwert:

$$\begin{aligned}\bar{x}_{ges} &= \frac{1}{1000}\sum_{j=1}^{5} f_j \cdot \bar{x}_j \\ &= \frac{98 \cdot 800 + 263 \cdot 1600 + 288 \cdot 2200 + 236 \cdot 5100 + 115 \cdot 7500}{1000} \\ &= \frac{3.198.900}{1000} = 3.198,9\end{aligned}$$

Die für die Gesamtvarianz benötigten Werte der internen und externen Varianz sind (vgl. Tabelle 2.11)

$$s_{in}^2 = \frac{\sum_{j=1}^{5} f_j \cdot s_j^2}{1000} = \frac{9.252.500}{1000} = 9.252,5$$

und

$$s_{ex}^2 = \frac{\sum_{j=1}^{5} f_j(\bar{x}_j - \bar{x}_{ges})^2}{1000} = \frac{4.504.068.790}{1000} = 4.504.068,79.$$

Die Gesamtvarianz ergibt sich somit nach (2.32):

$$s_{ges}^2 = s_{in}^2 + s_{ex}^2 = 9.252,5 + 4.504.068,79 = 4.513.321,29$$

Die Standardabweichung beträgt

$$s_{ges} = 2124,46.$$

Das heißt: Im Mittel weicht das verfügbare Monatseinkommen um etwas mehr als 2.000 € vom Mittelwert 3.198,9 € ab.

f_j	s_j	s_j^2	$f_j \cdot s_j^2$	$\bar{x}_j - \bar{x}_{ges}$	$(\bar{x}_j - \bar{x})^2$	$f_j(\bar{x}_j - \bar{x})^2$
98	150	22.500	2.205.000	-2398,9	5.754.721,21	563.962.678,6
263	50	2.500	657.500	-1598,9	2.556.481,21	672.354.558,2
288	100	10.000	2.880.000	-998,9	997.801,21	287.366.748,5
236	100	10.000	2.360.000	1901,1	3.614.181,21	852.946.765,6
115	100	10.000	1.150.000	4301,1	18.499.461,21	2.127.438.039,0
			9.252.500			4.504.068.790

Tabelle 2.11.: Arbeitstabelle für die Berechnung der internen und der externen Varianz

2.6. Zusammenfassung

Zusammengefasst haben wir uns bisher mit den folgenden Fragen beschäftigt:

1. Welche Werte werden beobachtet? Wie oft kommen sie vor?
2. Welche Grafik ist geeignet?
3. Gibt es einen Wert, der besonders oft vorkommt?
4. Wo liegt das Zentrum der Verteilung?
5. Welcher ist der kleinste und welcher ist der größte Wert?
6. Unterscheiden sich die Werte stark, oder sind sie ähnlich?

Häufigkeitstabellen sind die einfachste Methode, Daten übersichtlich darzustellen. Häufig werden Daten in Form von Grafiken veröffentlicht. Die Wahl einer Grafik wird von der Art der Merkmale und dem Ziel der Anwender beeinflusst. Will man Häufigkeiten darstellen, dann sind Stabdiagramme oder, wenn die Daten klassiert sind, Histogramme geeignet. Anteile stellt man am besten durch Kreis- oder Tortendiagramme dar. Andere grafische Darstellungsmöglichkeiten wie das Stamm-Blatt-Diagramm oder den Box-Plot finden Sie zum Beispiel in [11].

Eine weitere Aufgabe der deskriptiven Statistik besteht darin, Daten durch aussagekräftige Kennzahlen (Parameter) zu beschreiben. Lageparameter, welche die Lage von Verteilungen beschreiben, sind Modus (Modalwert), Median (Zentralwert) und arithmetisches Mittel. Der Modalwert ist derjenige Wert, der am häufigsten vorkommt;

der Median teilt die Daten in zwei Hälften; das arithmetisches Mittel erhält man, wenn man die Datensumme durch die Anzahl der Daten dividiert. Die Anwendung der Lageparameter hängt von der Merkmalskala ab. Für ein nominalskaliertes Merkmal ist der Modalwert der einzige geeignete Lageparameter. Bei ordinalskalierten Merkmalen kommen der Modus und der Median in Frage; bei kardinalskalierten Merkmalen lassen sich alle drei Parameter bestimmen. Im Gegensatz zum Median reagiert das arithmetische Mittel empfindlich gegenüber Extremwerten.

Eine Verteilung mit nur einem Modalwert nennt man unimodal. Ansonsten heißt sie multimodal. Eine Verteilung ist symmetrisch, wenn die rechte und die linke Hälfte der Verteilung zueinander annähernd spiegelbildlich sind. Sie heißt rechtsschief (linkssteil), wenn kleine Werte häufig vorkommen, große selten. Sie heißt linksschief (rechtssteil), wenn überwiegend große Werte auftreten.

Besitzt eine Verteilung alle drei Lageparameter und ist sie unimodal, dann kann man aus dem Verhältnis der Lageparameter auf die Symmetrie oder Schiefe der Verteilung schließen. Wenn $\bar{x} > x_{med} > x_{mod}$ gilt, dann ist die Verteilung rechtsschief; wenn $\bar{x} < x_{med} < x_{mod}$, dann ist sie linksschief; sind alle drei Parameter identisch, dann ist die Verteilung symmetrisch.

Liegt ein Wachstumsprozess über mehrere Perioden vor, so gibt das geometrische Mittel der Wachstumsfaktoren den durchschnittlichen Wachstumsfaktor an. Ein arithmetisches Mittel zu berechnen ist in diesem Fall nicht der richtige Ansatz, denn der gesamte Wachstumsfaktor resultiert aus *Multiplikationen* der einzelnen Wachstumsfaktoren. Das arithmetische Mittel gibt den Durchschnitt an, wenn das Endergebnis durch eine *Addition* der Werte entsteht.

Die (empirische) Varianz gibt das Ausmaß der Variationen in den Daten wieder. Diese ist definiert als das arithmetische Mittel der quadrierten Abweichungen der Werte von ihrem arithmetischen Mittel. Deshalb nennt man sie auch die mittlere quadratische Abweichung. Je kleiner die Varianz ist, umso ähnlicher sind die Werte. Im Extremfall sind sie alle gleich; die Varianz nimmt dann ihr Minimum Null an. Nach oben ist die Varianz nicht beschränkt.

Die Einheit der Varianz ist das Quadrat der Dateneinheiten. Werden die Daten also beispielsweise in € gemessen, so ist die Einheit der Varianz €^{2}. Dies führt zu Schwierigkeiten bei der Interpretation der

Varianz. Dagegen besitzt die Standardabweichung die gleiche Einheit wie die Daten selbst. Diese kann man als die mittlere Abweichung der Daten von ihrem arithmetischen Mittel ansehen.

Eine dimensionslose Streuungsmaßzahl ist der Variationskoeffizient. Diesen erhält man, wenn man die Standardabweichung durch das arithmetische Mittel dividiert. Im Zusammenhang mit finanzwirtschaftlichen Fragestellungen werden der Variationskoeffizient oder die Standardabweichung als Risikomaß verwendet. Eine Kapitalanlage mit einem höheren Variationskoeffizienten ist risikobehafteter (und gleichzeitig gewinnträchtiger) als eine mit einem niedrigeren Variationskoeffizienten. Bewegen sich die Renditen der zu vergleichenden Anlageformen auf einem etwa gleichen Niveau, so kann man die Standardabweichungen zur Risikomessung verwenden. Sind die Niveaus sehr unterschiedlich, so ist der Variationskoeffizient zu verwenden.

Die Gesamtvarianz von k Klassen (Gruppen) lässt sich als Summe der internen und der externen Varianz darstellen. Die interne Varianz gibt Auskunft über die Variabilität der Daten innerhalb der Gruppen. Ist jede Gruppe für sich homogen, dann ist die interne Varianz gering. Die externe Varianz sagt etwas über die Variationen zwischen den Gruppen aus. Eine große externe Varianz weist darauf hin, dass die Gruppen sich voneinander stark unterscheiden.

Notationen, Formeln und ihre Bedeutung

n	Anzahl der Daten
m	Anzahl der Merkmalsausprägungen
$X, Y, \ldots$	Merkmale, Variablen
$x_1, \ldots, x_n$	Rohdaten (Urliste)
$a_1, \ldots, a_m$ bzw. $x_1, \ldots, x_m$	Merkmalsausprägungen
$f_j = f(a_j)$	Absolute Häufigkeit, $j = 1, \ldots, m$
$h_j = h(a_j) = \frac{f_j}{n}$	Relative Häufigkeit, $j = 1, \ldots, m$
$H(x) = \sum\limits_{a_j \leq x} h(a_j)$	Empirische Verteilungsfunktion
$b_j - b_{j-1}$	Klassenbreite, $j = 1, \ldots, k$
$f_j^* = \frac{f_j}{b_j - b_{j-1}}$	Klassendichte, $j = 1, \ldots, k$
$m_j = \frac{b_j + b_{j-1}}{2}$	Klassenmitte, $j = 1, \ldots, k$
x_{mod}	Modus (Modalwert)

x_{med}	Median (Zentralwert)
$\bar{x} = \frac{1}{n}\sum_{j=1}^{n} x_i$	Arithmetisches Mittel
$\bar{x}_j$	Arithmetisches Mittel der Klasse j, $j = 1, \ldots, m$
$\bar{x}_{ges} = \frac{1}{n}\sum_{j=1}^{k} f_j \cdot \bar{x}_j$	Gesamtmittel aus Klassenmittelwerten
$\bar{m} = \frac{1}{n}\sum_{j=1}^{k} f_j \cdot m_j$	Näherungswert für $\bar{x}_{ges}$
q_t	Wachstumsfaktor zum Zeitpunkt t, $t = 1, \ldots, T$
$w_t = (q_t - 1) \cdot 100$	Wachstumsrate zum Zeitpunkt t, $t = 1, \ldots, T$
$q = \sqrt[T]{\prod_{t=1}^{T} q_t}$	Durchschnittlicher Wachstumsfaktor
$w = (q - 1) \cdot 100\%$	Durchschnittliche Wachstumsrate
$R = x_{max} - x_{min}$	Spannweite
$s^2 = \frac{1}{n}\sum_{i=1}^{n}(x_i - \bar{x})^2$	Varianz (mittlere quadratische Abweichung)
$s^2 = \frac{1}{n}\sum_{i=1}^{n} x_i^2 - \bar{x}^2$	Verschiebungssatz für die Varianz
$s = \sqrt{s^2}$	Standardabweichung
$VK = \frac{s}{\lvert\bar{x}\rvert}$	Variationskoeffizient
$s_{in}^2 = \frac{1}{n}\sum_{j=1}^{k} f_j \cdot s_j^2$	Interne Varianz
$s_{ex}^2 = \frac{1}{n}\sum_{j=1}^{k} f_j(\bar{x}_j - \bar{x}_{ges})^2$	Externe Varianz
$s_{ges}^2 = s_{in}^2 + s_{ex}^2$	Gesamtvarianz

3. Konzentrationsparameter

In einem um wettbewerbsorientierten Markt wird die Macht eines Unternehmens unter anderem von der Anzahl der Konkurrenten bestimmt. Wird ein Großteil des Gesamtumsatzes von nur wenigen herrschenden Anbietern erbracht, spricht man von einem **konzentrierten** Markt. Im Zusammenhang mit der Einkommens- und Vermögensverteilung sind folgende Fragestellungen von Interesse: Wie verteilt sich das Volkseinkommen auf die einzelnen Wirtschaftssubjekte? Wie verteilt sich das Vermögen? Wie verändert sich diese Verteilung im Laufe der Zeit? In diesem Rahmen werden einige wichtige statistische Maßzahlen, die das Konzentrationsphänomen erfassen können, dargestellt.

Zunächst halten wir fest, dass für die Konzentrationsmessung kardinal skalierte Merkmale mit nicht negativen Werten $x_i \geq 0$, $i = 1, 2, \ldots, n$ von n Merkmalsträgern vorausgesetzt werden. Ebenso setzen wir voraus, dass eine Summenbildung der Werte $\sum_{i=1}^{n} x_i$ sinnvoll ist.

Je nach Fragestellung unterscheidet man zwischen der **relativen** und der **absoluten** Konzentration. Von einer relativen Konzentration spricht man, wenn bei der Konzentrationsmessung die *Anzahl* der Akteure nicht beachtet wird. Diese ist hoch, wenn ein großer Anteil der Merkmalssumme (z.B. des Vermögens) auf einen kleinen *Anteil* von Merkmalsträgern (z.B. der Bevölkerung) entfällt. Von einer starken absoluten Konzentration spricht man, wenn ein großer Anteil der Merkmalssumme (z.B. des Umsatzes) auf eine kleine *Zahl* von Merkmalsträgern (z.B. Unternehmen) entfällt.

3.1. Lorenzkurve und Gini-Koeffizient zur Messung der relativen Konzentration

Die Lorenzkurve[1] zeigt grafisch (in einem x-y-Koordinatensystem), wie viel Prozent der kleinsten Merkmalsträger (z.B. der ärmsten Bevölkerung) wie viel Prozent der Merkmalssumme (z.B. des Vermögens) besitzen. Um die Definition der Lorenzkurve anzugeben, betrachten wir eine Grundgesamtheit (GG) mit n Merkmalsträgern (z.B. Haushalten). Zu jedem Merkmalsträger i wird ein Merkmalswert $x_i \geq 0$ (z.B. Einkommen) beobachtet. Die Merkmalsträger werden nach dem Merkmalswert geordnet: Der Merkmalsträger mit dem kleinsten Merkmalswert kommt zuerst und der mit dem höchsten Merkmalswert schließt die Reihe ab:

$$0 \leq x_1 \leq x_2 \leq \ldots \leq x_n, \text{ Merkmalssumme}: \; x = \sum_{i=1}^{n} x_i.$$

Jeder Merkmalsträger i aus der geordneten Liste hat somit einen Anteil von $p_i = \frac{x_i}{x}$ an der Gesamtmerkmalssumme. Weiter stellen wir fest, dass jeder Merkmalsträger i einen Anteil von $\frac{1}{n}$ an der Grundgesamtheit hat. Für die Konstruktion der Lorenzkurve führt man folgende Arbeitsschritte durch:

1. Kumuliere die Anteile $\frac{1}{n}$ an der Grundgesamtheit; die kumulierten Werte bezeichnet man mit u_j:

$$u_1 = \frac{1}{n}, u_2 = \frac{2}{n}, \ldots, u_{n-1} = \frac{n-1}{n}, u_n = 1$$

2. Kumuliere die Anteile an der Gesamtmerkmalssumme p_i, d.h. bilde für $j = 1, 2, \ldots, n,\; j \geq i$:

$$v_j = \sum_{i=1}^{j} p_i.$$

3. Verbinde (in einem u-v-Koordinatensystem) die Koordinaten

$$(0,0), (u_1, v_1), \ldots, (u_{n-1}, v_{n-1}), (1,1).$$

[1]Die Lorenzkurve ist nach dem amerikanischen Statistiker Max O. Lorenz (1880 - 1962) benannt.

Den Streckenzug durch die Koordinaten $(u_j, v_j), j = 0, 1, 2, \ldots, n$ mit $(u_0, v_0) = (0, 0)$ nennt man **Lorenzkurve**. Ein Punkt (u_j, v_j) auf der Lorenzkurve gibt an: $u_j \cdot 100$ Prozent der kleinsten (ärmsten) Merkmalsträger haben zusammen $v_j \cdot 100$ Prozent der Merkmalssumme. Hat jeder Merkmalsträger den gleichen Anteil an der Merkmalssumme (Nullkonzentration), ist die Lorenzkurve identisch mit der Diagonalen des Einheitsquadrats im u-v-Koordinatensystem. Je stärker die Konzentration ist, umso weiter entfernt sich die Lorenzkurve von der Diagonalen. Besitzt ein Merkmalsträger alles (maximale Konzentration), hat die Lorenzkurve die Koordinaten $(0, 0)$ für $j = 0, 1, 2, \ldots, n-1$ und $(u_n, v_n) = (1, 1)$ (siehe Abbildung 3.1). Mit einer Lorenzkurve kann man somit Ungleichheiten in der Verteilung eines Merkmals (z.B. Vermögensverteilung) sichtbar machen.

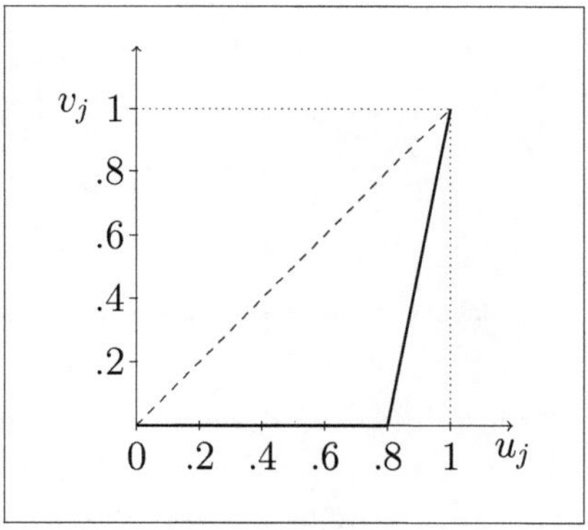

Abbildung 3.1.: Lorenzkurve für $n = 5$ und $x_1 = x_2 = x_3 = x_4 = 0$

Beispiel 3.1

In einem Ort teilen sich fünf Anbieter den Markt für Elektronik. Das heißt: Jeder hat einen Anteil von $\frac{1}{5} = 0,2$ an der Grundgesamtheit. Ihre jährlichen Umsatzzahlen (in 1000 Euro) seien in der folgenden Tabelle wiedergegeben:

Markt	Elektron	Fair	Froh	Glück	Digital
Umsatz	5	40	10	35	10

Tabelle 3.1.: Umsätze der fünf Konkurrenten auf einem Elektronikmarkt

Das gesamte Umsatzvolumen beträgt $x = 5 + 10 + 10 + 35 + 40 = 100$. Für die Lorenzkurve ordnet man die Anbieter nach der Umsatzgröße:

Markt i	1=Elektron	2=Froh	3=Digital	4=Glück	5=Fair
Kumul. Anteil an GG u_j	**0,2**	**0,4**	**0,6**	**0,8**	**1**
Umsatz x_i	5	10	10	35	40
Umsatzanteil p_i	$\frac{5}{100}$	$\frac{10}{100}$	$\frac{10}{100}$	$\frac{35}{100}$	$\frac{40}{100}$
Kumul. Umsatzanteil v_j	**0,05**	**0,15**	**0,25**	**0,6**	**1**

Tabelle 3.2.: Bestimmung von Koordinatenpunkten der Lorenzkurve $(u_j, v_j), j = 1, 2, \ldots, 5$

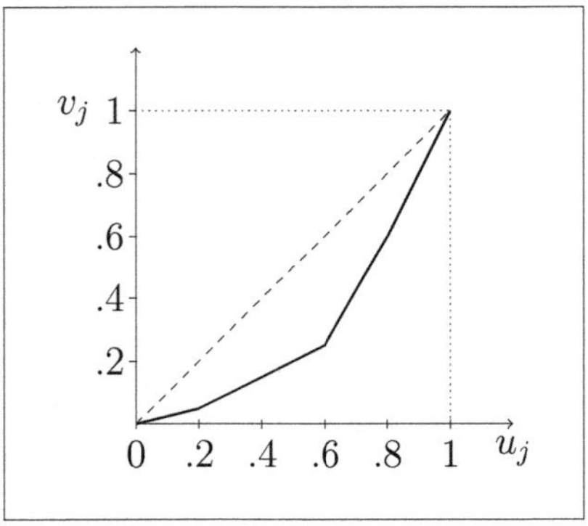

Abbildung 3.2.: Lorenzkurve der fünf Elektronikmärkte

Da die Lorenzkurve die relative Konzentration zeigt, kann man diese auch dann zeichnen, wenn man nur die Anteilswerte in der Grundgesamtheit kennt. Das folgende Beispiel zeigt das.

Beispiel 3.2

In der Weihnachtsausgabe 2004 veröffentlichte die *Süddeutsche Zeitung* die in Tabelle 3.3 stehenden Daten zur Einkommensverteilung in Deutschland (**Reich und Arm in Deutschland**). Im Jahr 2003 hatten 10 Prozent der Ärmsten einen Anteil von 3,2 Prozent am Nettovolkseinkommen, die zweitärmsten 10 Prozent hatten 5,2 Prozent usw.

Für die Lorenzkurve brauchen wir die kumulierten Größen (siehe Tabelle 3.4).

Zusätzlich zu der grafischen Darstellung kann man den Grad der Konzentration durch eine Kennzahl, den **Gini-Koeffizienten** G, angeben.

Bevölkerungs-anteil	Anteil am Netto-volkseinkommen	Bevölkerungs-anteil	Anteil am Netto-volkseinkommen
Die ärmsten 10%	3,2%	⋮	9,5%
Die zweitärmsten 10%	5,2%	⋮	10,8%
Die drittärmsten 10%	6,4%	⋮	12,4%
⋮	7,4%	⋮	14,7%
⋮	8,4%	Die reichsten 10%	22%

Tabelle 3.3.: Einkommensanteile 2003 in Deutschland (Quelle: *SZ*, Weihnachtsausgabe 2004)

j	1	2	3	4	5	6	7	8	9	10
u_j	0,1	0,2	0,3	0,4	0,5	0,6	0,7	0,8	0,9	1
v_j	0,032	0,084	0,148	0,222	0,306	0,401	0,509	0,633	0,78	1

Tabelle 3.4.: Die kumulierten Größen für die Koordinaten der Lorenzkurve

Als Gini-Koeffizienten bezeichnet man den Quotienten

$$G = \frac{\text{Fläche zwischen Diagonale und Lorenzkurve}}{\text{Fläche zwischen Diagonale und } u\text{-Achse}}.$$

Die praktische Berechnung des Gini-Koeffizienten erfolgt gemäß:

$$G = \frac{2\sum_{i=1}^{n} i x_i}{n\sum_{i=1}^{n} x_i} - \frac{n+1}{n} = \frac{2\sum_{i=1}^{n} i p_i - (n+1)}{n} \tag{3.1}$$

Dabei ist $p_i = \frac{x_i}{\sum_{j=1}^{n} x_j}$.

Eine äquivalente Formel für die Ermittlung von G ist

$$G = \frac{1}{n}\Big(n - 1 - 2\sum_{j=1}^{n-1} v_j\Big). \tag{3.2}$$

Für den Ginikoeffizienten gilt

$$0 \leq G \leq \frac{n-1}{n} = G_{\max}. \tag{3.3}$$

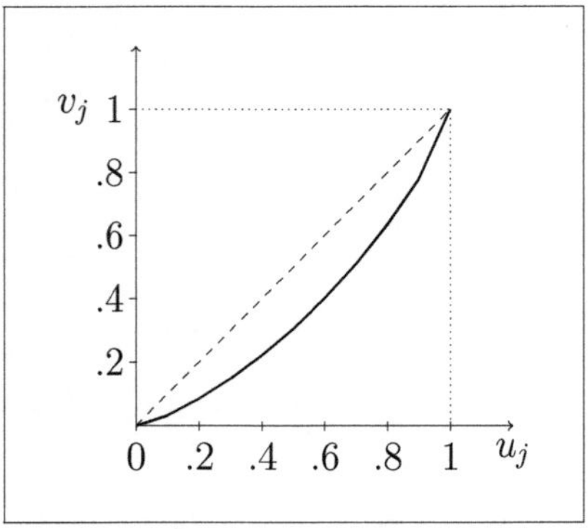

Abbildung 3.3.: Lorenzkurve der Einkommenverteilung in Deutschland 2003

Normiert man G durch $G_{\max}$, erhält man den normierten Gini-Koeffizienten

$$G^* = \frac{G}{G_{\max}} = \frac{n}{n-1} G \tag{3.4}$$

Für G^* gilt

$$0 \leq G^* \leq 1. \tag{3.5}$$

Beispiel 3.3
Der Gini-Koeffizient für die Werte aus Beispiel 3.1:

$$\begin{aligned} G &= \frac{1}{n}\Big(n-1-2\sum_{j=1}^{n-1} v_j\Big) \\ &= \frac{1}{5}[5-1-2(0,05+0,15+0,25+0,6)] = \frac{1,9}{5} = 0,38 \end{aligned}$$

Es ist leicht zu zeigen, dass die anderen Formeln den gleichen Wert liefern (Übung!). Der normierte Gini-Koeffizient beträgt

$$G^* = \frac{5}{4} \cdot 0,38 = 0,475.$$

Ein Nachteil des Gini-Koeffizienten liegt darin, dass unterschiedliche Ungleichheiten von diesem nicht eindeutig gezeigt werden können. Abbildung 3.4 macht dieses Verhalten deutlich. Gemäß der linken Lorenzkurve besitzen die untersten 50% einen Anteil von 10% der Merkmalssumme, während die rechte Lorenzkurve einen Zustand wiedergibt, in dem die obersten 10% Merkmalsträger 50% der gesamten Merkmalssumme haben. Der jeweilige Gini-Koeffizient ist gleich hoch. Es ist daher zu empfehlen, den Gini-Koeffizienten immer zusammen mit der zugehörigen Lorenzkurve anzugeben.

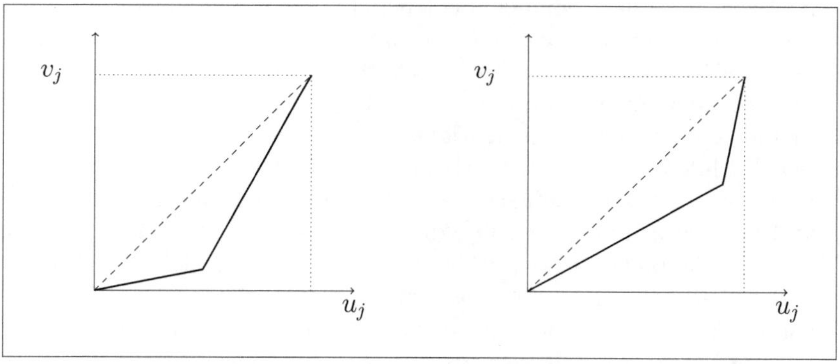

Abbildung 3.4.: Links: Die untersten 50% haben einen Anteil von 10% der Merkmalssumme. Rechts: Die oberen 10% haben 50% der gesamten Merkmalssumme

3.2. Maßzahlen der absoluten Konzentration

Eine statistische Maßzahl der Konzentration, die die Anzahl der Marktteilnehmer berücksichtigt, ist die **Konzentrationsrate**

$$CR_g = \sum_{i=n-g+1}^{n} p_i. \tag{3.6}$$

Dabei bedeuten

n = Anzahl der Anbieter auf dem Markt und

p_i = Umsatzanteil des i-ten Anbieters am Gesamtumsatz.

Wenn $x_1, x_2, \ldots, x_n$ die der Größe nach geordneten Umsätze der Unternehmen $i = 1, 2, \ldots, n$ bezeichnen, gibt $\sum_{i=1}^{n} x_i$ das gesamte Umsatzvolumen an, das auf dem betreffenden Markt erwirtschaftet wird. Somit kann man schreiben:

$$p_i = \frac{x_i}{\sum_{j=1}^{n} x_j} \tag{3.7}$$

Im Lebensmitteleinzelhandel beobachtet man in der jüngeren Vergangenheit eine Zunahme der Marktkonzentration (siehe Abbildung 3.5). Die größten fünf Anbieter erwirtschafteten im Jahr 2005 zusammen 61,3 Prozent des Gesamtumsatzes. Im Jahr 2011 betrug der Anteil 71,1 Prozent.[2] Der Konzentrationsprozess scheint weiter fortzuschreiten. Nachdem im Jahr 2007 der Discounter Plus von Edeka übernommen wurde, sollen demnächst die Tengelmann-Supermärkte ebenso an Edeka verkauft werden. Wie die *Süddeutsche Zeitung* am 7.10.2014 mitteilte, kommen die vier größten Lebensmitteleinzelhändler (Edeka, Rewe, Aldi und die Schwarz-Gruppe) zuletzt auf einen Marktanteil von ca. 85 Prozent bzw. kurz in der oben eingeführten Maßzahl mit $g = 4$ ausgedrückt: $CR_4 = 0,85$.

Entfällt der Gesamtumsatz auf einen einzigen Anbieter (maximale Konzentration), gilt $CR_1 = 1$. Haben alle n Unternehmen den gleichen Umsatz (minimale Konzentration), d.h. $x_1 = x_2 = \ldots = x_n$ (dito $p_i = \frac{1}{n}$ für $i = 1, 2, \ldots, n$), beträgt $CR_g = \frac{g}{n}$. Somit gilt

$$\boxed{\frac{g}{n} \leq CR_g \leq 1.} \tag{3.8}$$

Beispiel 3.4

Für die Daten aus Beispiel 3.1 (fünf Anbieter konkurrieren in einem Elektronikmarkt) soll die Frage *Wie hoch ist der Marktanteil der zwei größten Anbieter?* beantwortet werden. Wir übernehmen die Daten aus Tabelle 3.2:

Die zwei ($g = 2$) größten Märkte haben zusammen einen Umsatzanteil von

$$CR_2 = p_4 + p_5 = 35\% + 40\% = 75\%.$$

[2]Quelle: Haucap et al. (2013) Ordnungspolitische Perspektiven Nr. 48 Wettbewerbsprobleme im Lebensmitteleinzelhandel. düsseldorf university press (dup) im Auftrag der Heinrich-Heine-Universität Düsseldorf, Wirtschaftwissenschaftliche Fakultät

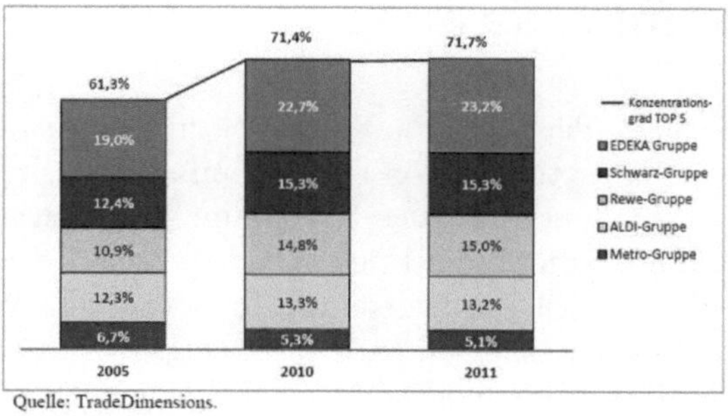

Quelle: TradeDimensions.

Abbildung 3.5.: Entwicklung der Konzentration im Lebensmitteleinzelhandel

Markt i	1=Elektron	2=Froh	3=Digital	4=Glück	5=Fair
Umsatz x_i	5	10	10	35	40
Umsatzanteil p_i	0,05	0,1	0,1	0,35	0,4

Tabelle 3.5.: Umsatzanteile der fünf Elektonikmärkte

Eine weitere Kennzahl für die absolute Konzentration ist der **Herfindahl-Index**

$$H = \sum_{i=1}^{n} p_i^2 \tag{3.9}$$

Dabei bedeutet p_i weiterhin den Anteil des i-ten Merkmalsträgers an der gesamten Merkmalssumme. Besitzt einer alles, gilt $H = 1$ (maximale Konzentration). Hat jeder der n Merkmalsträger den gleichen Anteil an der Merkmalssumme, ist $H = \frac{1}{n}$ (minimale Konzentration). Der Wertebereich für den Herfindahlindex H ergibt sich als:

$$\frac{1}{n} \leq H \leq 1 \tag{3.10}$$

Beispiel 3.5
Der Herfindahlindex für die Daten aus Beispiel 3.1 beträgt

$$H = \sum_{i=1}^{5} p_i^2 = 0,05^2 + 0,1^2 + 0,1^2 + 0,35^2 + 0,4^2 = 0,405$$

3.3. Zusammenfassung

In vielen Bereichen der Wirtschafts- und Sozialpolitik kann das Vorkommen einer Konzentration von Produktion oder Besitz Handlungsbedarf auslösen. So überprüft das Kartellamt, ob die Übernahme der Tengelmann-Märkte durch die Edeka-Gruppe zu einer weiteren starken Konzentration im Lebensmitteleinzelhandel führt. Von einer hohen Konzentration spricht man, wenn nur wenige Merkmalsträger einen großen Anteil an der Merkmalssumme (Einkommen, Vermögen, Produktion usw.) haben.

Bei der Konzentrationsmessung unterscheidet man zwischen der absoluten und der relativen Konzentration. Die absolute Konzentration berücksichtigt die Anzahl der Merkmalsträger in einer Grundgesamtheit. Zwei wichtige Maßzahlen dafür sind der Herfindahl-Index H und die Konzentrationsrate CR_g.

In der Sozialpolitik ist der Gini-Koeffizient G als eine Kennzahl für die Ungleichheit einer Verteilung verbreitet. Für die Berechnung von G spielt die Anzahl der Merkmalsträger keine Rolle. Deshalb spricht man von einer relativen Konzentration. Diese kann man zusätzlich durch eine Lorenzkurve grafisch darstellen. Weil der maximale Wert von G immer kleiner 1 ist, wird häufig der normierte Gini-Koeffizient G^* veröffentlicht.

Notationen, Formeln und ihre Bedeutung

n	Anzahl der Merkmalsträger in einer Grundgesamtheit (GG)
$x_1 \leq x_2 \leq \ldots \leq x_n$	Merkmalswerte, $x_i \geq 0$ für $i = 1, 2 \ldots n$,
$x = \sum_{i=1}^{n} x_i$	Merkmalssumme
$p_i = \frac{x_i}{x}$	Anteil des Merkmalsträgers i an der Merkmalssumme
$v_j = \sum_{i \leq j} p_i$	Kumulierter Anteil an der Merkmalssumme
$u_j = \frac{j}{n}$	Kumulierter Anteil der Merkmalsträger an der Grundgesamthe
$(0,0), (u_1, v_1), \ldots, (u_n, v_n)$	Koordinaten der Lorenzkurve
$G = \frac{2\sum_{i=1}^{n} i x_i}{n \sum_{i=1}^{n} x_i} - \frac{n+1}{n}$	Gini-Koeffizient, $0 \leq G \leq \frac{n-1}{n}$
$G = \frac{2\sum_{i=1}^{n} i p_i - (n+1)}{n}$	

$G = \frac{1}{n}\left(n - 1 - 2\sum_{j=1}^{n-1} v_j\right)$	
$G_{\max} = \frac{n-1}{n}$	Maximaler Wert von G
$G^* = \frac{G}{G_{\max}} = \frac{n}{n-1}G$	Normierter Gini-Koeffizient, $0 \leq G^* \leq 1$
$H = \sum_{i=1}^{n} p_i^2$	Herfindahl-Index, $\frac{1}{n} \leq H \leq 1$
$CR_g = \sum_{i=n-g+1}^{n} p_i$	Konzentrationsrate, $\frac{g}{n} \leq CR_g \leq 1$

4. Zweidimensionale Daten

Wenn man an jeder Untersuchungseinheit $i = 1, 2, \ldots, n$ zwei Merkmale X und Y beobachtet, dann nennt man das Ergebnis zweidimensional. Beispiele sind etwa:

1. Sonntagsfrage: *Welche Partei würden Sie wählen, wenn am nächsten Sonntag Bundestagswahl wäre?* Die Merkmale *Geschlecht* und *Parteipräferenz* sind von Interesse.

2. Bei der Erstellung des Mietspiegels wurden für jede Wohnung die *Wohnfläche* und der *Mietpreis* erhoben.

Allgemein bezeichnen wir mit $x_1, \ldots, x_m$ die Ausprägungen von X und mit $y_1, \ldots, y_\ell$ die Ausprägungen von Y. Insgesamt gibt es $m \cdot \ell$ Ausprägungspaare (x_j, y_k) ($j = 1, \ldots, m$ und $k = 1, \ldots, \ell$). Zweidimensionale Daten kann man grafisch als ein Stabdiagramm im 3-dimensionalen Raum $\mathbb{R}^3$ darstellen. Dabei stehen die Stäbe (Säulen) auf einer x-y-Ebene; auf der z-Achse trägt man die absoluten oder relativen Häufigkeiten ein (siehe u. a. [11]).

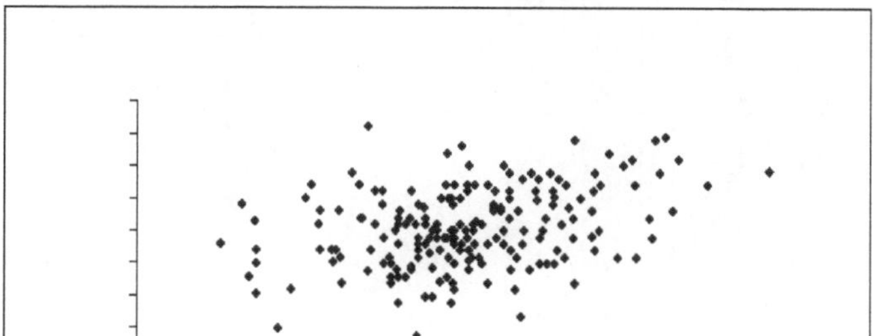

Abbildung 4.1.: Streudiagramm

Liegen zweidimensionale metrische Daten vor, so kann man diese als **Streudiagramm** (siehe Abbildung 4.1) wiedergeben. Das heißt: Man trägt jedes Ausprägungspaar (x_j, y_k) auf einem x-y-Koordinatensystem ein. Synonyme für „Streudiagramm" sind **Punktewolke** oder **Scatterplot**.

Für zeitlich hintereinanderfolgende Beobachtungen (Zeitreihen) sind **Liniendiagramme** verbreitet. Auch hier bedient man sich eines x-y-Koordinaten-systems. Auf der x-Achse trägt man die Zeitpunkte t auf, auf der y-Achse jeweils den zum Zeitpunkt t gehörenden Wert y_t. Anschließend werden die Koordinatenpunkte (t, y_t) miteinander zu einer Linie verbunden. Der Vorteil dieses Diagramms liegt unter anderem darin, dass man zu Vergleichszwecken mehrere Reihen in einem Diagramm eintragen kann.

So zeigt etwa Abbildung 4.2 ab 1991 drei Liniendiagramme zur Arbeitslosenzahlen im gesamten Bundesgebiet sowie in West- und in Ostdeutschland[1]. An dem Diagramm sieht man, dass in Ostdeutschland die Arbeitslosenzahlen niedriger als in Westdeutschland liegen.

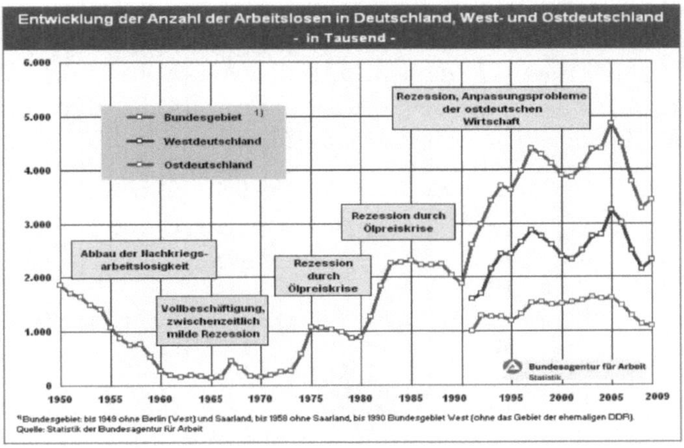

Abbildung 4.2.: Liniendiagramme zur Entwicklung der Arbeitslosenzahlen in Deutschland von 1950 bis 2009. Quelle: Bundesagentur für Arbeit

[1] http://www.pub.arbeitsagentur.de/hst/services/statistik/000000/html/start/gif/b_alo_zr.shtml (Stand: 10.09.2011)

4.1. Kontingenztabelle

Die Häufigkeit f_{jk} gibt an, wie oft das Ausprägungspaar (x_j, y_k) beobachtet wurde. Man kann f_{jk} in Analogie zu eindimensionalen Daten in einer Tabelle wiedergeben. Eine solche Tabelle heißt **Kontingenztabelle**. Die allgemeine Form der Kontingenztabelle zeigt Tabelle 4.1. Den mittleren Teil der Kontingenztabelle, den Tabelle 4.2 darstellt, kann man als eine $(m \times \ell)$-Matrix mit f_{jk} als Element in der j-ten Zeile und k-ten Spalte ansehen. Man nennt f_{jk} **gemeinsame absolute Häufigkeit** von X und Y.

		Ausprägung Y					
		y_1	$\dots$	y_k	$\dots$	y_ℓ	
Ausprägung X	x_1	f_{11}	$\dots$	f_{1k}	$\dots$	$f_{1\ell}$	$f_{1\bullet}$
	$\vdots$	$\vdots$		$\vdots$		$\vdots$	$\vdots$
	x_j	f_{j1}	$\dots$	f_{jk}	$\dots$	$f_{j\ell}$	$f_{j\bullet}$
	$\vdots$	$\vdots$		$\vdots$		$\vdots$	$\vdots$
	x_m	f_{m1}	$\dots$	f_{mk}	$\dots$	$f_{m\ell}$	$f_{m\bullet}$
		$f_{\bullet 1}$	$\dots$	$f_{\bullet k}$	$\dots$	$f_{\bullet \ell}$	n

Tabelle 4.1.: Kontingenztabelle für die absoluten Häufigkeiten

f_{11}	$\dots$	f_{1k}	$\dots$	$f_{1\ell}$
$\vdots$		$\vdots$		$\vdots$
f_{j1}	$\dots$	f_{jk}	$\dots$	$f_{j\ell}$
$\vdots$		$\vdots$		$\vdots$
f_{m1}	$\dots$	f_{mk}	$\dots$	$f_{m\ell}$

Tabelle 4.2.: $(m \times \ell)$-Matrix der gemeinsamen absoluten Häufigkeiten

Die Ränder der Kontingenztabelle beinhalten zum einen die *Anzahl der Beobachtungen* für x_j, $j = 1, 2, \ldots, m$:

$$\boxed{f_{j\bullet} = \sum_{k=1}^{\ell} f_{jk}} \tag{4.1}$$

und zum anderen die *Anzahl der Beobachtungen* für y_k, $k = 1, 2, \ldots, \ell$:

$$f_{.k} = \sum_{j=1}^{m} f_{jk} \tag{4.2}$$

Man nennt $f_{j.}$ bzw. $f_{.k}$ **absolute Randhäufigkeiten** der Variablen X bzw. der Variablen Y. Es gilt

$$\sum_{j=1}^{m} f_{j.} = \sum_{j=1}^{m} \sum_{k=1}^{\ell} f_{jk} = \sum_{k=1}^{\ell} \sum_{j=1}^{m} f_{jk} = \sum_{k=1}^{\ell} f_{.k} = n. \tag{4.3}$$

Beispiel 4.1

An $n = 1000$ Personen wurden die Merkmale X: *Geschlecht* und Y: *Parteipräferenz* erhoben. Das Merkmal X besitzt zwei und das Merkmal Y drei Ausprägungen, so dass es insgesamt sechs verschiedene Wertepaare für das Merkmalspaar (X, Y) gibt. Für jedes Ausprägungspaar (x_j, y_k), $j = 1, 2$ und $k = 1, 2, 3$ wird notiert, wie oft dieses beobachtet wird. Das Ergebnis gibt die folgende Kontingenztabelle wieder.

	Partei A	Partei B	Partei C	
Männlich	129	196	185	510
Weiblich	220	140	130	490
	349	336	315	1000

In der Kontingenztabelle stehen die gemeinsamen Häufigkeiten:

- $f_{11} = 129$ Männer ($f_{21} = 220$ Frauen) haben für A gestimmt.
- $f_{12} = 196$ Männer ($f_{22} = 140$ Frauen) haben für B gestimmt.
- $f_{13} = 185$ Männer ($f_{23} = 130$ Frauen) haben für C gestimmt.

Die Randhäufigkeien des Merkmals X (*Geschlecht*):

- $f_{1.} = \sum_{k=1}^{3} f_{1k} = 129 + 196 + 185 = 510$ Befragte sind männlich.
- $f_{2.} = \sum_{k=1}^{3} f_{2k} = 220 + 140 + 130 = 490$ Befragte sind weiblich.

Die Randhäufigkeiten des Merkmals Y (*Parteipräferenz*):

- $f_{\cdot 1} = \sum_{j=1}^{2} f_{j1} = 129 + 220 = 349$ Stimmen sind für A.
- $f_{\cdot 2} = \sum_{j=1}^{2} f_{j2} = 196 + 140 = 336$ Stimmen sind für B.
- $f_{\cdot 3} = \sum_{j=1}^{2} f_{j3} = 185 + 130 = 315$ Stimmen sind für C.

Anstelle der absoluten kann man ebenso die **gemeinsamen relativen Häufigkeiten** von (x_j, y_k)

$$h_{jk} = \frac{f_{jk}}{n} \tag{4.4}$$

in eine Kontingenztabelle eintragen (vgl. Tabelle 4.3). Wir bezeichnen die **relativen Randhäufigkeiten** entsprechend mit

$$h_{j\cdot} = \frac{f_{j\cdot}}{n} \quad \text{bzw.} \quad h_{\cdot k} = \frac{f_{\cdot k}}{n} \tag{4.5}$$

		Ausprägung Y					
		y_1	$\ldots$	y_k	$\ldots$	y_ℓ	
Ausprägung X	x_1	h_{11}	$\ldots$	h_{1k}	$\ldots$	$h_{1\ell}$	$h_{1\cdot}$
	$\vdots$	$\vdots$		$\vdots$		$\vdots$	$\vdots$
	x_j	h_{j1}	$\ldots$	h_{jk}	$\ldots$	$h_{j\ell}$	$h_{j\cdot}$
	$\vdots$	$\vdots$		$\vdots$		$\vdots$	$\vdots$
	x_m	h_{m1}	$\ldots$	h_{mk}	$\ldots$	$h_{m\ell}$	$h_{m\cdot}$
		$h_{\cdot 1}$	$\ldots$	$h_{\cdot k}$	$\ldots$	$h_{\cdot \ell}$	1

Tabelle 4.3.: Kontingenztabelle für die relativen Häufigkeiten

Es gilt

$$\sum_{j=1}^{m} h_{j\cdot} = \sum_{j=1}^{m}\sum_{k=1}^{\ell} h_{jk} = \sum_{k=1}^{\ell}\sum_{j=1}^{m} h_{jk} = \sum_{k=1}^{\ell} h_{\cdot k} = 1. \tag{4.6}$$

Die Gesamtheit von h_{jk} nennt man **gemeinsame Häufigkeitsverteilung** oder einfach **gemeinsame Verteilung** von X und Y; die

Gesamtheit von $h_{j.}$ heißt **Randverteilung** von X, und die Gesamtheit aller $h_{.k}$ **Randverteilung** von Y. Die Randverteilungen geben die Verteilung *einer* Variablen an, ohne Beachtung der anderen Variablen. Die allgemeine Form der Randverteilungen von X bzw. von Y zeigen (Tabelle 4.4) bzw. (Tabelle 4.5):

Ausprägung	x_1	...	x_j	...	x_m	
Anteil	$h_{1.}$	...	$h_{j.}$	...	$h_{m.}$	1

Tabelle 4.4.: Randverteilung des Merkmals X

Ausprägung	y_1	...	y_k	...	y_ℓ	
Anteil	$h_{.1}$	...	$h_{.k}$	...	$h_{.\ell}$	1

Tabelle 4.5.: Randverteilung des Merkmals Y

Beispiel 4.2
Die Werte der der Randverteilung von X (*Geschlecht*) sind

- $h_{1.} = \frac{510}{1000} = 0,51$ (51% der Befragten sind männlich) und
- $h_{2.} = \frac{490}{1000} = 0,49$ (49% der Befragten sind weiblich).

Die Werte der der Randverteilung von Y (*Parteipräferenz*) sind

- $h_{.1} = \frac{349}{1000} = 0,349$ (34,9% der Stimmen entfallen auf A),
- $h_{.2} = \frac{336}{1000} = 0,336$ (33,6% der Stimmen entfallen auf B) und
- $h_{.3} = \frac{315}{1000} = 0,315$ (31,5% der Stimmen entfallen auf C).

4.2. Bedingte Verteilungen und statistische Unabhängigkeit

Bei einer Untersuchung zweidimensionaler Daten interessiert man sich häufig für die Verteilung des einen Merkmals, wenn das andere Merkmal einen bestimmten festen Wert annimmt. Beispiele: Wie sieht die Stimmenverteilung unter den weiblichen Wählern aus? Wie sieht sie unter den männlichen Wählern aus? Wie ist die Verteilung der Geschlechter unter den einzelnen Parteien?

Solche Häufigkeitsverteilungen heißen **bedingte Häufigkeitsverteilungen**, kurz **bedingte Verteilungen**. Die Bezeichnung für die **bedingte Verteilung von X, wenn $Y = y_k$**, ist $X|Y = y_k$. Ihre Elemente werden durch

$$\frac{f_{jk}}{f_{.k}} \tag{4.7}$$

bestimmt. Für das Merkmal X gibt es somit ℓ bedingte Verteilungen. Analog existieren m **bedingte Verteilungen von Y, wenn $X = x_j$** mit

$$\frac{f_{jk}}{f_{j.}} \tag{4.8}$$

als Elemente. Wir bezeichnen sie entsprechend mit $Y|X = x_j$. Die bedingte Verteilung erfasst somit die Verteilung des einen Merkmals auf einer bestimmten Teilpopulation des anderen Merkmals.

Beispiel 4.3
Für die *Sonntagsfrage* aus Beispiel 4.1 gibt es zwei bedingte Verteilungen für das Merkmal Y (*Parteipräferenz*):

1. $Y|X = x_1$ (= Männlich) gibt die Stimmenverteilung unter den männlichen Befragten an (Tabelle 4.6).

	Partei A	Partei B	Partei C	
Männlich	$\frac{129}{510} = 0,253$	$\frac{196}{510} = 0,384$	$\frac{185}{510} = 0,363$	$1,0$

Tabelle 4.6.: Die Stimmenanteile unter den männlichen Befragten

25,3% der Männer haben sich für A, 38,4% für B und 36,3% für C entschieden.

2. $Y|X = x_2$ (= Weiblich) gibt die Stimmenverteilung unter den weiblichen Befragten an (Tabelle 4.7).

	Partei A	Partei B	Partei C	
Weiblich	$\frac{220}{490} = 0,449$	$\frac{140}{490} = 0,286$	$\frac{130}{490} = 0,265$	$1,0$

Tabelle 4.7.: Die Stimmenanteile unter den weiblichen Befragten

44,9% der Frauen haben sich für A, 28,6% für B und 26,5% für C entschieden.

Für denselben Datensatz gibt es drei bedingte Verteilungen für das Merkmal X (*Geschlecht*) (vgl. Tabelle 4.8) :

1. $X|Y = y_1$ (= A) gibt den Anteil der Männer (37%) bzw. Frauen (63%) unter A-Wählern an.
2. $X|Y = y_2$ (= B) gibt den Anteil der Männer (58,3%) bzw. Frauen (41,7%) unter B-Wählern an.
3. $X|Y = y_3$ (= C) gibt den Anteil der Männer (58,7%) bzw. Frauen (41,3%) unter C-Wählern an.

	Männlich	Weiblich	
Partei A	$\frac{129}{349} = 0,37$	$\frac{220}{349} = 0,63$	1,0
Partei B	$\frac{196}{336} = 0,583$	$\frac{140}{336} = 0,417$	1,0
Partei C	$\frac{185}{315} = 0,587$	$\frac{130}{315} = 0,413$	1,0

Tabelle 4.8.: Anteil der Männer bzw. Frauen unter den A, B bzw. C-Wählern

Definition 4.1
Zwei Variablen X und Y heißen **statistisch unabhängig**, kurz **unabhängig**, wenn ihre gemeinsame Verteilung gleich dem Produkt der beiden Randverteilungen ist, d. h. für alle $j = 1, \ldots m$ und für alle $k = 1, \ldots, \ell$ gilt die Beziehung

$$\boxed{h_{jk} = h_{j\bullet} \cdot h_{\bullet k}} \tag{4.9}$$

Nun können wir die Gleichung (4.9) wie folgt schreiben:

$$\frac{f_{jk}}{n} = \frac{f_{j\bullet}}{n} \cdot \frac{f_{\bullet k}}{n}$$

Wir multiplizieren diese mit n:

$$\frac{f_{jk}}{n} = \frac{f_{j\bullet}}{n} \cdot \frac{f_{\bullet k}}{n} \mid \cdot n \quad \Rightarrow \quad f_{jk} = \frac{f_{j\bullet} \cdot f_{\bullet k}}{n} \tag{4.10}$$

Dividiert man die Gleichung auf der rechten Seite des „⇒“-Zeichens durch $f_{\bullet k}$, ergibt sich:

$$\underbrace{\frac{f_{jk}}{f_{\bullet k}}}_{\text{bedingte Verteilung von } X} = \underbrace{\frac{f_{j\bullet}}{n}}_{\text{Randverteilung von } X}$$

bzw. durch $f_{j.}$, ergibt sich:

$$\underbrace{\frac{f_{jk}}{f_{j.}}}_{\text{bedingte Verteilung von } Y} = \underbrace{\frac{f_{.k}}{n}}_{\text{Randverteilung von } Y}$$

Das heißt: Bei zwei statistisch unabhängigen Merkmalen X und Y stimmen die bedingten Verteilungen und die Randverteilungen überein.

4.3. Kontingenzkoeffizient nach Pearson

Je stärker ein Zusammenhang zwischen zwei Merkmalen ist, umso besser kann man aus Kenntnissen des einen Merkmals das Verhalten des anderen vorhersagen. Deshalb findet die Zusammenhangsanalyse in der Praxis großes Interesse[2]. Der Ausgangspunkt zur Messung eines Zusammenhangs zwischen zwei Variablen ist die statistische Unabhängigkeit. Nach Definition 4.9 sind zwei Merkmale genau dann statistisch unabhängig, wenn für alle $j = 1, \ldots, m$ und für alle $k = 1, \ldots, \ell$ gilt:

$$h_{jk} = h_{j.} \cdot h_{.k}$$

Die Idee besteht darin, dass man die beobachteten Häufigkeiten f_{jk} in der Kontingenztabelle mit den Häufigkeiten, die man beobachtet *hätte*, *wären* die Variablen voneinander *unabhängig*, vergleicht. Wie sieht nun im Falle der Unabhängigkeit die Kontingenztabelle aus?

Die theoretischen Werte kann man aus der Definition der statistischen Unabhängigkeit herleiten, denn, wie wir in (4.10) gezeigt haben, sind die Variablen X und Y unabhängig, wenn für alle $j = 1, \ldots, m$ und für alle $k = 1, \ldots, \ell$

$$f_{jk} = \frac{f_{j.} \cdot f_{.k}}{n}$$

gilt. Den Quotienten

$$\boxed{\frac{f_{j.} \cdot f_{.k}}{n} = e_{jk}} \tag{4.11}$$

[2]Man hat zum Beispiel herausgefunden, dass zwischen (insbesondere weiblichen) *Vornamen* und *Spendenbereitschaft* ein Zusammenhang besteht. Die Spendenbereitschaft bei Helgas, Waltrauds, Erikas ist ziemlich groß. So versenden seriöse oder weniger seriöse Spendensammler gezielt ihre Bittbriefe an Frauen mit solchen Vornammen.

kann man somit als die *Anzahl der zu erwartenden Beobachtungen, wenn X und Y unabhängig wären*, interpretieren. Die Kontingenztabelle würde in diesem Fall wie folgt aussehen:

	y_1	$\dots$	y_k	$\dots$	y_ℓ	
x_1	e_{11}	$\dots$	e_{1k}	$\dots$	$e_{1\ell}$	$f_{1\bullet}$
$\vdots$	$\vdots$		$\vdots$		$\vdots$	$\vdots$
x_j	e_{j1}	$\dots$	e_{jk}	$\dots$	$e_{j\ell}$	$f_{j\bullet}$
$\vdots$	$\vdots$		$\vdots$		$\vdots$	$\vdots$
x_m	e_{m1}	$\dots$	e_{mk}	$\dots$	$e_{m\ell}$	$f_{m\bullet}$
	$f_{\bullet 1}$	$\dots$	$f_{\bullet k}$	$\dots$	$f_{\bullet \ell}$	n

Tabelle 4.9.: Häufigkeiten im Falle der Unabhängigkeit

Nun vergleicht man diese theoretische mit der tatsächlich beobachteten Kontingenztabelle. Gelten für $j = 1, \dots m$ und für $k = 1, \dots, \ell$

$$f_{jk} = e_{jk},$$

dann sind X und Y vollkommen unabhängig voneinander. Je größer die Abweichungen sind, umso stärker ist der Zusammenhang zwischen X und Y. Insgesamt gibt es $m \cdot \ell$ Abweichungen zwischen f_{jk} und e_{jk}. All diese Abweichungen werden zu einer Größe, Chi-Quadrat-Größe genannt, gebündelt.

Definition 4.2
Die **Chi-Quadrat- (χ^2-)Größe** ist die Summe der Quotienten zwischen den quadrierten Abweichungen $(f_{jk} - e_{jk})^2$ und e_{jk}:

$$\chi^2 = \sum_{j=1}^{m} \sum_{k=1}^{\ell} \frac{(f_{jk} - e_{jk})^2}{e_{jk}} \tag{4.12}$$

Je kleiner χ^2 ist, umso geringer sind die Abweichungen zwischen f_{jk} und e_{jk}, d. h. umso weniger abhängig sind die Variablen voneinander. Im Extremfall sind sie identisch ($\chi^2 = 0$). Das ist dann genau der Fall, wenn X und Y vollkommen unabhängig sind. (Praktisch kommt dieser Fall nicht vor; man wird X und Y als unabhängig einstufen, wenn die Abweichungen zwischen f_{jk} und e_{jk} „klein" sind.) Man kann die χ^2-Größe jedoch nicht als Maßzahl verwenden, da sie für $n \to \infty$ über alle Grenzen hinaus wachsen kann[3]. Nichtsdestoweniger kann sie als Basis für eine Maßzahl, den Kontingenzkoeffizienten nach Pearson dienen.

Definition 4.3
Unter dem **Kontingenzkoeffizienten nach Pearson**[4] P versteht man die Wurzel aus dem Quotienten zwischen χ^2 und $\chi^2 + n$:

$$P = \sqrt{\frac{\chi^2}{\chi^2 + n}} \tag{4.13}$$

Es gilt:

$$0 \leq P \leq P_{max} = \sqrt{\frac{M-1}{M}} < 1. \tag{4.14}$$

Dabei ist $M = \min\{m, \ell\}$ (die kleinere Zahl von m und ℓ). P hängt also von der Anzahl der Ausprägungen ab, und sein maximaler Wert ist echt kleiner als Eins. Das sind keine wünschenswerte Eigenschaften einer Maßzahl.

Definition 4.4
Dividiert man P durch seinen maximalen Wert P_{max}, so erhält man den **korrigierten Kontingenzkoeffizienten nach Pearson**:

$$P_{korr} = \frac{P}{P_{max}} \tag{4.15}$$

Für P_{korr} gilt:

$$0 \leq P_{korr} \leq 1 \tag{4.16}$$

Somit erfüllt P_{korr} die an eine Maßzahl gestellten Anforderungen; P_{korr} ist normiert und dimensionslos.

[3]Man kann χ^2 als $\chi^2 = \sum_{j=1}^{m} \sum_{k=1}^{\ell} \frac{(f_{jk} - e_{jk})^2}{e_{jk}} = n\left(\sum_{j=1}^{m} \sum_{k=1}^{\ell} \frac{f_{jk}}{f_{j.} f_{.k}} - 1\right)$ schreiben. In dieser Form erkennt man unmittelbar, dass $\chi^2 \to \infty$, wenn $n \to \infty$.

[4]Karl Pearson, 1857–1936, englischer Mathematiker und Anthropologe

Beispiel 4.4
Die Kontingenztabelle in Beispiel 4.1 gibt das Ergebnis einer Befragung nach der Parteipräferenz von $n = 1000$ Wahlberechtigten wieder. Wir geben die Zahlen in der folgenden Tabelle nochmals an und tragen zusätzlich in Klammern die Häufigkeiten e_{jk} im Falle der Unabhängigkeit ein.

	Partei A	Partei B	Partei C	
Männlich	129 (177,99)	196 (171,36)	185 (160,65)	510
Weiblich	220 (171,01)	140 (164,64)	130 (154,35)	490
	349	336	315	1000

Die Häufigkeiten e_{jk}, die sich bei Gültigkeit der Unabhängigkeitsannahme ergeben, berechnen wir gemäß (4.11):

$e_{11} = \frac{f_{1.} \cdot f_{.1}}{n} = \frac{510 \cdot 349}{1000} = 177,99, \; e_{12} = \frac{f_{1.} \cdot f_{.2}}{n} = \frac{510 \cdot 336}{1000} = 171,36, \ldots$

$\ldots\ldots, e_{23} = \frac{f_{2.} \cdot f_{.3}}{n} = \frac{490 \cdot 315}{1000} = 154,35$

Weiter ermitteln wir für die Berechnung von P_{korr}

1. die χ^2-Größe nach (4.12) (siehe dazu Tabelle 4.10)

$$\chi^2 = \sum_{j=1}^{m} \sum_{k=1}^{\ell} \frac{(f_{jk} - e_{jk})^2}{e_{jk}} = 42,281,$$

2. den Kontingenzkoeffizienten nach Pearson gemäß (4.13)

$$P = \sqrt{\frac{\chi^2}{\chi^2 + n}} = \sqrt{\frac{42,281}{42,281 + 1000}} = 0,0406$$

3. und mit $M = \min\{2, 3\} = 2$ den maximalen Wert nach (4.14)

$$P_{max} = \sqrt{\frac{M-1}{M}} = \sqrt{\frac{2-1}{2}} = \sqrt{\frac{1}{2}}.$$

Somit beträgt der korrigierte Kontingenzkoeffizien nach Pearson

$$P_{korr} = \frac{P}{P_{max}} = \frac{0,0406}{\sqrt{0,5}} = 0,057.$$

Die Abhängigkeit zwischen den Merkmalen Geschlecht und Parteipräferenz ist somit sehr gering.

j	k	f_{jk}	e_{jk}	$(f_{jk} - e_{jk})^2$	$\frac{(f_{jk}-e_{jk})^2}{e_{jk}}$
1	1	129	177,99	2400,0201	13,484
1	2	196	171,36	607,1296	3,543
1	3	185	160,65	592,9225	3,691
2	1	220	171,01	2400,0201	14,034
2	2	140	164,64	607,1296	3,688
2	3	130	154,35	592,9225	3,841
		1000	1000		42,281

Tabelle 4.10.: Arbeitstabelle zur Berechnung von χ^2

4.4. Korrelationskoeffizient nach Bravais-Pearson

Bei der Analyse zweier metrisch skalierter Datensätze interessiert man sich insbesondere für einen **linearen Zusammenhang** zwischen den Variablen X und Y. Ein linearer Zusammenhang bedeutet: Man kann eine Gerade durch die Punktewolke (das Streudiagramm) so legen, dass die Beobachtungen überwiegend um diese Gerade streuen. Man spricht auch von einer **Korrelation** zwischen den Variablen.

Eine Korrelation bedeutet jedoch nicht, dass zwischen ihnen eine kausale Beziehung besteht. Eine statistische Analyse allein kann niemals eine kausale Beziehung rechtfertigen. Dazu bedarf es fachlich fundierter Kenntnisse. Eine Korrelation besagt nur, dass zwei Variablen sich gemeinsam in eine Richtung entwickeln. Die Korrelation ist positiv im Sinne „je mehr ..., desto mehr“, und sie ist negativ im Sinne: „je mehr ..., desto weniger“.

Beispiel 4.5
Ein Einzelhändler hat während der letzten 12 Wochen Anzeigen in einer Lokalzeitung geschaltet. Die Anzahl der Anzeigen variiert zwischen eins und sieben. Die Mitarbeiter des Einzelhändlers notierten in diesem Zeitraum wöchentlich die Anzahl der Kunden.

Mit X: *Anzahl der Anzeigen* und Y: *Anzahl der Kunden* gibt die folgende Tabelle das Ergebnis der Beobachtung wieder.

i	1	2	3	4	5	6	7	8	9	10	11	12
x_i	2	6	7	4	5	1	3	4	2	1	7	6
y_i	300	670	500	360	460	250	400	490	130	250	500	600

An dem Streudiagramm (Abbildung 4.3) erkennt man, dass eine Korrelation zwischen den beiden Variablen bestehen kann. Die Korrelation ist positiv, da die Anzahl der Kunden mit steigender Anzahl der Anzeigen gleichmäßig zunimmt. Man kann sich vorstellen, dass durch die Punktewolke eine Gerade verläuft, die die Beziehung zwischen den Variablen beschreibt.

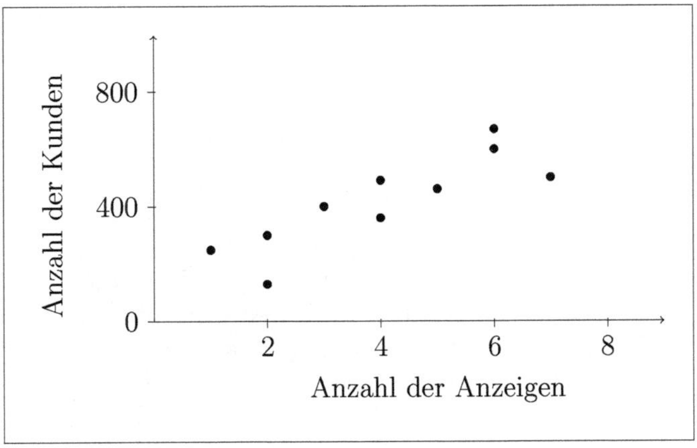

Abbildung 4.3.: Die Verteilung der Beobachtungspunkte weisen auf einen linearen Zusammenhang zwischen *Anzahl der Kunden* und *Anzahl der Anzeigen* hin.

Nun wollen wir die *Stärke dieses linearen Zusammenhangs* messen. Die Maßzahl dafür basiert auf der sogenannten **Kovarianz**. Bevor wir die Kovarianz einführen, machen wir uns klar, dass sich für jedes der Merkmale X und Y das arithmetische Mittel gemäß

$$\bar{x} = \frac{1}{n}\sum_{j=1}^{m} x_j \cdot f_{j\bullet} \qquad \bar{y} = \frac{1}{n}\sum_{k=1}^{\ell} y_k \cdot f_{\bullet k}, \tag{4.17}$$

die Varianz gemäß

$$s_X^2 = \frac{1}{n}\sum_{j=1}^{m}(x_j - \bar{x})^2 \cdot f_{j\bullet} \qquad s_Y^2 = \frac{1}{n}\sum_{k=1}^{\ell}(y_k - \bar{y})^2 \cdot f_{\bullet k} \tag{4.18}$$

sowie die Standardabweichung gemäß

$$s_X = \sqrt{s_X^2} \qquad s_Y = \sqrt{s_Y^2} \tag{4.19}$$

berechnen lassen. Der Verschiebungssatz für s_X^2 bzw. für s_Y^2 lautet somit entsprechend:

$$s_X^2 = \frac{1}{n}\sum_{j=1}^{m} x_j^2 \cdot f_{j\bullet} - \bar{x}^2 \quad \text{bzw.} \quad s_Y^2 = \frac{1}{n}\sum_{k=1}^{\ell} y_k^2 \cdot f_{\bullet k} - \bar{y}^2 \tag{4.20}$$

Beispiel 4.6

Seien X mit den Ausprägungen $0, 1, 2$ und Y mit den Ausprägungen $4, 8, 16, 32$ zwei kardinalskalierte Merkmale. Für $n = 40$ Beobachtungen der 12 Wertepaare (x_j, y_k) wurden die folgenden Häufigkeiten erfasst:

	Y				
X	4	8	16	32	$f_{j\bullet}$
0	3	5	6	1	15
1	2	1	3	1	7
2	5	2	4	7	18
$f_{\bullet k}$	10	8	13	9	40

Die arithmetischen Mittel $\bar{x}$ und $\bar{y}$ errechnen wir nach (4.17):

$$\bar{x} = \frac{1}{n}\sum_{j=1}^{3} x_j \cdot f_{j\bullet} = \frac{1}{40}(0 \cdot 15 + 1 \cdot 7 + 2 \cdot 18) = 1{,}075$$

und

$$\bar{y} = \frac{1}{n}\sum_{k=1}^{4} y_k \cdot f_{.k} = \frac{1}{40}(4 \cdot 10 + 8 \cdot 8 + 16 \cdot 13 + 32 \cdot 9) = 15$$

Die Varianzen s_X^2 und s_Y^2 bestmmen wir nach (4.20):

$$\begin{aligned} s_X^2 &= \frac{1}{n}\sum_{j=1}^{3} x_j^2 \cdot f_{j.} - \bar{x}^2 \\ &= \frac{1}{40}(0^2 \cdot 15 + 1^2 \cdot 7 + 2^2 \cdot 18) - 1{,}075^2 = 0{,}82 \end{aligned}$$

und

$$\begin{aligned} s_Y^2 &= \frac{1}{n}\sum_{k=1}^{4} y_k^2 \cdot f_{.k} - \bar{y}^2 \\ &= \frac{1}{40}(4^2 \cdot 10 + 8^2 \cdot 8 + 16^2 \cdot 13 + 32^2 \cdot 9) - 15^2 \\ &= 105{,}4 \end{aligned}$$

Aus den Varianzen $s_X^2 = 0{,}82$ und $s_Y^2 = 105{,}4$ ergeben sich die Standardabweichungen

$$s_X = \sqrt{0{,}82} = 0{,}9055 \quad \text{und} \quad s_Y = \sqrt{105{,}4} = 10{,}266.$$

Definition 4.5
Die Summe der Produkte $(x_i - \bar{x})(y_i - \bar{y})$ geteilt durch die Anzahl der Beobachtungen n heißt **Kovarianz** von X und Y:

$$\boxed{s_{XY} = \frac{1}{n}\sum_{i=1}^{n}(x_i - \bar{x})(y_i - \bar{y})} \qquad (4.21)$$

Ebenso wie für die Varianz existiert für die Kovarianz ein **Verschiebungssatz**:

$$\boxed{s_{XY} = \frac{1}{n}\sum_{i=1}^{n} x_i\, y_i - \bar{x}\,\bar{y}} \qquad (4.22)$$

Liegen Häufigkeitsdaten vor, dann berechnet sich die Kovarianz gemäß

$$s_{XY} = \frac{1}{n} \sum_{j=1}^{m} \sum_{k=1}^{\ell} (x_j - \bar{x})(y_k - \bar{y}) \cdot f_{jk} \tag{4.23}$$

Der Verschiebungssatz lautet entsprechend:

$$s_{XY} = \frac{1}{n} \sum_{j=1}^{m} \sum_{k=1}^{\ell} x_j \cdot y_k \cdot f_{jk} - \bar{x} \cdot \bar{y} \tag{4.24}$$

Was sagt uns nun die Kovarianz? Dazu betrachten wir die Lage der Datenpunkte in einem x-y-Koordinatensystem, dessen Zentrum im Datenschwerpunkt $(\bar{x}, \bar{y})$ liegt (Abbildung 4.4). Wir wählen exemplarisch vier Datenpunkte $(x_1, y_1), (x_2, y_2), (x_3, y_3)$ und (x_4, y_4), so dass in jedem Quadranten ein Punkt liegt. Für einen Punkt (x_i, y_i), der im I. oder III. Quadranten liegt, ist das Produkt $(x_i - \bar{x})(y_i - \bar{y})$ positiv und für einen, der im II. oder IV. Quadranten liegt, ist es negativ. Deshalb gilt: Liegen die Beobachtungen überwiegend im I. und III. Quadranten, dann wird die Kovarianz positiv. Große x-Werte gehen tendenziell mit großen y-Werten einher.

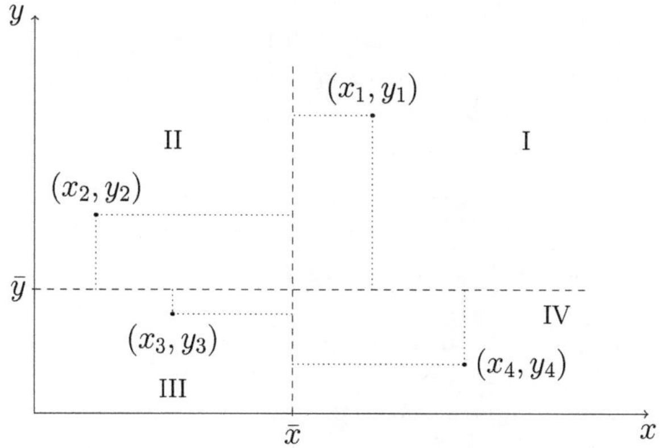

Abbildung 4.4.: Mögliche Datenlagen in einem Koordinatensystem durch den Schwerpunkt $(\bar{x}, \bar{y})$

Zwischen den Merkmalen X und Y besteht also eine positive Korrelation. Befinden sich die Daten hauptsächlich im II. und IV. Quadranten, dann ist die Kovarianz negativ. Je größer die x-Werte sind, desto kleiner werden tendenziell die y-Werte. Die Merkmale X und Y sind negativ korreliert.

Die Kovarianz kann also Hinweise geben, ob zwischen zwei Merkmalen eine positive oder eine negative Korrelation besteht. Sie ist jedoch nicht als Maßzahl geeignet, denn sie kann Werte zwischen $-\infty$ und $+\infty$ annehmen. Eine Normierung der Kovarianz durch das Produkt der Standardabweichungen $s_X \cdot s_Y$ löst dieses Problem.

Definition 4.6
Der Quotient zwischen der Kovarianz s_{XY} und dem Produkt der Standardabweichungen $s_X \neq 0$ und $s_Y \neq 0$

$$\boxed{r = \frac{s_{XY}}{s_X \cdot s_Y}} \tag{4.25}$$

heißt **Korrelationskoeffizient nach Bravais-Pearson**.

Für den Korrelationskoeffizienten r gilt:

$$\boxed{-1 \leq r \leq +1} \tag{4.26}$$

Der Nenner ist ein Produkt der Standardabweichungen s_X und s_Y, die nach Voraussetzung stets positiv sind. Deshalb wird er niemals negativ sein. Das Vorzeichen von r wird allein durch die Kovarianz festgelegt.

$\mid r \mid = 1$	Vollkommene Korrelation (Alle Beobachtungen liegen auf einer Geraden)
$r = 0$	Keine Korrelation (Kein linearer Zusammenhang)
$r > 0$	Positive Korrelation (Gleichsinniger linearer Zusammenhang)
$r < 0$	Negative Korrelation (Gegensinniger linearer Zusammenhang)

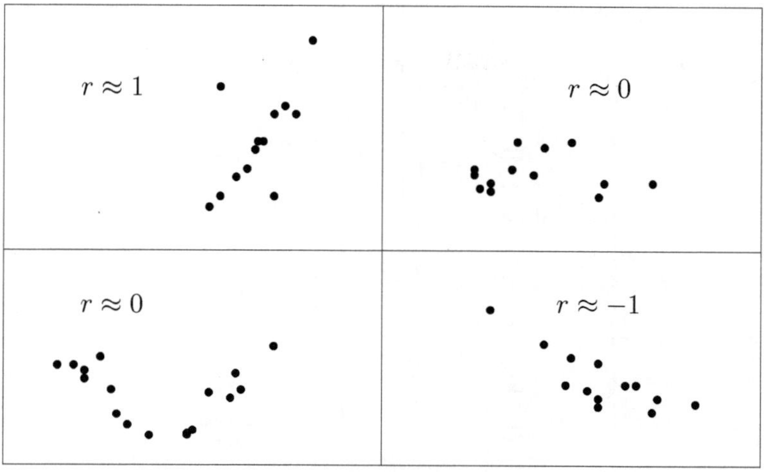

Abbildung 4.5.: Datenverteilung und Korrelationskoeffizienten

Abbildung 4.5 zeigt im Uhrzeigersinn ein Streudiagramm mit $r \approx 1$ (eine starke positive Korrelation), mit $r \approx 0$ (y-Werte bleiben unbeeinflusst von den x-Werten fast immer gleich), mit $r \approx -1$ (eine negative starke Korrelation) und schließlich mit $r \approx 0$ (eine eher quadratische Abhängigkeit). Der Korrelationskoeffizient r gibt die Stärke eines linearen Zusammenhangs wieder. Andere Arten funktionaler Zusammenhänge, wie quadratische, exponentielle u. a., werden von r nicht erfasst.

Beispiel 4.7

In diesem Beispiel berechnen wir den Korrelationskoeffizienten nach Bravais-Pearson für die Daten aus Beispiel 4.5. Dort haben wir die Variablen X: *Anzahl der Anzeigen* und Y: *Anzahl der Kunden*. Der visuelle Eindruck aus dem zugehörigen Streudiagramm vermittelt, dass zwischen den Merkmalen X und Y eine positive Korrelation besteht. Wie stark diese ist, zeigt der Korrelationskoeffizient nach Bravais-Pearson r. Für dessen Berechnung ermitteln wir zunächst (siehe Tabelle 4.11) die arithmetischen Mittel

$$\bar{x} = \frac{\sum_{i=1}^{12} x_i}{12} = \frac{48}{12} = 4 \quad \text{und} \quad \bar{y} = \frac{\sum_{i=1}^{12} y_i}{12} = \frac{4910}{12} \approx 409,17,$$

die Varianzen

$$s_X^2 = \frac{\sum_{i=1}^{12}(x_i - \bar{x})^2}{12} = \frac{54}{12} = 4,5 \quad \text{und}$$
$$s_Y^2 = \frac{\sum_{i=1}^{12}(y_i - \bar{y})^2}{12} = \frac{273.091,67}{12},$$

die Standardabweichungen

$$s_X = \sqrt{4,5} = 2,12 \quad \text{und} \quad s_Y = \sqrt{\frac{273.091,67}{12}} \approx 150,86$$

sowie die Kovarianz

$$s_{XY} = \frac{1}{12}\sum_{i=1}^{12}(x_i - \bar{x})(y_i - \bar{y}) = \frac{3240}{12} = 270.$$

i	x_i	y_i	$(x_i - \bar{x})$	$(y_i - \bar{y})$	$(x_i - \bar{x})(y_i - \bar{y})$	$(x_i - \bar{x})^2$	$(y_i - \bar{y})^2$
1	2	300	-2	-109,17	218,33	4	11.917,36
2	6	670	2	260,83	521,67	4	68.034,03
3	7	500	3	90,83	272,50	9	8.250,69
4	4	360	0	-49,17	0,00	0	2.417,36
5	5	460	1	50,83	50,83	1	2.584,03
6	1	250	-3	-159,17	477,50	9	25.334,03
7	3	400	-1	-9,17	9,17	1	84,03
8	4	490	0	80,83	0,00	0	6.534,03
9	2	130	-2	-279,17	558,33	4	77.934,03
10	1	250	-3	-159,17	477,50	9	25.334,03
11	7	500	3	90,83	272,50	9	8.250,69
12	6	600	2	190,83	381,67	4	36.417,36
	48	4910	0	0,00	3240,00	54,00	273.091,67

Tabelle 4.11.: Arbeitstabelle zur Berechnung von s_{XY}, s_X^2 und s_Y^2

Der Korrelationskoeffizient beträgt somit

$$r = \frac{s_{XY}}{s_X \cdot s_Y} = \frac{270}{2,12 \cdot 150,86} = 0,84.$$

Zwischen der Anzahl der Anzeigen und der Anzahl der Kunden besteht ein starker positiver linearer Zusammenhang. Man kann davon ausgehen, dass, je mehr Anzeigen veröffentlicht werden, umso mehr Kundenbesuche zu erwarten sind.

4.5. Rangkorrelationskoeffizient nach Spearman

Liegen ordinalskalierte Merkmale X und Y vor, so kann man den Korrelationskoeffizienten nach Bravais-Pearson auf die Rangzahlen $R(x_i)$ und $R(y_i)$ (statt auf die x- und y-Werte selbst) anwenden. In diesem Fall heißt er **Rangkorrelationskoeffizient nach Spearman** und wird mit r^{Sp} bezeichnet. Die Rangzahlen erhält man, indem man die Beobachtungswerte der Größe nach sortiert und jedem von ihnen eine Rangnummer zuweist. Werden zwei oder mehrere gleich große Werte beobachtet, so werden sie zunächst einfach weiter durchnummeriert. Als Rangzahl jeder dieser Beobachtungen gilt dann das arithmetische Mittel ihrer Rangzahlen. Es ist gleichgültig, ob der größte oder der kleinste Wert die Rangzahl 1 erhält.

Definition 4.7
Der **Rangkorrelationskoeffizient nach Spearman** ist definiert als

$$\boxed{r^{Sp} = \frac{s_{R(X)R(Y)}}{s_{R(X)}\, s_{R(Y)}}} \tag{4.27}$$

Dabei bedeuten:

- $R(X)$ = Rangzahl des Merkmals X
- $R(Y)$ = Rangzahl des Merkmals Y
- $s_{R(X)R(Y)}$ = Kovarianz zwischen den Rangzahlen $R(X)$ und $R(Y)$
- $s_{R(X)}$ = Standardabweichung von $R(X)$
- $s_{R(Y)}$ = Standardabweichung von $R(Y)$

Wie beim Bravais-Pearson-Korrelationskoeffizienten gilt

$$\boxed{-1 \leq r^{Sp} \leq +1} \tag{4.28}$$

Beispiel 4.8
Bei einer Qualitätskontrolle von sechs Markenweinen interessiert man sich u.a. für die Merkmale X: *Preis in Euro* und Y: *Sensorische Beurteilung*.

Die Schlüssel für die sensorische Beurteilung sei:

Sehr gut	Gut	Befriedigend	Ausreichend	Mangelhaft
$0,5-1,5$	$1,6-2,5$	$2,6-3,5$	$3,6-4,5$	$4,6-5,5$

Das Testergebnis gibt die Tabelle 4.12 wieder. Dabei bezeichnen $R(X)$: *Rangzahl der Variablen* X und $R(Y)$: *Rangzahl der Variablen* Y. Die Rangzahlen werden so vergeben, dass den einzelnen Beobachtungen der Größe nach absteigend Rangzahlen zwischen 1 und 6 zugewiesen werden. Die Marken B und F mit dem gleichen Preis von 15 € erhalten zunächst die Rangzahlen 3 und 4. Die endgültige Rangzahl jeder Marke ergibt sich als arithmetisches Mittel dieser Rangzahlen: $\frac{3+4}{2}=3,5$. Ebenso verfährt man mit dem gleichen Ergebnis der sensorischen Überprüfung der Marken A und F.

Marke	Preis	Sensorisch	Rangzahl	
i	x_i	y_i	$r(x_i)$	$r(y_i)$
A	13,00	2,0	5	3,5
B	15,00	3,0	3,5	6
C	16,00	1,5	2	2
D	18,00	2,5	1	5
E	12,00	1,0	6	1
F	15,00	2,0	3,5	3,5
			21	21

Tabelle 4.12.: Rangzahlen der Merkmale *Sensorisches Testergebnis* (Y) und *Preis* (X)

Für die Rangzahlen $R(X)$ und $R(Y)$ gelten

$$\overline{r(x)}=\overline{r(y)} \quad \text{und} \quad s^2_{R(x)}=s^2_{R(y)}.$$

Wir berechnen (vgl. Tabelle 4.12 bzw. Tabelle 4.13):

$$\overline{r(x)}=\frac{1}{6}\sum_{i=1}^{6} r(x_i)=\frac{21}{6}=3,5 \qquad s^2_{R(x)}=\frac{1}{6}\sum_{i=1}^{6}(r(x_i)-\overline{r(x)})^2=\frac{17}{6}$$

Die Kovarianz (vgl. Tabelle 4.13) beträgt

$$s_{R(x)R(y)}=\frac{1}{6}\sum_{i=1}^{6}\Big(r(x_i)-\overline{r(x)}\Big)\Big(r(y_i)-\overline{r(y)}\Big)=\frac{-7,75}{6}.$$

i	$r(x_i) - \overline{r(x_i)}$	$r(y_i) - \overline{r(y_i)}$	$(r(x_i) - \overline{r(x_i)}) \cdot (r(y_i) - \overline{r(y_i)})$	$(r(x_i) - \overline{r(x_i)})^2$
A	1,5	0,0	0,00	2,25
B	0,0	2,5	0,00	0,00
C	-1,5	-1,5	2,25	2,25
D	-2,5	1,5	-3,75	6,25
E	2,5	-2,5	-6,25	6,25
F	0,0	0,0	0,00	0,00
	0,0	0,0	-7,75	17,00

Tabelle 4.13.: Arbeitstabelle zur Berechnung von $s^2_{R(x)}$, $s^2_{R(y)}$ und $s_{R(x)R(y)}$

Somit beträgt der Rangkorrelationskoeffizient

$$r^{Sp} = \frac{s_{R(x)R(y)}}{\sqrt{s^2_{R(x)}} \cdot \sqrt{s^2_{R(y)}}} = \frac{\frac{-7,75}{6}}{\frac{17}{6}} \approx -0,456.$$

Das Ergebnis weist auf einen mittleren negativen Zusammenhang zwischen *Sensorische Beurteilung* und *Preis* hin. (Man darf jedoch nicht vergessen, dass die Anzahl der Beobachtungen sehr gering ist.)

Haben alle Werte verschiedene Rangzahlen, kann man r^{Sp} nach der folgenden Formel berechnen:

$$r^{Sp} = 1 - \frac{6 \sum_{i=1}^{n} d_i^2}{n(n^2 - 1)} \tag{4.29}$$

Dabei ist $d_i = r(x_i) - r(y_i)$, die Differenz der beiden i-ten Rangzahlen.

Beispiel 4.9

Angenommen, der Preis für die Marke F sei 10€ ($x_6 = 10$) und das Ergebnis der sensorischen Beurteilung derselben Marke sei $y_6 = 4$. Den Rangkorrelationskoeffizienten kann man gemäß (4.29) (vgl. Tabelle 4.14) wie folgt berechnen:

$$r^{Sp} = 1 - \frac{6 \sum_{i=1}^{n} d_i^2}{n(n^2 - 1)} = 1 - \frac{6 \cdot 30}{6(6^2 - 1)} = 0,14$$

Marke i	Preis x_i	Sensorisch y_i	Rangzahl $r(x_i)$	$r(y_i)$	Rangdifferenz d_i	d_i^2
A	13,00	2,0	4	3	1	1
B	15,00	3,0	3	5	-2	4
C	16,00	1,5	2	2	0	0
D	18,00	2,5	1	4	-3	9
E	12,00	1,0	5	1	4	16
F	10,00	4,0	6	6	0	0
						30

Tabelle 4.14.: Arbeitstabelle zur Berechnung von r^{Sp} mit Hilfe der Rangdiferrenzen d_i

4.6. Zusammenfassung

Erhebt man an jeder Untersuchungseinheit zwei Merkmale, dann nennt man die Daten zweidimensional. Die Häufigkeitstabelle zweidimensionaler Daten heißt Kontingenztabelle. Im Zentrum der zweidimensionalen Datenanalyse steht die Frage nach dem Zusammenhang zwischen den Merkmalen. Je stärker der Zusammenhang zwischen zwei Merkmalen ist, umso besser kann man aus Kenntnissen des einen Merkmals das Verhalten des anderen vorhersagen.

Drei Arten von Zusammenhangsmaßen wurden vorgestellt:

1. Bravais-Pearson-Korrelationskoeffizient r

2. Rangkorrelationskoefizient nach Pearson r^{Sp}

3. Korrigierter Kontingenzkoeffizient nach Pearson P_{korr}

Die Wahl eines geeigneten Maßes wird durch die Merkmalskalen bestimmt. Der Bravais-Pearson-Korrelationskoeffizient ist nur bei kardinalskalierten Merkmalen sinnvoll. Er gibt an, wie stark die Variablen voneinander linear abhängig sind. Den ersten Hinweis auf einen linearen Zusammenhang kann man aus dem Streudiagramm (Punktewolke) der Daten entnehmen: Zeigt die Punktewolke ein Muster, das von links unten schräg nach oben oder von links oben schräg nach unten verläuft, dann kann man von einem linearen Zusammenhang ausgehen. Im ersten Fall ist der Zusammenhang positiv, d.h. große x-Werte gehen mit großen y-Werten einher. Im zweiten Fall ist der Zusammenhang negativ; das bedeutet: Je größer die x-Werte sind, umso kleiner werden die

y-Werte. Besteht zwischen den Variablen X und Y eine lineare Beziehung, dann sagt man „X und Y sind korreliert". Eine Korrelation ist keine kausale Beziehung. Sie besagt nur, dass zwei Variablen sich in die gleiche oder in die entgegengesetzte Richtung bewegen. (Zwischen der Anzahl der Neugeborenen und der Anzahl der Klapperstörche besteht tatsächlich eine positive Korrelation.)

Sind die Variablen ordinalskaliert, dann berechnet man den Spearman-Rangkorrelationskoeffizienten. Dieser ist eine Anwendung des Bravais-Pearson-Korrelationskoeffizienten auf die Rangzahlen der Variablen.

Den Kontingenzkoeffizienten nach Pearson setzt man ein, wenn mindestens eine der Variablen nominalskaliert ist. Er misst die Stärke der (statistischen) Abhängigkeit zweier Merkmale.

Übersicht von Zusammenhangsmaßen:

	NOMINAL	ORDINAL	KARDINAL
NOMINAL	Pearson P_{korr}	Pearson P_{korr}	Pearson P_{korr}
ORDINAL	Pearson P_{korr}	Spearman r^{Sp}	Spearman r^{Sp}
KARDINAL	Pearson P_{korr}	Spearman r^{Sp}	Bravais-Pearson r

Notationen, Formeln und ihre Bedeutung

n	Anzahl der Daten
$x_1, \ldots, x_m$	Ausprägungen des Merkmals X
$y_1, \ldots, y_\ell$	Ausprägungen des Merkmals Y
(x_j, y_k)	Ausprägungspaare ($X = x_j$ und $Y = y_k$), $j = 1, \ldots, m$; $k = 1, \ldots, \ell$
f_{jk}	Absolute Häufigkeit von (x_j, y_k), $j = 1, \ldots, m$; $k = 1, \ldots, \ell$
h_{jk}	Relative Häufigkeit von (x_j, y_k), $j = 1, \ldots, m$; $k = 1, \ldots, \ell$
$f_{j\cdot} = \sum\limits_{k=1}^{\ell} f_{jk}$	Randhäufigkeit von X, $j = 1, \ldots, m$
$f_{\cdot k} = \sum\limits_{j=1}^{m} f_{jk}$	Randhäufigkeit von Y, $k = 1, \ldots, \ell$

$\frac{f_{jk}}{f_{j.}}$	bedingte Häufigkeit des Merkmals Y, wenn $X = x_j$, $k = 1, \ldots, \ell$
$\frac{f_{jk}}{f_{.k}}$	bedingte Häufigkeit des Merkmals X, wenn $Y = y_k$, $j = 1, \ldots, m$
$s_X^2 = \frac{1}{n} \sum_{j=1}^{m} (x_j - \bar{x})^2 \cdot f_{j.}$	Varianz von X
$s_Y^2 = \frac{1}{n} \sum_{k=1}^{\ell} (y_k - \bar{y})^2 \cdot f_{.k}$	Varianz von Y
$s_{XY} = \frac{1}{n} \sum_{i=1}^{n} (x_i - \bar{x})(y_i - \bar{y})$	Kovarianz von X und Y
$r = \frac{s_{XY}}{s_X \cdot s_Y}$	Bravais-Pearson-Korrelationskoeffizient
$r^{Sp} = \frac{s_{R(X)R(Y)}}{s_{R(X)} \cdot s_{R(Y)}}$	Spearman-Rangkorrelationskoeffizient
$P_{korr} = \frac{P}{P_{max}}$	Korrigierter Kontingenzkoeffizient nach Pearson
$P = \sqrt{\frac{\chi^2}{\chi^2 + n}}$	Kontingenzkoeffizient nach Pearson
$P_{max} = \sqrt{\frac{M-1}{M}}$	Maximaler Wert von P; $M = \min\{m, \ell\}$
$\chi^2 = \sum_{j=1}^{m} \sum_{k=1}^{\ell} \frac{(f_{jk} - e_{jk})^2}{e_{jk}}$	Chi-Quadrat-Größe
$e_{jk} = \frac{f_{j.} \cdot f_{.k}}{n}$	Anzahl von (x_j, y_k) bei Unabhängigkeit, $j = 1, \ldots, m$; $k = 1, \ldots, \ell$

5. Lineare Regressionsanalyse

Im vorangegangenen Kapitel wurde der Korrelationskoeffizient r als Maß für die Stärke des linearen Zusammenhangs eingeführt. Ein Korrelationskoeffizient gleich Null bedeutet, dass zwischen den Variablen kein linearer Zusammenhang besteht. Nimmt r betragsmäßig den Wert 1 an, dann ist der Zusammenhang perfekt; alle Beobachtungen liegen auf einer Geraden. Mit dem Korrelationskoeffizienten können wir einen linearen Zusammenhang jedoch nicht in der Form einer Geradengleichung angeben. Dazu müssen wir auf die **Regressionsanalyse**[1] zurückgreifen. Die Regressionsanalyse bietet eine Methode zur Bestimmung der Geradengleichung, die die Beziehung zwischen den Variablen funktional beschreibt. Die **abhängige** oder **endogene** Variable bezeichnet man mit y, während x für die **unabhängige**[2] oder **exogene** Variable steht. So wird man beispielsweise bei einer Studie „Wie Ausgaben und Einkommen zusammenhängen" *Einkommen* als die exogene und *Ausgaben* als die endogene Variable definieren.

Das zur Bestimmung der Geraden verwendete Verfahren heißt die **Methode der kleinsten Quadrate**, kurz **KQ-Methode**[3], die im nächsten Abschnitt vorgestellt wird.

5.1. Methode der kleinsten Quadrate

Da die Beobachtungen (x_i, y_i) im allgemeinen nicht auf einer Geraden liegen, schreiben wir

$$y_i = a + b \cdot x_i + u_i.$$

Die Variable u_i ist somit „verantwortlich" dafür, dass die Datenpunkte nicht exakt auf der Geraden liegen. Die **Methode der kleinsten**

[1] Da wir nur die lineare Regression betrachten, wird auf den Zusatz *linear* verzichtet.

[2] Nicht zu verwechseln mit *statistischer Unabhängigkeit*!

[3] Die Kleinste-Quadrate-Methode wurde von Carl Friedrich Gauß (1777-1855), deutscher Mathematiker und Physiker, entwickelt.

Quadrate (**KQ-Methode**) bestimmt die Geradenkoeffizienten a und b so, dass die Summe der quadrierten Abweichungen zwischen den Beobachtungen y_i und den zu x_i gehörenden Werten auf der Geraden minimal wird. Die Summe beinhaltet die bekannten Beobachtungen x_i und y_i sowie die unbekannten Koeffizienten a und b. Die Summe lässt sich also als eine Funktion, die von a und b abhängt, schreiben. Wir bezeichnen die Funktion mit $\mathrm{Q}(a,b)$. Die Anwendung der KQ-Methode kann man somit als folgende Minimierungsaufgabe auffassen:

$$\mathrm{Q}(a,b) = \sum_{i=1}^{n}(y_i - a - bx_i)^2 \longrightarrow \min_{a,b} \tag{5.1}$$

Um das Minimum zu finden, setzt man die partiellen Ableitungen von $\mathrm{Q}(a,b)$ jeweils gleich Null[4]:

$$\begin{aligned} \frac{\partial}{\partial a}\mathrm{Q}(a,b) &= \sum_{i=1}^{n} -2(y_i - a - bx_i) \stackrel{!}{=} 0 \\ \frac{\partial}{\partial b}\mathrm{Q}(a,b) &= \sum_{i=1}^{n} -2(x_i y_i - a x_i - b x_i^2) \stackrel{!}{=} 0 \end{aligned}$$

Die Werte von a und b, die die obigen Bedingungen erfüllen, heißen **Kleinstquadrat-Schätzer** (abgekürzt: **KQ-Schätzer**). Wir bezeichnen sie mit $\hat{a}$ und $\hat{b}$. Die Bestimmungsgleichungen für $\hat{a}$ und $\hat{b}$ nennen wir **Normalgleichungen**. Sie lauten:

$$\sum_{i=1}^{n} y_i - n\hat{a} - \hat{b}\sum_{i=1}^{n} x_i = 0 \tag{5.2}$$

$$\sum_{i=1}^{n} x_i y_i - \hat{a}\sum_{i=1}^{n} x_i - \hat{b}\sum_{i=1}^{n} x_i^2 = 0 \tag{5.3}$$

Aus der ersten Normalgleichung (5.2) erhalten wir

$$\boxed{\hat{a} = \bar{y} - \hat{b} \cdot \bar{x}} \tag{5.4}$$

[4]Mit den ersten Ableitungen von $\mathrm{Q}(a,b)$ haben wir nur die notwendigen Bedingungen für ein Minimum bestimmt. Es ist aber leicht nachzuprüfen, dass die hinreichenden Bedingungen ebenfalls erfüllt sind. Die zweiten partiellen Ableitungen sind tatsächlich positiv.

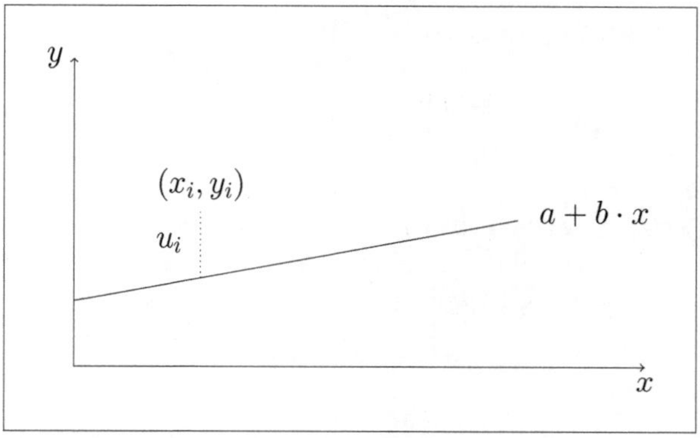

Abbildung 5.1.: KQ-Methode: $\sum_{i=1}^{n} u_i^2$ soll minimiert werden. Dabei bedeutet $u_i = y_i - (a + b \cdot x_i)$.

Setzen wir $\hat{a}$ in die zweite Normalgleichung (5.3) ein, erhalten wir:

$$\begin{aligned}
\sum_{i=1}^{n} x_i y_i - (\bar{y} - \hat{b}\bar{x}) \sum_{i=1}^{n} x_i - \hat{b} \sum_{i=1}^{n} x_i^2 &= 0 \\
\sum_{i=1}^{n} x_i y_i - \bar{y} \sum_{i=1}^{n} x_i + \hat{b}\bar{x} \sum_{i=1}^{n} x_i - \hat{b} \sum_{i=1}^{n} x_i^2 &= 0 | \cdot \frac{1}{n} \\
\frac{1}{n} \sum_{i=1}^{n} x_i y_i - \bar{y}\bar{x} + \hat{b}\bar{x}\bar{x} - \hat{b}\frac{1}{n} \sum_{i=1}^{n} x_i^2 &= 0 \\
\underbrace{\frac{1}{n} \sum_{i=1}^{n} x_i y_i - \bar{y}\bar{x}}_{=s_{XY}} - \hat{b} \underbrace{\left(\frac{1}{n} \sum_{i=1}^{n} x_i^2 - \bar{x}^2 \right)}_{=s_X^2} &= 0
\end{aligned}$$

Auflösen der letzten Gleichung nach $\hat{b}$ ergibt den KQ-Schätzer für die Steigung:

$$\boxed{\hat{b} = \frac{s_{XY}}{s_X^2}} \tag{5.5}$$

Die nach der KQ-Methode bestimmte Gerade

$$\boxed{\hat{y} = \hat{a} + \hat{b} \cdot x} \tag{5.6}$$

heißt **Regressions-** oder **Ausgleichsgerade** und die Werte

$$\boxed{\hat{y}_i = \hat{a} + \hat{b} \cdot x_i} \tag{5.7}$$

$i = 1, 2, \ldots, n$ **Regressionswerte**. Die Regressionsgerade geht stets durch den Schwerpunkt $(\bar{x},\ \bar{y})$, denn $\bar{y} = \hat{a} + \hat{b} \cdot \bar{x}$. Zwischen der Geradensteigung $\hat{b}$ und dem Korrelationskoeffizienten r besteht die Beziehung:

$$\boxed{\hat{b} = r \cdot \frac{s_Y}{s_X}} \tag{5.8}$$

Denn
$$\hat{b} = \frac{s_{XY}}{s_X^2} = \frac{s_{XY}}{s_X \cdot s_X} \cdot \frac{s_Y}{s_Y} = \frac{s_{XY}}{s_X \cdot s_Y} \cdot \frac{s_Y}{s_X} = r\,\frac{s_Y}{s_X}.$$

Beispiel 5.1

Wir greifen auf die Daten aus Beispiel 4.5 im Abschnitt 4.4 zurück. Dort haben wir 12 Beobachtungen zu den Variablen X: *Anzahl der Anzeige pro Woche* und Y: *Anzahl der Kunden pro Woche*. Zwischen den Variablen wurde ein Korrelationskoeffizient von $r = 0,84$ berechnet, also eine positive Korrelation. Nun wollen wir diesen Zusammenhang mit Hilfe einer linearen Funktion ausdrücken. Aus Beispiel 4.7 entnehmen wir:

$$\bar{x} = 4 \quad \bar{y} = 409,17 \quad s_X^2 = 4,5 \quad s_{XY} = 270$$

Daraus berechnet sich

$$\hat{b} = \frac{s_{XY}}{s_X^2} = \frac{270}{4,5} = 60 \quad \text{und} \quad \hat{a} = \bar{y} - \hat{b}\bar{x} = 409,17 - 60 \cdot 4 = 169,17.$$

Somit lautet die Regressionsgerade (siehe Abbildung 5.2)

$$\hat{y} = 169,17 + 60 \cdot x.$$

Die Anzahl der Kunden nimmt mit der Anzahl der Anzeigen gleichmäßig zu. Würde man auf die Anzeige verzichten ($x = 0$), dann wären 169 ($=\hat{a}$) Kunden zu erwarten. Jede zusätzliche Anzeige würde 60 ($=\hat{b}$) weitere Kunden bringen. Mit Hilfe der Regressionsgeraden kann man für eine vorgegebene Anzahl von Anzeigen (x-Wert) abschätzen, wie viele Kunden vorausichtlich kommen werden.

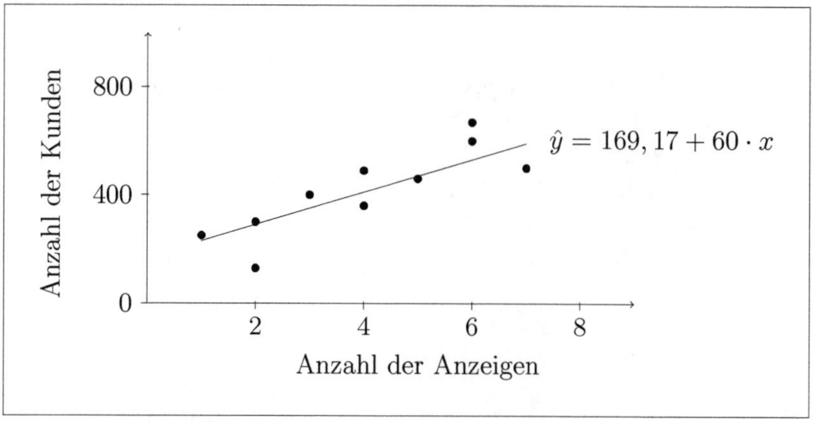

Abbildung 5.2.: Streudiagramm und Regressionsgerade $\hat{y} = 169,17 + 60 \cdot x$

5.2. Streuungszerlegung und Bestimmtheitsmaß

Die Regressionsgleichung $\hat{y}_i = \hat{a} + \hat{b}x_i$ beschreibt den durchschnittlichen Zusammenhang zwischen der abhängigen Variablen y und ihrer Erklärungsvariablen x. Die Qualität der Anpassung ist umso besser, je dichter die Beobachtungspunkte um die Regressionsgerade streuen (siehe Abbildung 5.3). Eine Maßzahl, die die Güte der Anpassung wiedergibt, ist das **Bestimmtheitsmaß**. Die Grundlage für dessen Definition bildet die **Streuungs-** oder **Varianzzerlegung**

$$\sum_{i=1}^{n}(y_i - \bar{y})^2 = \sum_{i=1}^{n}(\hat{y}_i - \bar{y})^2 + \sum_{i=1}^{n}(y_i - \hat{y}_i)^2. \tag{5.9}$$

Die Streuungszerlegung folgt aus der Identität

$$y_i - \bar{y} = (\hat{y}_i - \bar{y}) + (y_i - \hat{y}_i), \tag{5.10}$$

die in Abbildung 5.4 illustriert wird. Quadrieren der Gleichung (5.10) führt nach der binomischen Formel zu

$$(y_i - \bar{y})^2 = (\hat{y}_i - \bar{y})^2 + 2(\hat{y}_i - \bar{y})(y_i - \hat{y}_i) + (y_i - \hat{y}_i)^2.$$

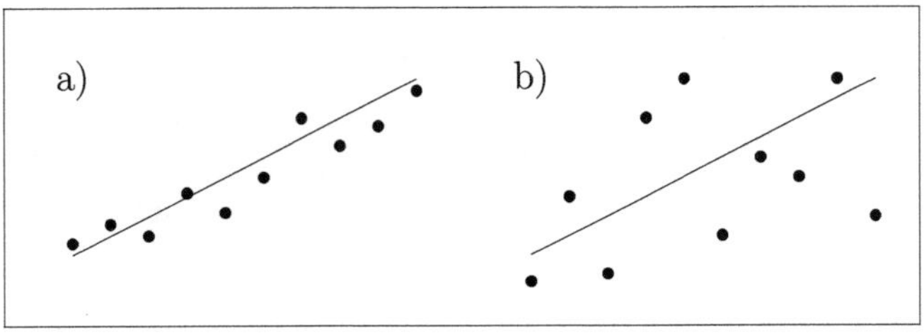

Abbildung 5.3.: a) Gute Anpassung, b) Schlechte Anpassung

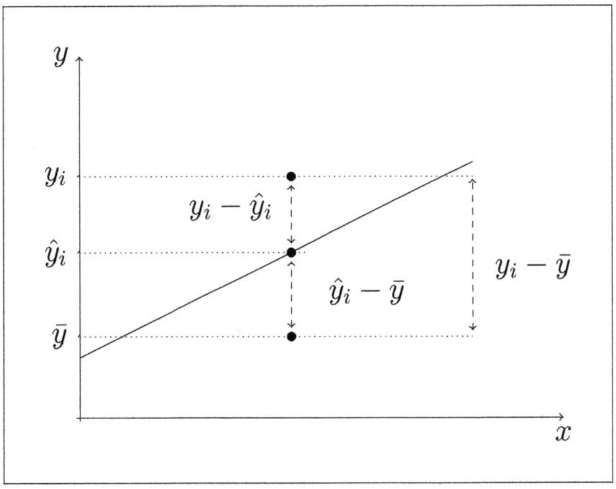

Abbildung 5.4.: $y_i - \bar{y} = (\hat{y}_i - \bar{y}) + (y_i - \hat{y}_i)$

Summenbildung über $i = 1, \ldots, n$ ergibt

$$\sum_{i=1}^{n}(y_i-\bar{y})^2 = \sum_{i=1}^{n}(\hat{y}_i-\bar{y})^2+2\sum_{i=1}^{n}(\hat{y}_i-\bar{y})(y_i-\hat{y}_i)+\sum_{i=1}^{n}(y_i-\hat{y}_i)^2. \quad (5.11)$$

Die mittlere Summe $\sum(\hat{y}_i - \bar{y})(y_i - \hat{y}_i)$ ist gleich Null. Denn es gilt zunächst:

$$\begin{aligned}\sum(\hat{y}_i - \bar{y})(y_i - \hat{y}_i) &= \sum \hat{y}_i(y_i - \hat{y}_i) - \sum \bar{y}(y_i - \hat{y}_i) \\ &= \sum \hat{y}_i(y_i - \hat{y}_i) - \bar{y} \underbrace{\sum(y_i - \hat{y}_i)}_{\underset{(5.2)}{=} 0}\end{aligned}$$

Setzen wir $\hat{y}_i = \hat{a} + \hat{b}x_i$ in die verbleibende Summe ein, so erhalten wir:

$$\begin{aligned}\sum \hat{y}_i(y_i - \hat{y}_i) &= \sum (\hat{a} + \hat{b}x_i)(y_i - \hat{y}_i) \\ &= \sum \hat{a}(y_i - \hat{y}_i) + \sum \hat{b}x_i(y_i - \hat{y}_i) \\ &= \hat{a}\underbrace{\sum (y_i - \hat{y}_i)}_{\underset{(5.2)}{=0}} + \hat{b}\underbrace{\sum x_i(y_i - \hat{y}_i)}_{\underset{(5.3)}{=0}} = 0\end{aligned}$$

Damit gilt die Gleichung (5.9). Multipliziert man diese mit $\frac{1}{n}$, dann erhält man

$$\frac{1}{n}\sum (y_i - \bar{y})^2 = \frac{1}{n}\sum (\hat{y}_i - \bar{y})^2 + \frac{1}{n}\sum (y_i - \hat{y}_i)^2 \tag{5.12}$$

und wegen

$$\bar{\hat{y}} = \frac{1}{n}\sum_{i=1}^{n} \hat{y}_i = \frac{1}{n}\sum_{i=1}^{n} (\hat{a} + \hat{b}x_i) = \hat{a} + \hat{b}\bar{x} = \bar{y}$$

gilt

$$\frac{1}{n}\sum (\hat{y}_i - \bar{y})^2 = s^2_{\hat{Y}}.$$

Mit

$$s^2_{Rest} = \frac{1}{n}\sum (y_i - \hat{y}_i)^2$$

schreibt sich die Gleichung (5.12) als

$$s^2_Y = s^2_{\hat{Y}} + s^2_{Rest}. \tag{5.13}$$

Das bedeutet: Die gesamte Varianz s^2_Y setzt sich aus der Varianz von $s^2_{\hat{Y}}$ und einer Restvarianz s^2_{Rest} zusammen. Man nennt $s^2_{\hat{Y}}$ die **erklärte Varianz** und s^2_{Rest} die **unerklärte Varianz**; $s^2_{\hat{Y}}$ stellt die Varianz der y-Werte dar, die auf den *linearen Zusammenhang* zwischen X und Y zurückzuführen ist. Je größer sie ist, umso besser ist die Anpassung.

An der Punktewolke erkennt man einen großen $s^2_{\hat{Y}}$-Wert darin, dass die meisten Beobachtungen nah an der Geraden liegen. Den Anteil der erklärten Varianz $s^2_{\hat{Y}}$ an der Gesamtvarianz s^2_Y verwendet man als Maßzahl für die Güte der Anpassung.

Definition 5.1
Das **Bestimmtheitsmaß** ist definiert als der Anteil der erklärten Varianz an der Gesamtvarianz:

$$\boxed{R^2 = \frac{s_{\widehat{Y}}^2}{s_Y^2}} \tag{5.14}$$

Es gilt:

$$\boxed{0 \leq R^2 \leq 1} \tag{5.15}$$

Je näher das Bestimmtheitsmaß an Eins liegt, umso besser ist die Anpassung.

$R^2 = 1$: Die Gesamtvarianz von Y wird vom linearen Modell zu 100 Prozent erfasst. Die Anpassung ist perfekt. Alle Beobachtungen liegen auf der Regressionsgeraden.
$R^2 = 0$: Das Modell ist maximal schlecht.

Zwischen dem Bestimmtheitsmaß R^2 und dem Korrelationskoeffizienten r besteht die folgende Beziehung:

$$\boxed{R^2 = r^2} \tag{5.16}$$

Beispiel 5.2
In Beispiel 4.7 haben wir für die Variablen X: *Anzahl der Anzeigen pro Woche* und Y: *Anzahl der Kunden pro Woche* $r = 0,84$ ermittelt. Demnach ergibt sich ein Bestimmtheitsmaß von

$$R^2 = r^2 = 0,84^2 \approx 0,71,$$

d. h. circa 71% der Variationen von Y können vom Modell erfasst werden.

Beispiel 5.3
CAPM (Capital Asset Pricing Model) ist ein Instrument zum Vergleich verschiedener Aktien bezüglich ihres Risikos. Nach diesem Modell besteht zwischen der erwarteten Rendite R_i eines Wertpapiers

i und der erwarteten Rendite R_m des Marktportfolios[5] ein linearer Zusammenhang der Art:

$$R_i = r_f + \beta_i \cdot (R_m - r_f).$$

In Worten: Die erwartete Rendite R_i des Wertpapiers i ist gleich der Summe aus dem risikolosen Zins r_f, und dem Produkt aus der erwarteten Marktprämie $R_m - r_f$ und dem Betafaktor der Aktie β_i. Den Betafaktor β_i ermittelt man empirisch nach der KQ-Methode. Interpretation der Beta-Faktor-Werte:

- $\beta_i = 1$: Die erwartete Rendite des Wertpapiers i stimmt mit der erwarteten Rendite des Marktes überein.
- $\beta_i > 1$: Das Risiko dieses Wertpapiers ist größer als das Marktrisiko.
- $\beta_i < 1$: Das Risiko dieses Wertpapiers ist kleiner als das Marktrisiko.
- $\beta_i = 0$: Die Aktie i ist nicht risikobehaftet.

Wenn jemand eine Aktie kauft, dann erwartet er, dass seine Aktie mehr abwirft als eine sichere Anlage. Damit kann man den Betafaktor als Maß für das Risiko einer Aktie gemessen am Risiko des gesamten Marktes ansehen. Mehr dazu siehe [11], [21].

5.3. Zusammenfassung

In Gegensatz zur Korrelationsrechnung kann man mit einem Regressionsmodell einen linearen Zusammenhang in der Form einer Geradengleichung (Regressionsgerade) angeben. Dadurch kann man beispielsweise im Rahmen einer Planung oder einer Prognose für einen vorgegebenen x-Wert einen y-Wert ermitteln.

Die Regressionsgerade wird mit der Methode der kleinsten Quadrate (KQ-Methode) bestimmt. Das Verfahren sieht vor, dass die Summe der quadrierten Abstände $(y_i - (a + bx_i))^2$ minimiert wird. Die Ergebnisse $\hat{a}$ bzw. $\hat{b}$ heißen KQ-Schätzer für a bzw. für b.

Ein Instrument zur Beurteilung des Modells ist das Bestimmtheitsmaß R^2. Das Bestimmtheitsmaß gibt den Anteil der Variationen von y an, der von dem linearen Modell erfasst wird. Die Bezeichnung des Bestimmtheitsmaßes mit R^2 lehnt sich an den Korrelationskoeffizienten r an, da man durchs Quadrieren des Korrelationskoeffizienten

[5] Mit *Marktportfolio* bezeichnet man die Gesamtheit aller gehandelten Wertpapiere

das Bestimmtheitsmaß erhält. Je stärker die exogene Variable X an dem Entstehungsprozess der endogenen Variablen Y beteiligt ist, umso höher ist der Wert des Bestimmtheitsmaßes. Das Maximum wird bei Eins erreicht. Das ist dann der Fall, wenn das Modell die Variationen zu 100% erfasst; die Anpassung ist perfekt. Das heißt: Alle Beobachtungen liegen auf der Geraden. (Diesen Fall kann man in der Praxis allerdings ausschließen.) Das Minimum von R^2 ist Null. Das ist dann der Fall, wenn die Anpassung maximal schlecht ist.

Formeln und ihre Bedeutung

$\hat{a} = \bar{y} - \hat{b}\bar{x}$	KQ-Schätzer für a (y-Achsenabschnitt)
$\hat{b} = \frac{s_{XY}}{s_X^2}$	KQ-Schätzer für b (Steigung der Regressionsgeraden)
$\hat{y} = \hat{a} + \hat{b}x$	Regressionsgerade
$s_Y^2 = s_{\hat{Y}}^2 + s_{Rest}^2$	Streuungs- oder Varianzzerlegung
$R^2 = \frac{s_{\hat{Y}}^2}{s_Y^2} = r^2$	Bestimmtheitsmaß

6. Verhältniszahlen

Für Vergleichszwecke werden in der Praxis häufig Größen zueinander in Beziehung gesetzt. Man denke zum Beispiel an die Kapitalrentabilität als Quotient zwischen Gewinn und Kapital, an den Stückpreis oder an die Bevölkerungsdichte (Personen/km^2). Quotienten zweier Größen heißen allgemein **Verhältniszahlen**. Man unterscheidet drei Kategorien dieser Zahlen:

- Gliederungszahlen
- Beziehungszahlen
- Messzahlen

Gliederungszahlen sind Quotienten einer Teilmasse und einer Gesamtmasse. Beispiele sind u. a. relative Häufigkeiten (Anteilswerte), das Verhältnis von Umsatzzahlen eines bestimmten Produktes zum Gesamtumsatz, die Eigenkapitalquote (der Quotient zwischen Eigen- und Gesamtkapital) oder der Auslastungsgrad von Produktionsmaschinen.

Beziehungszahlen sind Quotienten zweier verschiedener, jedoch sachlich in sinnvoller Beziehung stehender Größen. Beispiele sind u. a. das arithmetische Mittel, der Pro-Kopf-BIP, die Geburtenziffer oder die Bevölkerungsdichte.

6.1. Messzahlen

Für eine Zeitreihe $\{y_t : t = 0, 1, 2, \dots, T\}$ (t kann Tage, Wochen, Monate, Jahre o. ä. bedeuten) mit $y_0 \neq 0$ heißen die Quotienten

$$\left\{\frac{y_t}{y_0} \cdot 100\right\} \tag{6.1}$$

Messzahlen. Messzahlen sind somit Quotienten gleichartiger Größen. Eine Messzahl $\frac{y_t}{y_0} \cdot 100$ gibt an, wie stark sich der Zeitreihenwert y_t in einer Periode $t \neq 0$ gegenüber dem Wert in einer gewählten Periode 0 geändert hat. Den Zeitpunkt 0 nennt man **Basisperiode**, den Zeitpunkt t **Berichtsperiode**. In der Praxis werden insbesondere Messzahlen, welche Preise p_t, abgesetzte Mengen q_t oder Umsätze $p_t q_t$ eines bestimmten Produktes darstellen, gebildet.

Beispiel 6.1

Tabelle 6.1 gibt die Entwicklung des Goldpreises pro kg Feingold in DM wieder, notiert in Frankfurt am Main/Fixing der Frankfurter Wertpapierbörse[1] im Zeitraum von 1989 bis 1998 und als Preismesszahlen zur Basis 1989. Man schreibt: 1989 = 100. Die Preismesszahlen zeigen nicht nur, wie die Goldpreise immer niedriger werden, sondern auch, um wie viel Prozent sie bezüglich des Basisjahrespreises sinken. Beispielsweise besagt eine Preismesszahl von 86,66 im Jahr 1990, dass in diesem Jahr der Goldpreis um ca. 13% niedriger lag als im Jahr 1989.

Jahr		Preis	Messzahlen
	t	p_t	$\frac{p_t}{p_0} \cdot 100$
1989	0	23.063,43	100,00
1990	1	19.987,53	86,66
1991	2	19.366,00	83,97
1992	3	17.261,06	74,84
1993	4	19.186,05	83,19
1994	5	20.043,65	86,91
1995	6	17.707,51	76,78
1996	7	18.756,04	81,32
1997	8	18.480,28	80,13
1998	9	16.701,93	72,42

Tabelle 6.1.: Goldpreis pro Kilogramm Feingold und als Preismesszahlen 1989=100

Einen weiteren Vorteil von Messzahlen illustriert Abbildung 6.1: Dort werden drei Zeitreihen jeweils als Messzahlen zur selben Basis dargestellt. Man erkennt, dass alle drei Zeitreihen tendenziell steigen.

[1] http://www.bundesbank.de/statistik/statistik_zeitreihen.php?lang=de&open=&func=row&tr=WJ5501 (Stand: 26.04.2011)

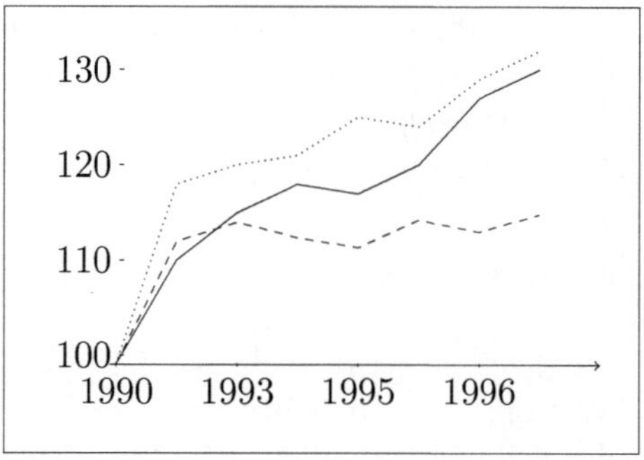

Abbildung 6.1.: Vergleich dreier Zeitreihen 1990=100

Sie entwickeln sich jedoch mit unterschiedlichen Geschwindigkeiten. Messzahlen ermöglichen also, mehrere Zeitreihenverläufe zu Vergleichszwecken übersichtlich in einem Diagramm abzubilden. Neben dem zeitlichen Vergleich sind Messzahlen – wie das folgende Beispiel zeigt – ebenso für räumliche Vergleiche geeignet.

Beispiel 6.2
Tabelle 6.2 gibt den CO_2-Ausstoß[2] einiger europäischer Staaten (x_i) im Jahr 2007 in Mio. Tonnen wieder. Als Messzahlen stehen sie in der 4. Spalte derselben Tabelle. Dabei wird Deutschland als Basis festgelegt (Deutschland=100). Russland stieß im Jahr 2007 fast doppelt so viel CO_2 aus wie Deutschland. In der Ukraine wurde in diesem Jahr ca. 60 % weniger CO_2 emittiert als in Deutschland.

i	Land	x_i	$\frac{x_i}{x_2} \cdot 100$
1	Russland	1587	198,87
2	**Deutschland**	798	100,00
3	Großbritannien	523	65,54
5	Italien	438	54,89
6	Frankreich	369	46,24
8	Spanien	345	43,23
9	Ukraine	314	39,35

Tabelle 6.2.: CO_2-Ausstoß einiger europäischen Staaten im Jahr 2007 in Mio. Tonnen und als Messzahlen im Vergleich zu Deutschland=100

[2] `http://www.agenda21-treffpunkt.de/daten/treibhausgase.htm` (Stand: 13.07.2011)

Im Gegensatz zu Messzahlen, welche Veränderungen einer einzigen Zeitreihe durch den Bezug auf eine geeignete Basis messen, stellen **Indexzahlen** Veränderungen einer Gesamtheit von Zeitreihen dar, z. B. die Preisentwicklung einer Gruppe von n Waren, **Warenkorb** genannt. Beispiele:

1. **Aktienkursindex** (DAX, Euro-Stoxx, Dow Jones, Nikkei usw.). Ein Aktienindex gibt an, wie sich der Wert einer Gruppe von Aktien im Vergleich zu einem früheren Zeitpunkt entwickelt hat. Der DAX-Wert gibt den Börsenwert von 30 ausgewählten Unternehmen in Deutschland im Vergleich zum Einführungstag, dem 30. Dezember 1987 an. An diesem Tag wurde der DAX auf 1000 Punkte gesetzt.
2. **Verbraucher-Preisindex** VPI. Der Verbraucherpreisindex wird monatlich vom Statistischen Bundesamt veröffentlicht. Er beschreibt die Preisentwicklung der von den privaten Haushalten konsumierten Güter. Im VPI werden Preismesszahlen einer Gruppe von Waren und Dienstleistungen, welche als repräsentativ für private Haushalte in Deutschland gelten, gemittelt.
3. **Produzentenpreisindex** als Maß des Gesamtpreisniveaus für Zwischenprodukte und Großhandelserzeugnisse ([20, Seite 38]).
4. **Index der Einzelhandelspreise** (EHI) beschreibt die Verkaufspreisentwicklung von Waren (ohne Dienstleistungen), welche Einzelhändler an private Haushalte verkaufen.

Indexzahlen werden im Allgemeinen in Prozent herausgegeben. Eine Ausnahme bilden Aktienindizes: Sie werden in Promille wiedergegeben. Die wichtigsten Indexzahlen sind

- Preisindex
- Mengenindex
- Wertindex

Nachfolgend seien einige Notationen vereinbart:

- Der **Mengenvektor**

$$q_t = \left(q_{1t} \dots q_{it} \dots q_{nt}\right)$$

stellt einen Warenkorb der Periode t dar. Dabei bedeutet q_{it} die transferierte (konsumierte, verkaufte, exportierte/importierte, produzierte) Menge für das Gut i in der Periode t.

- Der **Preisvektor**

$$p_t = \left(p_{1t} \dots p_{it} \dots p_{nt}\right)$$

enthält als Komponente p_{it} die Preise für das jeweilige Gut i in der Periode t.

- Ausgaben/Umsatz in der Basisperiode 0:

$$\boxed{p_0 q_0 = \sum_{i=1}^{n} p_{i0} q_{i0}}$$

- Ausgaben/Umsatz in der Berichtsperiode t:

$$\boxed{p_t q_t = \sum_{i=1}^{n} p_{it} q_{it}}$$

6.2. Preisindizes

Ein Preisindex soll die Preisveränderung eines Warenkorbes von einem bestimmten Zeitpunkt 0 (Basisperiode) bis zu einem Zeitpunkt $t \neq 0$ (Berichtsperiode) wiedergeben. Ein Vergleich der Ausgaben zur Berichts- und zur Basisperiode würde ein verfälschtes Ergebnis liefern, denn außer von den Preisen werden die Ausgaben auch von den Mengen bestimmt. Die Idee besteht nun darin, dass man durch Konstanthalten eines Warenkorbes (q_0 oder q_t) die Mengeneinflüsse ausschaltet. Dazu gibt es zwei Möglichkeiten:

1. Man bewertet den Warenkorb zur *Basisperiode* mit den Preisen der Berichtsperiode

$$\boxed{p_t q_0 = \sum_{i=1}^{n} p_{it} q_{i0}}$$

und vergleicht diesen fiktiven Wert des Warenkorbes mit dem tatsächlichen Wert in der Basisperiode p_0q_0. Diese Vorgehensweise führt zum **Preisindex nach Laspeyres**[3].

2. Der Warenkorb q_t zur *Berichtsperiode* wird mit den Preisen p_0 der Basisperiode bewertet. Der dadurch entstandene fiktive Wert des aktuellen Warenkorbes

$$p_0q_t = \sum_{i=1}^{n} p_{i0}q_{it}$$

wird nun mit dem tatsächlichen Wert in der Berichtsperiode p_tq_t verglichen. Diese Vorgehensweise führt zum **Preisindex nach Paasche**[4].

6.2.1. Preisindex nach Laspeyres

Definition 6.1
Der Quotient

$$P_{0t}^{L} = \frac{p_tq_0}{p_0q_0} \tag{6.2}$$

heißt **Preisindex nach Laspeyres**.

Um den Preisindex in Prozent auszugeben, multipliziert man den Quotienten (6.2) mit 100. Der Preisindex nach Laspeyres gibt an, ob man in der Berichtsperiode für den Warenkorb der Basisperiode mehr, weniger oder gleich viel ausgeben muss.

Beispiel 6.3
Wir betrachten einen kleinen Warenkorb bestehend aus drei Gütern: Brot, Wein und Kinobesuch. Es soll festgestellt werden, ob dieser Warenkorb im Mai 2010 (Berichtsperiode, $t = 1$) gegenüber Mai 2008 (Basisperiode, $t = 0$) weniger, gleich oder mehr kostet. Die Preise werden jeweils in Euro pro Kilogramm (Brot), Euro pro Liter (Wein)

[3]Ernst Louis Etienne Laspeyres, 1834-1913, deutscher Wirtschaftswissenschaftler und Statistiker
[4]Hermann Paasche, 1851-1925, deutscher Politiker und Statistiker

und Euro pro Kino-Besuch angegeben. Die Mengen- und Preisvektoren sind:

$$q_0 = (6 \quad 5 \quad 4) \qquad p_0 = (4,90 \quad 7,99 \quad 6,00)$$
$$q_1 = (3 \quad 4 \quad 4) \qquad p_1 = (5,05 \quad 8,00 \quad 7,00)$$

Um die Ausgaben zu berechnen, stellen wir die folgende Arbeitstabelle auf:

Gut i	Preis p_{i0}	Menge q_{i0}	Ausgaben $p_{i0}q_{i0}$	Preis p_{i1}	Menge q_{i1}
Brot	4,90	6	29,40	5,05	3
Wein	7,99	5	39,95	8,00	4
Kino	6,00	4	24,00	7,00	4

Die Ausgaben (in €) im Mai 2008 betrugen

$$p_0 q_0 = \sum_{i=1}^{3} p_{i0} q_{i0} = 29,40 + 39,95 + 24,00 = 93,35.$$

Für den gleichen Warenkorb $q_0 = (6 \quad 5 \quad 4)$ müsste man im Mai 2010

$$p_1 q_0 = \sum_{i=1}^{3} p_{i1} q_{i0} = 5,05 \cdot 6 + 8,00 \cdot 5 + 7,00 \cdot 4 = 98,3$$

Euro ausgeben (offenbar mehr als im Mai 2008). Mit dem Preisindex nach Laspeyres lässt sich die Preissteigerung prozentual erfassen. Dieser errechnet sich nach (6.2):

$$P_{01}^{L} = \frac{p_1 q_0}{p_0 q_0} \cdot 100 = \frac{98,3}{93,35} \cdot 100 = 105,3$$

Das heißt: Die Preise haben sich im Mai 2010 um 5,3 % gegenüber Mai 2008 erhöht.

Man kann den Preisindex nach Laspeyres auch als gewogenes arithmetisches Mittel von Preismesszahlen $\frac{p_{it}}{p_{i0}}$ darstellen:

$$\boxed{P_{0t}^{L} = \sum_{i=1}^{n} \frac{p_{it}}{p_{i0}} \cdot g_i} \tag{6.3}$$

Dabei gibt das jeweilige Gewicht $g_i = \frac{p_{i0}q_{i0}}{p_0q_0}$ den Ausgabenanteil für das Gut i an den gesamten Ausgaben an.

Beispiel 6.4
Wir berechnen den Laspeyres-Preisindex aus dem Beispiel 6.3 nochmals als gewogenes Mittel der Preismesszahlen:

$$\frac{p_{11}}{p_{10}} = \frac{5,05}{4,90} = 1,03 \qquad \frac{p_{21}}{p_{20}} = \frac{8,00}{7,99} = 1 \qquad \frac{p_{31}}{p_{30}} = \frac{7}{6} = 1,17$$

mit den Gewichten:

$$\begin{aligned} g_1 &= \tfrac{p_{10}\cdot q_{10}}{p_0q_0} = \tfrac{29,40}{93,35} = 0,31 \text{ (dem Ausgabenanteil für Brot)} \\ g_2 &= \tfrac{p_{20}\cdot q_{20}}{p_0q_0} = \tfrac{39,95}{93,35} = 0,43 \text{ (dem Ausgabenanteil für Wein)} \\ g_3 &= \tfrac{p_{30}\cdot q_{30}}{p_0q_0} = \tfrac{24,00}{93,35} = 0,26 \text{ (dem Ausgabenanteil für Kino)} \end{aligned}$$

gemäß (6.3):

$$P_{01}^L = \sum_{i=1}^{3} \frac{p_{it}}{p_{i0}} \cdot g_i = (1,03 \cdot 0,31 + 1 \cdot 0,43 + 1,17 \cdot 0,26)100 = 105,3$$

(Selbstverständlich ist das Ergebnis identisch mit P_{01}^L im Beispiel 6.3.)

6.2.2. Preisindex nach Paasche

Definition 6.2
Der **Preisindex nach Paasche** ist definiert als

$$\boxed{P_{0t}^P = \frac{p_tq_t}{p_0q_t}} \tag{6.4}$$

Der Paasche-Preisindex gibt an, ob der Warenkorb der Berichtsperiode zu aktuellen Preisen gleich, mehr oder weniger kostet, als derselbe Warenkorb zu Preisen der Basisperiode gekostet hätte.

Beispiel 6.5
Wir nehmen nochmals die Daten aus Beispiel 6.3 und berechnen nun den Preisindex nach Paasche. Mit

$$p_1 q_1 = \sum_{i=1}^{3} p_{i1} q_{i1} = (5,05 \cdot 3 + 8,00 \cdot 4 + 7,00 \cdot 4) = 75,15$$

(dem Wert des aktuellen Warenkorbes) und

$$p_0 q_1 = \sum_{i=1}^{3} p_{i0} q_{i1} = (4,90 \cdot 3 + 7,99 \cdot 4 + 6,00 \cdot 4) = 70,66$$

(dem fiktiven Wert desselben Warenkorbes zur Preisen von Mai 2008) ergibt sich der Preisindex nach Paasche (in %) gemäß (6.4)

$$P_{01}^{P} = \frac{p_1 q_1}{p_0 q_1} \cdot 100 = \frac{75,15}{70,66} \cdot 100 = 106,35.$$

Demnach haben sich die Preise im Mai 2010 um 6,35 % gegenüber Mai 2008 erhöht.

Sowohl der Laspeyres- als auch der Paasche-Preisindex geben an, wie sich die Preise der Berichts- gegenüber der Basisperiode verändert haben. Der Unterschied liegt nur darin, dass der Laspeyres-Preisindex von dem Warenkorb der Basisperiode ausgeht, der Paasche-Preisindex dagegen von dem der Berichtsperiode. Der Zähler im Laspeyres-Index

$$p_t q_0 = \sum_{i=1}^{n} p_{it} q_{i0}$$

ist eine fiktive Größe. Sie gibt den Wert von q_0 zu den Preisen der Berichtsperiode p_t an. Dagegen stellt der Nenner

$$p_0 q_0 = \sum_{i=1}^{n} p_{i0} q_{i0}$$

den tatsächlichen Wert von q_0 dar. Betrachtet man $p_0 q_0$ als Ausgaben, dann gibt diese Größe die tatsächlichen Ausgaben zum Zeitpunkt 0 an, während $p_t q_0$ der Betrag ist, den man ausgegeben *hätte, wären* die Preise gleich p_t gewesen.

Der Paasche-Preisindex funktioniert analog: Man ersetzt den Warenkorb der Basisperiode (q_0) durch den der Berichtsperiode (q_t). Im Zähler steht somit

$$p_t q_t = \sum_{i=1}^{n} p_{it} q_{it},$$

der tatsächliche Wert des Warenkorbes q_t in der Berichtsperiode t, und im Nenner

$$p_0 q_t = \sum_{i=1}^{n} p_{i0} q_{it},$$

der fiktive Wert von q_t, der unterstellt, die Preise wären gleich p_0 geblieben.

Da man zu jeder Berichtsperiode nur die aktuellen Preise neu ermitteln muss, ist der Laspeyres-Index kostengünstiger zu errechnen. Der Rechenaufwand ist geringer, und alle Werte einer Indexreihe sind direkt vergleichbar, weil außer den Preisen im Zähler alle anderen Größen konstant bleiben (siehe Tabelle 6.3). Durch die Verwendung des immer gleichen Warenkorbes werden Veränderungen im Verbrauchsverhalten jedoch nicht berücksichtigt. Bei längeren Indexreihen kann der veraltete Warenkorb zu erheblichen Ungenauigkeiten führen.

Der Paasche-Index verwendet stets den Warenkorb der Berichtsperiode. Dadurch wird die Genauigkeit auch bei längeren Indexreihen gewährleistet (siehe Tabelle 6.3). Dazu muss man zu jeder Berichtsperiode zusätzlich zu den Preisen auch den Warenkorb neu bestimmen, weshalb der Paasche-Index aufwendiger zu ermitteln ist. Die Aktualität der Mengen führt aber auch dazu, dass man die Werte einer Indexreihe nicht direkt vergleichen kann.

t	1	2	3	4	5	....
P_{0t}^L	$\frac{p_1 q_0}{p_0 q_0}$	$\frac{p_2 q_0}{p_0 q_0}$	$\frac{p_3 q_0}{p_0 q_0}$	$\frac{p_4 q_0}{p_0 q_0}$	$\frac{p_5 q_0}{p_0 q_0}$	....
P_{0t}^P	$\frac{p_1 q_1}{p_0 q_1}$	$\frac{p_2 q_2}{p_0 q_2}$	$\frac{p_3 q_3}{p_0 q_3}$	$\frac{p_4 q_4}{p_0 q_4}$	$\frac{p_5 q_5}{p_0 q_5}$	....

Tabelle 6.3.: Vergleich zwischen Laspeyres- und Paasche-Preisindex

6.3. Umbasieren und Verketten von Indizes

Die Vorteile des Laspeyres-Indexschemas führen dazu, dass vielen in der Praxis relevanten Indexzahlen dieses Schema zugrundeliegt. Der Verbraucherpreisindex (VPI) des Statistischen Bundesamtes basiert zum Beispiel auf dem Preisindex nach Laspeyres. Der VPI wird monatlich vom Statistischen Bundesamt veröffentlicht. Er beschreibt die Preisentwicklung der von den privaten Haushalten konsumierten Güter.

Im VPI werden Preismesszahlen einer Gruppe von Waren und Dienstleistungen, welche als repräsentativ für private Haushalte in Deutschland gelten, gemittelt. Dabei werden die einzelnen Posten nach ihrem Anteil gewichtet.

Wie bereits erwähnt, hat der konstante Warenkorb der Basisperiode unter anderem den Nachteil, dass die Veränderungen der Güter auf dem Markt und deren Bedeutung nicht berücksichtigt werden. Manche Güter verschwinden vom Markt, manche kommen hinzu, Verbraucher ändern ihre Gewohnheiten. Die Folge ist, dass mit wachsender Entfernung der Berichts- von der Basisperiode die Indexzahlen ungenauer werden. Aus diesem Grunde aktualisiert beispielsweise das Statistische Bundesamt in der Regel alle fünf Jahre den Warenkorb.

Bei der Aktualisierung im Jahr 2000 wurden Disketten und Farbbänder durch CD-Rohlinge und Farbpatronen ersetzt und Dienstleistungen wie Pizzaservice und Sonnenstudio aufgenommen. Auch die Gewichte wurden angepasst. Die Haushalte werden durch die Ausgaben für Miete, Wasser, Strom und Heizung sowie Nachrichtenübermittlung stärker belastet.

Tabelle 6.4 zeigt die Zusammensetzung des deutschen Warenkorbes[5] mit der Gewichtung jeweils für das Jahr, in dem eine Aktualisierung stattgefunden hat.

Der Zeitpunkt, an dem der Warenkorb angepasst wird, dient gleichzeitig als neue Basisperiode. Die Umrechnung einer bestehenden Indexreihe auf einer neuen Basis nennt man **Umbasierung**.

[5]Quelle: Statistisches Bundesamt. `http://de.wikipedia.org/wiki/Warenkorb` (Stand: 10.10.2011)

Bestandteil	1995	2000	2005
01 Nahrungsmittel, alkoholfreie Getränke	13,1	10,3	10,4
02 Tabakwaren, alkoholische Getränke	4,2	3,7	3,9
03 Bekleidung, Schuhe	6,9	5,5	4,9
04 Wohnung, Wasser, Gas, Brennstoffe	27,5	30,2	30,8
05 Einrichtungsgegenstände	7,1	6,9	5,6
06 Gesundheit, Pflege	3,4	3,5	4,0
07 Verkehr	13,9	13,9	13,2
08 Nachrichtenübermittlung	2,3	2,5	3,1
09 Freizeit, Kultur, Unterhaltung	10,4	11,0	11,6
10 Bildungswesen	0,7	0,7	0,7
11 Hotel, Restaurants	4,1	4,7	4,4
12 Andere Waren und Dienstleistungen	6,1	7,0	7,4

Tabelle 6.4.: Zusammensetzung des deutschen Warenkorbes in Prozent

Definition 6.3
Sei $I_{01}, I_{02}, \ldots, I_{0r}, \ldots, I_{0T}$ eine Folge von Indexzahlen zur Basis 0 für die Berichtsperiode $1, 2, \ldots, T$. Die Umstellung der Indexreihe auf eine neue Basis $r \neq 0$ heißt **Umbasierung**, und sie erfolgt für $t = 1, 2, \ldots, T$ nach

$$I_{rt} = \frac{I_{0t}}{I_{0r}} \cdot 100 \tag{6.5}$$

Beispiel 6.6
Die folgende Tabelle zeigt die Umrechnung der Indexreihe $\{I_{0t} : t = 0, 1, \ldots, 5\}$ zur Basis 2000 auf der neuen Basis 2003:

Jahr	2000	2001	2002	2003	2004	2005
t	0	1	2	3	4	5
I_{0t}	100	126,2	137,3	**135,3**	146,0	148,8
I_{3t}	73,9	93,27	101,48	**100**	107,91	109,98

Die Umbasierung erfolgt gemäß (6.5):

$I_{30} = \frac{100}{135,3} \cdot 100 = 73,9$ $\quad I_{31} = \frac{126,2}{135,3} \cdot 100 = 93,27$ $\quad I_{32} = \frac{137,3}{135,3} \cdot 100 = 101,48$

$I_{34} = \frac{146,0}{135,3} \cdot 100 = 107,91$ $\quad I_{35} = \frac{148,8}{135,3} \cdot 100 = 109,98$

Von einer **Indexverkettung** spricht man, wenn zwei Indexreihen, die auf zwei verschiedenen Basisperioden berechnet wurden, zu einer einzigen Indexreihe verbunden werden: Eine Indexreihe $I_{01}, \ldots, I_{0r}$ zur

Basis 0 wird mit einer Indexreihe $I_{r,r+1}, \dots, I_{rT}$ zur Basis r $(1 < r < T)$ (siehe Tabelle 6.5) verkettet, so dass eine fortlaufende Indexreihe von $t = 0$ bis T ensteht.

t	0	1	2	…	$r-1$	r	$r+1$	…	T
I_{0t}	100	I_{01}	I_{02}	…	$I_{0,r-1}$	I_{0r}			
I_{rt}						100	$I_{r,r+1}$	…	I_{rT}

Tabelle 6.5.: Indexreihe zur Basis 0 und Indexreihe zur Basis r

Die Verkettung erfolgt, indem die Indexreihen auf eine gemeinsame Basisperiode 0 oder r gebracht werden. Im ersten Fall setzt man die Reihe zur Basis 0 fort, und im zweiten rechnet man die Reihe zur Basis r zurück. Dabei ist wichtig, zum Zeitpunkt r die Indexzahl zur Basisperiode 0 zu berechnen.

Um die beiden Reihen zu verketten, geht man davon aus, dass

$$\frac{I_{0t}}{I_{0r}} = \frac{I_{rt}}{100} \tag{6.6}$$

gilt. Für die Fortschreibung der Reihe I_{0t} löst man die Gleichung (6.6) nach I_{0t} auf und berechnet für $t > r$ die Reihenglieder gemäß

$$\boxed{I_{0t} = \frac{I_{0r}}{100} \cdot I_{rt}} \tag{6.7}$$

Für die Rückrechnung der Reihe I_{rt} löst man entsprechend die Gleichung (6.6) nach I_{rt} auf und verwendet das Resultat zur Berechnung der Reihenglieder zum Zeitpunkt $t < r$:

$$\boxed{I_{rt} = \frac{100}{I_{0r}} \cdot I_{0t}} \tag{6.8}$$

Beispiel 6.7
Tabelle 6.6 zeigt eine zur Basis 0 errechnete Verbraucherpreisindex-Reihe VPI_{0t} und eine zur Basis 5 (VPI_{5t}), sowie die fortgesetzte VPI_{0t}-Reihe und die zurückgerechnete VPI_{5t}-Reihe. Der Umrechnungsfaktor für die Fortsetzung der VPI_{0t}-Reihe ($t = 6, 7, \dots, 10$) lautet:

$$\text{VPI}_{0t} = \frac{\text{VPI}_{05}}{100,00} \cdot \text{VPI}_{5t} = \frac{109,60}{100,00} \cdot \text{VPI}_{5t} = 1,096 \cdot \text{VPI}_{5t}$$

t	$\text{VPI}_{0,t}$	$\text{VPI}_{5,t}$
0	100,00	**91,20**
1	109,20	**99,64**
2	107,30	**97,90**
3	113,40	**103,47**
4	117,30	**107,03**
5	109,60	100,00
6	**122,86**	112,10
7	**118,37**	108,00
8	**117,93**	107,60
9	**118,81**	108,40
10	**121,98**	111,30

Tabelle 6.6.: Eine Indexreihe zur Basis 0 wird mit einer Indexreihe zur Basis 5 verkettet

Mit dem Umrechnungsfaktor von $1,096$ ergeben sich folgende fortgesetzte Werte:

$$
\begin{aligned}
\text{VPI}_{06} &= 1,096 \cdot 112,10 = 122,86 \\
\text{VPI}_{07} &= 1,096 \cdot 108,00 = 118,37 \\
\text{VPI}_{08} &= 1,096 \cdot 107,60 = 117,93 \\
\text{VPI}_{09} &= 1,096 \cdot 108,40 = 118,81 \\
\text{VPI}_{0,10} &= 1,096 \cdot 111,30 = 121,98
\end{aligned}
$$

Für die Rückrechnung der VPI_{5t}-Reihe für $t = 1, \ldots, 4$ ermittelt man

$$\text{VPI}_{5t} = \frac{100,00}{\text{VPI}_{05}} \cdot \text{VPI}_{0t} = \frac{100,00}{109,60} \cdot \text{VPI}_{0t} = 0,912 \cdot \text{VPI}_{0t}.$$

Mit dem Umrechnungsfaktor von $0,912$ berechnet man:

$$
\begin{aligned}
\text{VPI}_{54} &= 0,912 \cdot 117,30 = 107,03 \\
\text{VPI}_{53} &= 0,912 \cdot 113,40 = 103,47 \\
\text{VPI}_{52} &= 0,912 \cdot 107,30 = 97,90 \\
\text{VPI}_{51} &= 0,912 \cdot 109,20 = 99,64 \\
\text{VPI}_{50} &= 0,912 \cdot 100,00 = 91,20
\end{aligned}
$$

Durch eine Verkettung hat man eine fortlaufende Indexreihe von $t = 0, 1, \ldots, 10$. Man kann dadurch die Entwicklung der Verbraucherpreise vom Zeitpunkt $t = 1$ bis 10 verfolgen. Verglichen mit der Periode 0 (Basis) sind die Preise in der Periode 10 um fast 22% gestiegen. Im Vergleich zur Periode 5 (Basis) lagen die Preise in der Periode 1 um ca. 0,4% niedriger.

6.4. Mengenindizes

Will man Veränderungen abgesetzter, konsumierter o. ä. Mengen messen, so greift man auf Mengenindizes zurück. In Analogie zu den Preisindizes nach Laspeyres und nach Paasche werden Laspeyres- bzw. Paasche-Mengenindizes definiert. Der Mengenindex nach Laspeyres verwendet zur Gewichtung der Mengen die Preise der Basisperiode, der Paasche-Index die der Berichtsperiode.

Definition 6.4
Der **Mengenindex nach Laspeyres** ist definiert als

$$\boxed{Q_{0t}^L = \frac{p_0 q_t}{p_0 q_0}} \tag{6.9}$$

Der Nenner des Laspeyres-Mengenindex

$$p_0 q_0 = \sum_{i=1}^{n} p_{i0} q_{i0}$$

stellt den Wert des Warenkorbes q_0 bewertet mit den Preisen zur Basisperiode p_0 dar, während der Zähler

$$p_0 q_t = \sum_{i=1}^{n} p_{i0} q_{it}$$

den Wert des aktuellen Warenkorbes q_t zu konstanten Preisen der Basisperiode angibt.

Definition 6.5
Der **Mengenindex nach Paasche** ist definiert als

$$\boxed{Q_{0t}^P = \frac{p_t q_t}{p_t q_0}} \tag{6.10}$$

Der Paasche-Mengenindex bewertet die Warenkörbe mit den konstanten Preisen der Berichtsperiode p_t. So gibt der Zähler

$$p_t q_t = \sum_{i=1}^{n} p_{it} q_{it}$$

den tatsächlichen Wert des aktuellen Warenkorbes q_t wieder, während der Nenner

$$p_t q_0 = \sum_{i=1}^{n} p_{it} q_{i0}$$

den Wert des Warenkorbes q_0 zu konstanten Preisen der Berichtsperiode darstellt. Indem man die Mengen jeweils mit konstanten Preisen bewertet, werden die unterschiedlichen Maßeinheiten der Mengen (Kilogramm, Liter u. a.) eliminiert. Sowohl der Laspeyres- als auch der Paasche-Mengenindex ist dimensionslos. Beide zeigen die Änderung der produzierten oder konsumierten Güter gegenüber der Basisperiode 0 auf. Will man den Indexwert in Prozent ausdrücken, so multipliziert man den Quotienten mit 100.

Beispiel 6.8
Im Beispiel 6.3 haben wir für einen Warenkorb, der aus Brot (1), Wein (2) und Kinobesuch (3) besteht, betrachtet. Wir werden nun mit den dort angegebenen Daten die Mengenindizes nach Laspeyres und nach Paasche ermitteln. Das heißt: Wir untersuchen, ob sich die konsumierten Mengen im Mai 2010 ($t = 1$) gegenüber Mai 2008 ($t = 0$) verändert haben. Zunächst geben wir die Daten nochmals an:

Gut i	Preis p_{i0}	Menge q_{i0}	Preis p_{i1}	Menge q_{i1}
1	4,90	6	5,05	3
2	7,99	5	8,00	4
3	6,00	4	7,00	4

Aus den Beispielen 6.3 und 6.5 entnehmen wir

$$p_0 q_0 = 93,35 \quad p_1 q_0 = 98,30 \quad p_1 q_1 = 75,15 \quad p_0 q_1 = 70,66.$$

Der Mengenindex nach Laspeyres (in Prozent) ergibt sich gemäß (6.9)

$$Q_{01}^{L} = \frac{p_0 q_1}{p_0 q_0} \cdot 100 = \frac{70,66}{93,35} \cdot 100 = 75,69.$$

Gegenüber der Basisperiode hat man nach Laspeyres um 24,31% weniger konsumiert. Der Mengenindex nach Paasche (in Prozent) berechnet sich gemäß (6.10)

$$Q_{01}^P = \frac{p_1 q_1}{p_1 q_0} \cdot 100 = \frac{75,15}{98,30} 100 = 76,45.$$

Nach Paasche sind die konsumierten Mengen gegenüber der Basisperiode um 23,54% geringer.

6.5. Wertindex

Definition 6.6
Die Messzahl

$$\boxed{I_{0t}^W = \frac{p_t q_t}{p_0 q_0}} \tag{6.11}$$

heißt **Wertindex**.

Um den Wertindex in Prozent anzugeben, multipliziert man den Quotienten mit 100. I_{0t}^W gibt an, wie sich der Wert der produzierten bzw. konsumierten Waren insgesamt zwischen Basis- und Berichtsperiode verändert hat.

Interpretiert man $p_t q_t$ als den Umsatz in der Berichtsperiode t und $p_0 q_0$ als den Umsatz in der Basisperiode 0, so nennt man I_{0t}^W auch **Umsatzindex**. Ebenso kann man den Wertindex als **Ausgabenindex** bezeichnen, wenn $p_t q_t$ bzw. $p_0 q_0$ Ausgaben zum Zeitpunkt t bzw. 0 angeben.

Der Wertindex umfasst sowohl Preis- als auch Mengenänderungen. Zwischen $P_{0t}^L, P_{0t}^P, Q_{0t}^L, Q_{0t}^P$ und I_{0t}^W bestehen folgende Beziehungen:

$$\boxed{I_{0t}^W = P_{0t}^L \cdot Q_{0t}^P = P_{0t}^P \cdot Q_{0t}^L} \tag{6.12}$$

Der Wertindex ist ein Produkt aus einem Laspeyres-Preisindex und einem Paasche-Mengenindex oder einem Paasche-Preisindex und einem Laspeyres-Mengenindex.

6.6. Deflationierung

Wir haben Preisindizes als relative Größen zur Messung von Preisniveaus einer Gruppe von Gütern eingeführt. Eine weitere wichtige Aufgabe von Preisindizes ist die **Deflationierung** oder **Preisbereinigung**. Deflationierte Größen sind **Realgrößen**, d. h., sie werden von Preisen nicht mehr beeinflusst. Somit sind sie Mengengrößen. Im Gegensatz dazu sind **Nominalgrößen**, die die mit laufenden Preisen bewerteten Mengen bezeichnen, Geldgrößen. Das folgende Zitat aus [18] zeigt deutlich, warum Realgrößen in der Praxis wichtig sind:

> Der wichtigste Indikator für Konjunktur und Wachstum in einer Volkswirtschaft ist das Bruttoinlandsprodukt (BIP). Das BIP misst die im Inland entstandene Produktion *in laufenden Preisen* der jeweiligen Berichtsperiode. Oftmals ist man aber nicht an der Entwicklung des reinen Wertaggregats interessiert, das auch von Preisfluktuationen beeinflusst wird, sondern ausschließlich an der Bewegung der *Realgrößen*, d. h. an der Veränderung der Gütervolumina. Das nominale Bruttoinlandsprodukt muss zu diesem Zweck in eine Preis- und eine Mengenkomponente *(reales Bruttoinlandsprodukt)* zerlegt werden. Formal besteht die Aufgabe darin, einen Wertindex des nominalen BIP
>
> $$\sum_i Q(i,t)P(i,t) / \sum_i Q(i,0)P(i,0),$$
>
> der die laufenden Ausgaben $\sum_i Q(i,t)P(i,t)$ in der Berichtsperiode t zu den Ausgaben[6] $\sum_i Q(i,0)P(i,0)$ einer Basisperiode 0 in Beziehung setzt, durch geeignete Deflationierung (d. h. Division) mit einem Preisindex in einen Mengenindex zu überführen, der die Entwicklung des realen Bruttoinlandsprodukts misst.

Formal bedeutet eine **Deflationierung** also eine Division eines Wertindex I_{0t}^W durch einen Preisindex. Durch eine Deflationierung werden die Preiseinflüsse ausgeschaltet; aus Nominal- werden Realgrößen.

[6] Mit $Q(i,t)$ wird hier die im Jahr t umgesetzte Menge eines Gutes (i=1,2,...,n) bezeichnet, mit $P(i,t)$ der dazu gehörende Produktpreis.

Aus Gleichung (6.12) ergeben sich:

1. Der Laspeyres-Mengenindex Q_{0t}^L ist ein mit Paasche-Preisindex deflationierter Wertindex I_{0t}^W, denn

$$Q_{0t}^L = \frac{I_{0t}^W}{P_{0t}^P}.$$

2. Den Paasche-Mengenindex Q_{0t}^P erhält man, wenn man als Deflator für den Wertindex I_{0t}^W den Preisindex nach Laspeyres verwendet:

$$Q_{0t}^P = \frac{I_{0t}^W}{P_{0t}^L}$$

Beispiel 6.9
Die Tabelle 6.7 ist ein Ausschnitt einer Tabelle aus [18, Seite 20, Modellrechnung 1].

	Konsumgüter		Investitionsgüter		BIP in jeweiligen Preisen	Reales BIP	
	Mengen	Preise	Mengen	Preise		in Preisen von 2000	Laspeyres-Mengenindex (2000=100)
0	100,0	6,0	50,0	4,0	800,0	800,0	100,0
1	102,0	6,1	55,0	3,5	814,7	832,0	104,0
2	104,0	6,2	60,0	3,1	830,8	864,0	108,0
3	106,0	6,3	65,0	2,7	843,3	896,0	112,0
4	108,0	6,4	70,0	2,3	852,2	928,0	116,0

Tabelle 6.7.: Entwicklung des realen Bruttoinlandsprodukts

Erläuterung der Tabelle 6.7:

- Zu jedem Zeitpunkt t $(t = 0, 1, 2, 3, 4)$ besteht der Mengenvektor q_t aus Konsum- und Investitionsgütern:

  $q_0 = (100 \quad 50)$ $q_1 = (102 \quad 55)$ $q_2 = (104 \quad 60)$
  $q_3 = (106 \quad 65)$ $q_4 = (108 \quad 70)$

  Die Preisvektoren sind:

  $p_0 = (6,0 \quad 4,0)$ $p_1 = (6,1 \quad 3,5)$ $p_2 = (6,2 \quad 3,1)$
  $p_3 = (6,3 \quad 2,7)$ $p_4 = (6,4 \quad 2,3)$

- In der 6. Spalte (BIP in jeweiligen Preisen) steht in jeder Zeile das nominale BIP. Jeder Wert berechnet sich folgendermaßen:

$$\begin{aligned}
p_0q_0 &= \sum p_{i0}q_{i0} = 6,0 \cdot 100 + 4,0 \cdot 50 = 800,0 \\
p_1q_1 &= \sum p_{i1}q_{i1} = 6,1 \cdot 102 + 3,5 \cdot 55 = 814,7 \\
p_2q_2 &= \sum p_{i2}q_{i2} = 6,2 \cdot 104 + 3,1 \cdot 60 = 830,8 \\
p_3q_3 &= \sum p_{i3}q_{i3} = 6,3 \cdot 106 + 2,7 \cdot 65 = 843,3 \\
p_4q_4 &= \sum p_{i4}q_{i4} = 6,4 \cdot 108 + 2,3 \cdot 70 = 852,2
\end{aligned}$$

- Jede Zeile der 7. Spalte (BIP in Preisen von 2000) enthält das reale BIP der Berichtsperiode. Die einzelnen Werte werden wie folgt ermittelt:

$$\begin{aligned}
p_0q_0 &= \sum p_{i0}q_{i0} = 6,0 \cdot 100 + 4,0 \cdot 50 = 800,0 \\
p_0q_1 &= \sum p_{i0}q_{i1} = 6,0 \cdot 102 + 4,0 \cdot 55 = 832,0 \\
p_0q_2 &= \sum p_{i0}q_{i2} = 6,0 \cdot 104 + 4,0 \cdot 60 = 864,0 \\
p_0q_3 &= \sum p_{i0}q_{i3} = 6,0 \cdot 106 + 4,0 \cdot 65 = 896,0 \\
p_0q_4 &= \sum p_{i0}q_{i4} = 6,0 \cdot 108 + 4,0 \cdot 70 = 928,0
\end{aligned}$$

- In der letzten Spalte steht in jeder Zeile für jeden Zeitpunkt $t = 1, 2, 3, 4$ der Laspeyres-Mengenindex

$$Q_{0t}^L = \frac{p_0q_t}{p_0q_0} \cdot 100.$$

  Q_{0t}^L gibt für jedes $t = 1, 2, 3, 4$ an, wie sich das reale BIP gegenüber dem Basisjahr 2000 ($t = 0$) geändert hat:

  $Q_{01}^L = \frac{p_0q_1}{p_0q_0} \cdot 100 = \frac{832}{800} \cdot 100 = 104$

  $Q_{02}^L = \frac{p_0q_2}{p_0q_0} \cdot 100 = \frac{864}{800} \cdot 100 = 108$

  $Q_{03}^L = \frac{p_0q_3}{p_0q_0} \cdot 100 = \frac{896}{800} \cdot 100 = 112$

  $Q_{04}^L = \frac{p_0q_4}{p_0q_0} \cdot 100 = \frac{928}{800} \cdot 100 = 116$

6.7. Zusammenfassung

Messzahlen geben die räumliche oder zeitliche Entwicklung eines einzigen Gutes an, während Indexzahlen die Entwicklung einer Gruppe von Waren beschreiben. Die wichtigsten Indexzahlen sind Preis-, Mengen- und Wertindex.

Die bekanntesten Preisindizes sind der Preisindex nach Laspeyres und der nach Paasche. Sie geben an, wie sich die Preise der Berichts- gegenüber den Preisen der Basisperiode verändert haben. Grundlage der Laspeyres-Preisindex ist der Warenkorb der Basisperiode, während der Paasche-Preisindex den Warenkorb zur Berichtsperiode verwendet.

Durch die Aktualität der Warenkörbe berücksichtigt der Paasche-Preisindex Veränderungen im Konsumverhalten der Verbraucher. Außerdem wird die Genauigkeit auch bei längeren Indexreihen gewährleistet. Die aktuellen Warenkörbe verursachen jedoch höhere Kosten, da sie von Periode zur Periode (zusätzlich zu den Preisen) neu ermittelt werden müssen.

Dagegen ist die Ermittlung des Laspeyres-Preisindex, der die Preisentwicklung eines festen Warenkorbes der Basisperiode verfolgt, kostengünstiger. Man muss in der Berichtsperiode nur die Preise neu ermitteln. Der konstante Warenkorb führt aber dazu, dass, je weiter die Basisperiode zurückliegt, umso ungenauer die Werte der Indexreihe werden.

Dennoch dient der Laspeyres-Preisindex in der Praxis häufig als Grundlage. So wird der deutsche Aktienindex DAX aufgrund des Laspeyres-Preisindex bestimmt. Ebenso verwendet das Statistische Bundesamt für die Berechnung des Verbraucher-Preisindex das Laspeyres-Schema. Damit Veränderungen trotzdem berücksichtigt werden, wird der Warenkorb – in der Regel alle fünf Jahre – aktualisiert.

Gleichzeitig mit dem neuen Warenkorb wird die Basis neu festgelegt. Die Periode, in der der aktuelle Warenkorb eingeführt wird, gilt als die neue Basis. Mit der neuen Basis existiert für einen bestimmten Zeitraum keine fortlaufende Reihe. Um solch eine Reihe zu erhalten, werden die beiden auf unterschiedlichen Basisperioden errechneten Indexreihen verkettet.

In Analogie zu den Preisindizes nach Laspeyres bzw. nach Paasche werden der Mengenindex nach Laspeyres und der Mengenindex nach

Paasche definiert. Ein Mengenindex gibt die Mengenveränderungen in der Berichts- gegenüber der Basisperiode wieder. Deshalb gibt ein Mengenindex auch Veränderungen von Realgrößen an.

Im Gegensatz zu Realgrößen werden Nominalgrößen von Preisen beeinflusst. Eine nominelle Lohnsteigerung bedeutet nicht, dass die Kaufkraft steigt. Diese hängt von der Preisentwicklung ab. Steigen die Preise schneller als der Lohn, dann hat man real weniger zur Verfügung. Um von Nominal- zu Realgrößen zu kommen, muss man die Nominalgrößen um die Preisschwankungen bereinigen. Dieser Vorgang heißt Deflationierung oder Preisbereinigung.

Der Wertindex gibt eine nominelle Entwicklung eines Wertaggregats an. Deflationiert man den Wertindex mit dem Laspeyres-Preisindex, so erhält man den Mengenindex nach Paasche. Nimmt man als Deflator den Preisindex nach Paasche, so ergibt sich der Mengenindex nach Laspeyres.

Notationen, Formeln und ihre Bedeutung

$q_t = \left(q_{1t}, \ldots, q_{it}, \ldots, q_{nt}\right)$	Warenkorb der Periode t
$p_t = \left(p_{1t}, \ldots, p_{it}, \ldots, p_{nt}\right)$	Preisvektor der Periode t
$p_0 q_0 = \sum_{i=1}^{n} p_{i0} q_{i0}$	Ausgaben oder Umsatz der Periode 0
$p_t q_t = \sum_{i=1}^{n} p_{it} q_{it}$	Ausgaben oder Umsatz der Periode t
$P_{0t}^{L} = \frac{p_t q_0}{p_0 q_0}$	Preisindex nach Laspeyres
$P_{0t}^{L} = \sum_{i=1}^{n} \frac{p_{it}}{p_{i0}} \cdot g_i$	P_{0t}^{L} als gewogenes Mittel der Preismesszahlen $\frac{p_{it}}{p_{i0}}$
$g_i = \frac{p_{i0} \cdot q_{i0}}{p_0 q_0}$	Ausgabenanteil für das Gut i an den gesamten Ausgaben als Gewicht
$P_{0t}^{P} = \frac{p_t q_t}{p_0 q_t}$	Preisindex nach Paasche
$Q_{ot}^{L} = \frac{p_0 q_t}{p_0 q_0}$	Mengenindex nach Laspeyres
$Q_{ot}^{P} = \frac{p_t q_t}{p_t q_0}$	Mengenindex nach Paasche
$I_{0t}^{W} = \frac{p_t q_t}{p_0 q_0}$	Wertindex

Teil II.

Elementare Wahrscheinlichkeitsrechnung

7. Einführung

In dem Buch *Eins zu Tausend* bezeichnen die Autoren Ellen und Michael Kaplan die Wahrscheinlichkeitstheorie als die „Wissenschaft vom Ungewissen“ [14, Seite 18]:

> Sie beschäftigt sich mit allem, was immer wieder vorkommt, aber nicht immer gleich ist. Ihre Aussagen liefern uns nicht *Ja* oder *Nein* der deduktiven Logik, sondern feine Abstufungen: *fast alles, kaum, manchmal* und *vielleicht.* Sie trennt das *Normale* vom *Außergewöhnlichen*, das *Vorhersagbare* vom *Zufälligen* und gibt an, ob sich ein Vorhaben »lohnt«. Sie ist die Wissenschaft der Risiken, Vermutungen und Erwartungen – also all der Dinge, die das Leben ausmachen und voranbringen.

Ergänzend dazu kann man sagen, dass Wahrscheinlichkeitstheorie die deskriptive und die induktive Statistik verbindet: Mit den Instrumenten aus der Wahrscheinlichkeitstheorie kann man Ergebnisse aus einer Teilgesamtheit auf die Grundgesamtheit übertragen; Erfahrungen aus der Vergangenheit kann man für Prognosezwecke gezielt verarbeiten. Hilfsmittel aus der Mathematik wie Kombinatorik und Mengenlehre erweisen sich dabei als äußerst nützlich, weshalb diese Themen im Abschnitt 9 kurz erläutert werden.

7.1. Grundlagen

Stellen wir uns eine Dose mit einem Schoko-, einem Karamell- und einem Vanillekeks vor. Wir greifen blind hinein. In diesem Augenblick können wir nicht sagen, welcher Keks gezogen wird. Wir wissen jedoch, dass dieser entweder ein Schoko- oder ein Karamell- oder ein Vanillekeks sein wird. Oder man wirft eine Münze. Das Ergebnis eines Münzwurfes kann entweder *Kopf* oder *Zahl* sein. Man kann nicht mit Sicherheit sagen, ob beispielsweise *Zahl* erscheint. Ebenso wissen wir bei einem Würfelwurf lediglich, dass eine Zahl zwischen der Eins und der Sechs fallen wird. Es lässt sich nicht mit Sicherheit sagen, welche Zahl dies sein wird. Alle diese Vorgänge haben etwas gemeinsam: Ihre Ergebnisse hängen vom *Zufall* ab.

Definition 7.1
Unter einem **Zufallsexperiment** versteht man einen Vorgang, der durch die folgenden drei Eigenschaften charakterisiert ist:

1. Der Vorgang ist unter unveränderlichen Bedingungen wiederholbar (zumindest gedanklich).
2. Der Ausgang ist vom Zufall abhängig.
3. Die möglichen Ergebnisse sind bekannt; wir wissen aber nicht, welches davon eintreten wird.

Die Ergebnisse eines Zufallsexperiments bezeichnen wir mit $\omega_1, \ldots, \omega_N$. Man fasst sie zu einer **Ergebnismenge** oder einem **Ergebnisraum**

$$\Omega = \{\omega_1, \omega_2 \ldots \omega_N\}$$

zusammen.

Beispiel 7.1
Die eingangs erwähnten Zufallsexperimente sind:

1. *Zufälliges Ziehen eines Kekses.* Dabei sind $N = 3$ Ergebnisse möglich: $\omega_1 =$ s (Schokokeks), $\omega_2 =$ k (Karamellkeks) und $\omega_3 =$ v (Vanillekeks). Die Ergebnismenge lautet $\Omega = \{$s, k, v$\}$.
2. *Einmaliges Werfen einer Münze* mit $N = 2$ möglichen Ergebnisse: $\omega_1 =$ Kopf und $\omega_2 =$ Zahl; $\Omega = \{$Kopf, Zahl$\}$.
3. *Einmal Würfeln* mit $N = 6$ möglichen Ergebnissen: $\omega_1 = 1$ (Augenzahl Eins) bis $\omega_6 = 6$ (Augenzahl Sechs). Die Ergebnismenge lautet $\Omega = \{1, 2, 3, 4, 5, 6\}$.

In der Regel interessiert man sich nicht nur für die einzelnen Ergebnisse, sondern auch für eine Menge von Ergebnissen, z. B. für „Gerade Augenzahl". Eine Menge von Ergebnissen nennt man ein **Ereignis**. Einzelne Ergebnisse eines Zufallsexperiments werden auch **Elementarereignisse** genannt. Elementarereignisse sind somit Ereignisse mit nur einem Element. Ein besonderes Ereignis ist das **sichere Ereignis** Ω. Ein Ereignis, das nicht auftreten kann, heißt **unmögliches Ereignis**.

Beispiel 7.2
Ereignisbeispiele in dem eingangs erwähnten Zufallsexperiments *Zufälliges Ziehen eines Kekses* sind:

1. *Ein Schoko- oder ein Karamellkeks wird gezogen*
2. *Ein Schokokeks wird gezogen* (Elementarereignis)
3. *Ein Schoko- oder ein Karamell- oder ein Vanillekeks wird gezogen* (sicheres Ereignis)
4. *Ein Schokoeis wird gezogen* (unmögliches Ereignis)

7.2. Mengen und Mengenoperationen

Wir haben in der Definition 7.1 bereits die Ergebnisse eines Zufallsexperiments als eine Menge $\Omega = \{\omega_1, \omega_2, \dots \omega_N\}$ dargestellt. Darauf basierend fassen wir Ereignisse als Teilmengen[1] von Ω auf. Durch diese Betrachtungsweise lassen sich alle Regeln für Mengen auf Ereignisse übertragen. Zunächst erinnern wir uns an einige Begriffe aus der Mengenlehre:

1. Für eine N-elementige Menge Ω schreibt man
$$|\Omega| = N$$
für die Anzahl der Elemente von Ω. Die Anzahl der Elemente nennt man die **Mächtigkeit** von Ω.
2. Die Menge aller Teilmengen von Ω heißt **Potenzmenge** von Ω. Dafür schreibt man
$$\mathfrak{P}(\Omega).$$
3. Die Mächtigkeit der Potenzmenge einer N-elementigen Menge ist
$$|\,\mathfrak{P}(\Omega)\,| = 2^N.$$

Beispiel 7.3
Sei $\Omega = \{$a,b,c$\}$. Die Mächtigkeit von Ω ist $|\Omega| = 3$. Es gibt $2^3 = 8$ Teilmengen von Ω, nämlich

[1]Das Zeichen für *Teilmenge* ist $\subset$;$A \subset B$, gelesen: A ist *Teilmenge* von B, wenn jedes Element von A auch Element von B ist.

1. die nullelementige Menge (die leere Menge $\emptyset$),
2. die einelementigen Teilmengen $\{a\}, \{b\}$ und $\{c\}$,
3. die zweielementigen Teilmengen $\{a, b\}, \{a, c\}$ und $\{b, c\}$,
4. die dreielementige Teilmenge $\{a, b, c\} (= \Omega)$.

Also ist die Potenzmenge von {a,b,c}

$$\mathfrak{P}(\Omega) = \{\emptyset, \{a\}, \{b\}, \{c\}, \{a, b\}, \{a, c\}, \{b, c\}, \Omega\}.$$

Zur Erinnerung werden die wichtigsten Mengenoperationen kurz erörtert. Dazu seien $A, B, C \subset \Omega$.

Mengenoperation	Darstellung	Beschreibung
A geschnitten B	$A \cap B$	$\{\omega \mid \omega \in A \text{ und } \omega \in B\}$
A vereinigt B	$A \cup B$	$\{\omega \mid \omega \in A \text{ oder } \omega \in B$ oder $\omega \in A \cap B\}$
Nicht A	$\bar{A}$	$\{\omega \mid \omega \notin A\}$
A, aber nicht B	$A \backslash B = A \cap \bar{B}$	$\{\omega \mid \omega \in A \text{ und } \omega \notin B\}$
Leere Menge	$\emptyset$	$\{\ \}$

Ist $A \cap B = \emptyset$, dann heißen A und B **disjunkt**.

Regeln von de Morgan:

$$\overline{A \cup B} = \bar{A} \cap \bar{B} \tag{7.1}$$

$$\overline{A \cap C} = \bar{A} \cup \bar{C} \tag{7.2}$$

7.3. Ereignisse in Mengenschreibsweise

Für A und B Ereignisse ($A, B \subset \Omega$) gibt die folgende Tabelle eine Übersicht über die Korrespondenz zwischen Ereignissen und Mengen wieder.

Ereignisse	Mengendarstellung
A tritt sicher ein. (A ist ein sicheres Ereignis.)	$A = \Omega$
A tritt sicher nicht ein. (A ist ein unmögliches Ereignis.)	$A = \emptyset$
Mindestens eines der Ereignisse A oder B tritt ein.	$A \cup B$
A und B treten zugleich ein.	$A \cap B$
A tritt nicht ein.	$\bar{A}$
A tritt ein, aber B nicht.	$A \backslash B = A \cap \bar{B}$
A und B können nicht gemeinsam eintreten. (Disjunkte Ereignisse).	$A \cap B = \emptyset$
Keines der beiden Ereignisse tritt ein	$\bar{A} \cap \bar{B} = \overline{A \cup B}$
Höchstens eines der beiden Ereignisse tritt ein.	$\overline{A \cap B} = \bar{A} \cup \bar{B}$

Beispiel 7.4
Für das Zufallsexperiment *Einmaliger Würfelwurf* betrachten wir einige Ereignisse und deren Darstellungen als Mengen.

Ereignis	Mengendarstellung
A: Augenzahl ≤ 4	$A = \{1, 2, 3, 4\}$
B: Gerade Augenzahl	$B = \{2, 4, 6\}$
C: Augenzahl ≥ 2	$C = \{2, 3, 4, 5, 6\}$
$A \cap B$: Augenzahl ≤ 4 und gerade	$A \cap B = \{2, 4\}$
$A \cup B$: Augenzahl ≤ 4 oder gerade	$A \cup B = \Omega \backslash \{5\}$
$A \cap C$: $2 \leq$ Augenzahl ≤ 4	$A \cap C = \{2, 3, 4\}$

$\bar{A}$: Augenzahl > 4	$\bar{A} = \{5, 6\}$
$\bar{B}$: Ungerade Augenzahl	$\bar{B} = \{1, 3, 5\}$
$\overline{A \cup B} = \bar{A} \cap \bar{B}$	$\{5\}$
$\overline{A \cap C} = \bar{A} \cup \bar{C}$	$\{1, 5, 6\}$

7.4. Zusammenfassung

Die möglichen Ergebnisse eines Zufallsexperiments kann man als eine Menge Ω darstellen. Eine Menge von Ergebnissen bildet ein Ereignis. Da Ereignisse sich als Teilmengen von Ω ansehen lassen, kann man sämtliche Mengenoperationen auf Ereignisse übertragen.

Durch Mengenoperationen können neue Ereignisse entstehen. So ergibt beispielsweise eine Verknüpfung zweier Ereignisse A und B durch „und“ (Bildung der Schnittmenge $A \cap B$) das Ereignis *Die Ereignisse A und B treten gemeinsam ein*; eine „oder“-Verknüpfung der Ereignisse A und B (Bildung einer Vereinigungsmenge $A \cup B$) liefert das Ereignis *Mindestens eines der Ereignisse tritt ein.*

Ausführliche Beschreibung zu Mengen findet man zum Beispiel in [11, Abschnitt 4.1.1] oder [23, Abschnitt 8.1].

Weitere Notationen und ihre Bedeutung

$\mid \Omega \mid$	Mächtigkeit von Ω (Anzahl der Elemente von Ω)
ω	Elemente von Ω
$\mathfrak{P}(\Omega)$	Potenzmenge von Ω (Menge der Teilmengen von Ω)

8. Der Begriff der Wahrscheinlichkeit

Der Ausgang eines Zufallsexperiments ist ungewiss. Die Chance für das Eintreten eines bestimmten Ereignisses kann man jedoch quantitativ durch eine Maßzahl angeben. Diese Maßzahl nennt man **Wahrscheinlichkeit**. Es gibt verschiedene Auffassungen des Wahrscheinlichkeitsbegriffes: die klassische Wahrscheinlichkeit nach Laplace[1], die statistische und die subjektive Wahrscheinlichkeit. Im letztgenannten Fall spielt die persönliche Einschätzung (deshalb „subjektiv") für das Eintreten von Ereignissen eine Rolle.

8.1. Klassische Wahrscheinlichkeit nach Laplace

Laplace war überzeugt, dass wir die Zukunft vollständig voraussagen könnten, wenn wir nur all die dazu benötigten Informationen kennen würden. Dass wir es nicht können, liegt laut Laplace nicht an unserer Unfähigkeit, sondern an den fehlenden Informationen. Ein allwissendes Wesen („Laplacescher Dämon") wäre dazu in der Lage.

Definition 8.1
Laplace definiert die Wahrscheinlichkeit $P(A)$ für das Eintreten eines Ereignisses $A \subset \Omega$ als den Quotienten zwischen $|A|$, der Anzahl der für das Ereignis A günstigen Fälle, und $|\Omega|$, der Anzahl aller möglichen Fälle:

$$\boxed{P(A) = \frac{|A|}{|\Omega|}} \tag{8.1}$$

Die Definition verlangt, dass $0 < |\Omega| < \infty$ gelten muss. Ein Zufallsexperiment, dessen Ausgänge von endlicher Anzahl und gleichwahrscheinlich sind, nennt man **Laplace-Experiment**.

[1]Pierre Simon Marquis de Laplace, 1749 – 1827, Mathematiker und Astronom

Beispiel 8.1
Im Zusammenhang mit dem Zufallsexperiment *Einmaliges Werfen eines fairen (Laplace-) Würfels* berechnen wir die Wahrscheinlichkeiten für das Ereignis $A = \{1, 2, 3, 4\}$

$$P(A) = \frac{|A|}{|\Omega|} = \frac{4}{6}$$

und für das Ereignis $B = \{2, 4, 6\}$

$$P(B) = \frac{|B|}{|\Omega|} = \frac{3}{6}.$$

Im langfristigen Mittel erhält man in vier von sechs Würfen eine Augenzahl ≤ 4, und ebenso liefert im langfristigen Mittel jeder 2. Wurf eine gerade Augenzahl.

8.2. Statistische Wahrscheinlichkeit

Bei dem Spiel *Pass the pigs* wirft man statt mit einem gewöhnlichen Würfel mit einem „Würfelschwein" (siehe Abbildung 8.1)[2]. Statt einer Augenzahl wird *Suhle* (das Schwein liegt auf dem Rücken), *Haxe* (das Schwein steht auf den Füßen), *Schnauze* (das Schwein lehnt auf seiner Schnauze) oder *Backe* (das Schwein lehnt auf Schnauze und Ohr) geworfen.

Es gibt also vier mögliche Ausgänge bei einem Wurf. Daraus zu folgern, die Wahrscheinlichkeiten für *Suhle*, *Haxe*, *Schnauze* und *Backe* seien gleich, nämlich jeweils 0,25, ist nicht gerechtfertigt, denn ein „Würfelschwein" ist kein symmetrischer Körper (also kein „Laplace-Schwein"). Wie kann man die Wahrscheinlichkeit etwa für *Haxe* ermitteln?

Für eine überzeugende Antwort kehren wir zunächst zu dem uns vertrauten Zufallsexperiment *n-maliger Münzwurf* mit einer unverfälschten Münze zurück, d. h. die möglichen Ausgänge *Kopf* oder *Zahl* sind gleichwahrscheinlich. Das Experiment wiederholen wir mit verschiedenem n, unabhängig voneinander sehr oft. Für jedes n berechnen wir die relative Häufigkeit des Eintretens von *Zahl* (Z)

$$h_n(Z) = \frac{|Z|}{n}. \tag{8.2}$$

[2] `http://de.wikipedia.org/wiki/Schweinerei_(Spiel)` (Stand 06.03.2011)

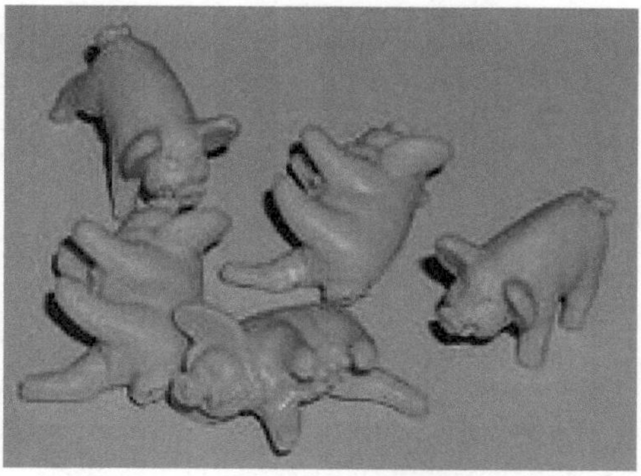

Abbildung 8.1.: Pass the pigs: Die Schweinewürfel

(Die Schreibweise h_n soll verdeutlichen, dass die relative Häufigkeit als Funktion von n betrachtet wird.)

Abbildung 8.2 zeigt eine mögliche Ergebnisreihe. Auf der x-Achse wird die Anzahl n aufgetragen, auf der y-Achse jeweils die zugehörige relative Häufigkeit. Die Folge der relativen Häufigkeiten pendelt sich mit wachsendem n um den Wert 0,5 ein. Diesen Wert interpretiert man als die *Wahrscheinlichkeit* für das Eintreten von *Zahl* und schreibt dafür kurz $P(Z) = 0,5$. Die gleiche Erfahrung macht man, wenn man statt einer Münze einen unverfälschten Würfel wirft: Die relative Häufigkeit für jede Augenzahl bewegt sich um den Wert $\frac{1}{6}$. Um die Wahrscheinlichkeit für *Haxe* zu ermitteln, können wir nun analog dem Münzbeispiel das Zufallsexperiment *n-maliger Schweinchenwürfelwürf* sehr oft, mit verschiedenem n durchführen. Der Wert, um den sich die relativen Häufigkeiten bewegen, wird als die Wahrscheinlichkeit für *Haxe* aufgefasst.

Definition 8.2

Den Wert, dem sich die relativen Häufigkeiten eines Ereignisses A mit wachsender, unabhängiger Beobachtungszahl annähern, heißt die Wahrscheinlichkeit von A. Man schreibt kurz:

$$\boxed{P(A) = \lim_{n\to\infty} h_{(n)}(A)} \tag{8.3}$$

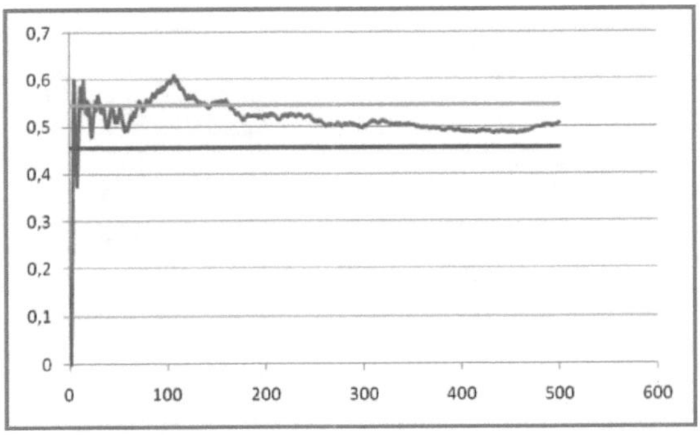

Abbildung 8.2.: Relativen Häufigkeiten von *Zahl* in Abhängigkeit von der Anzahl der Versuche

8.3. Subjektive Wahrscheinlichkeit

In vielen Fällen, insbesondere wenn es sich um einmalige Ereignisse handelt (Risiko für Versicherungen, Optionshandel usw.), spielt die persönliche Einschätzung für das Eintreten solcher Ereignisse eine Rolle. Deshalb führt man den Begriff der subjektiven (im Gegensatz zu den oben beschriebenen objektiven) Wahrscheinlichkeiten ein. (Für eine nähere Beschreibung siehe zum Beispiel [23, Abschnitt 8.5].)

8.4. Axiome von Kolmogorov

A. N. Kolmogorov[3] gelang es 1933, den Wahrscheinlichkeitsbegriff durch einfache Eigenschaften zu beschreiben. Diese Eigenschaften stützen sich lediglich auf eine Menge Ω (Ergebnismenge), deren Teilmengen (Ereignisse) und eine Wahrscheinlichkeitsfunktion P, die jeder Teilmenge $A \subset \Omega$ einen Wert $P(A) \in [0, 1]$ (ihre Wahrscheinlichkeit) zuordnet. Wahrscheinlichkeit kann also als eine *Maßzahl einer Menge* verstanden werden.

Definition 8.3
Eine Funktion P, die jedem Ereignis $A \subset \Omega$ eine reelle Zahl $p \in [0, 1]$ zuordnet, heißt **Wahrscheinlichkeitsfunktion**, wenn P die folgenden **Axiome von Kolmogorov** erfüllt:

---

[3] Andrei Nikolajewitsch Kolmogorov, 1903 - 1987, russischer Mathematiker

1. $P(A) \geq 0$ für jedes $A \subset \Omega$
2. $P(\Omega) = 1$
3. $P(A \cup B) = P(A) + P(B)$, wenn $A \cap B = \emptyset$, $A, B \subset \Omega$

Mit der Wahrscheinlichkeitsdefinition von Kolmogorov verschwinden die Einschränkungen der Endlichkeit und Abzählbarkeit in der Laplaceschen Definition.

Rechenregeln der Wahrscheinlichkeitsrechnung

Für das Rechnen mit Wahrscheinlichkeiten gelten die folgenden Rechenregeln, die aus den Axiomen von Kolmogorov folgen (Beweise sind u. a. in [11, 23] zu finden):

1. $0 \leq P(A) \leq 1$ für $A \subset \Omega$
2. $P(\emptyset) = 0$
3. $P(A) \leq P(B)$, falls $A \subset B$
4. $P(\bar{A}) = 1 - P(A)$ für jedes $\bar{A} = \Omega \backslash A$

Satz 8.1 (Additionssatz für disjunkte Ereignisse)
Für paarweise disjunkte Ereignisse $A_i \subset \Omega$, $i = 1, \ldots, k$ (d. h. für alle $i \neq j$ gilt $A_i \cap A_j = \emptyset$) ist die Wahrscheinlichkeit, dass mindestens eines der Ereignisse $A_1, A_2, \ldots, A_k$ eintritt, gleich der Summe der einzelnen Wahrscheinlichkeiten:

$$P\Big(\bigcup_{i=1}^{k} A_i\Big) = P(A_1 \cup A_2 \cup \ldots \cup A_k) = \sum_{i=1}^{k} P(A_i) \tag{8.4}$$

Satz 8.2 (Additionssatz für zwei beliebige Ereignisse)
Für $A, B \subset \Omega$ gilt:

$$P(A \cup B) = P(A) + P(B) - P(A \cap B) \tag{8.5}$$

Es lässt sich leicht zeigen, dass für drei beliebige Ereignisse $A, B, C \subset \Omega$ gilt:

$$\begin{aligned} P(A \cup B \cup C) &= P(A) + P(B) + P(C) \\ &- P(A \cap B) - P(A \cap C) - P(B \cap C) \\ &+ P(A \cap B \cap C) \end{aligned}$$

Für den allgemeinen Fall $P\Big(\bigcup_{i=1}^{k} A_i\Big)$ sei u. a. auf [1, Seite 84] verwiesen.

Beispiel 8.2
Wir betrachten eine beliebige Familie mit zwei Kindern. Die Kinder können beide Mädchen oder beide Jungen oder ein Mädchen und ein Junge sein. Die möglichen Konstellationen der Kinder sind gegeben durch die Menge

$$\Omega = \{(\text{J,J}),(\text{J,M}),(\text{M,J}),(\text{M,M})\}.$$

Wir nehmen an, dass Mädchen- und Jungengeburten gleich wahrscheinlich sind. Weiter geben wir die folgenden Ereignisse an:

$A = \{(\text{J,J})\}$ (Beide Kinder sind Jungen)
$C = \{(\text{J,J}),(\text{J,M})\}$ (Das erste Kind ist ein Junge)
$D = \{(\text{J,M}),(\text{M,M})\}$ (Das zweite Kind ist ein Mädchen)

Nach Laplace sind

$$P(A) = \frac{|A|}{|\Omega|} = \frac{1}{4}, \; P(C) = \frac{|C|}{|\Omega|} = \frac{2}{4} \quad \text{und} \quad P(D) = \frac{|D|}{|\Omega|} = \frac{2}{4}.$$

Nun ermitteln wir die Wahrscheinlichkeiten für

1. $A \cup D = \{(\text{J,J}),(\text{J,M}),(\text{M,M})\}$:

$$P(A \cup D) = P(A) + P(D) = \frac{1}{4} + \frac{2}{4} = \frac{3}{4}$$

(Die Ereignisse A und D sind disjunkt.)

2. $C \cup D = \{(\text{J,J}),(\text{J,M}),(\text{M,M})\}$:

$$\begin{aligned} P(C \cup D) &= P(C) + P(D) - P(C \cap D) \\ &= \frac{2}{4} + \frac{2}{4} - \frac{1}{4} = \frac{3}{4} \end{aligned}$$

Denn $C \cap D = \{(\text{J,M})\}$ und $P(C \cap D) = \frac{1}{4}$.

8.5. Bedingte Wahrscheinlichkeit und Unabhängigkeit

Definition 8.4
Die **bedingte Wahrscheinlichkeit** für ein Ereignis A, wenn ein Ereignis B mit $P(B) \neq 0$ eingetreten ist, ist definiert als

$$\boxed{P(A|B) = \frac{P(A \cap B)}{P(B)}} \tag{8.6}$$

Man sagt kurz: Die Wahrscheinlichkeit von A, gegeben B.

Beispiel 8.3
Im Beispiel 8.2 wurde die Wahrscheinlichkeit für zwei Jungen in einer beliebigen Familie mit zwei Kindern (Ereignis A) $P(A) = \frac{1}{4}$ ermittelt. Wie groß ist diese Wahrscheinlichkeit, wenn man zusätzlich weiß, dass *mindestens eines der Kinder ein Junge ist*?

Das Ereignis *Mindestens eines der Kinder ist ein Junge* lässt sich als

$$B = \{(\text{J,J}),(\text{J,M}),(\text{M,J})\}$$

darstellen. Da

$$A \cap B = \{(\text{J,J})\} \text{ und } P(A \cap B) = \frac{1}{4},$$

berechnet sich die Wahrscheinlichkeit $P(A|B)$ für zwei Jungen, wenn eines der Kinder ein Junge ist, nach (8.6)

$$P(A|B) = \frac{P(A \cap B)}{P(B)} = \frac{1/4}{3/4} = \frac{1}{3}.$$

Das Eintreten des Ereignisses B verändert (genauer: vergrößert) die Wahrscheinlichkeit von A. Wie man leicht nachprüfen kann, steht das formal errechnete Ergebnis mit unseren Erfahrungen in Einklang: Die Bedingung *Mindestens eines der Kinder ist ein Junge* bedeutet nichts anderes als eine Reduzierung der Ergebnismenge Ω um das Ereignis $\{(\text{M,M})\}$. Von den drei übrigen Kombinationsmöglichkeiten $\{(\text{J,J}),(\text{J,M}),(\text{M,J})\}$ ist eine ($\{(\text{J,J})\}$) günstig.

Aus der Definition der bedingten Wahrscheinlichkeit erhält man durch Multiplikation von $P(A|B)$ mit $P(B)$ den folgenden **allgemeinen Multiplikationssatz** für zwei Ereignisse.

Satz 8.3 (Allgemeiner Multiplikationssatz)
Die Wahrscheinlichkeit für das gemeinsame Eintreten zweier Ereignisse A und B beträgt:

$$\boxed{P(A \cap B) = P(A|B) \cdot P(B)} \tag{8.7}$$

Wegen $P(A \cap B) = P(B \cap A)$ gilt

$$P(A|B) \cdot P(B) = P(B|A) \cdot P(A).$$

Wenn das Eintreten eines Ereignisses B die Wahrscheinlichkeit für das Eintreten des Ereignisses A *nicht beeinflusst* und umgekehrt, dann nennt man die Ereignisse A und B **(stochastisch) unabhängig**. Hinsichtlich der bedingten Wahrscheinlichkeit heißt dies:

$$P(A|B) = P(A) \qquad \text{bzw.} \qquad P(B|A) = P(B). \tag{8.8}$$

Beispiel 8.4
Greifen wir auf das Beispiel 8.2 zurück und ermitteln die Wahrscheinlichkeit, dass das zweite Kind ein Mädchen ist, wenn das erste ein Junge ist. Wir haben das Ereignis *Das zweite Kind ist ein Mädchen* mit D und das Ereignis *Das erste Kind ist ein Junge* mit C bezeichnet. Für die gesuchte Wahrscheinlichkeit bestimmen wir zunächst

$$D \cap C = \{(\text{J,M}),(\text{M,M})\} \cap \{(\text{J,M}),(\text{J,J})\} = \{(\text{J,M})\}$$

und $P(D \cap C) = \frac{1}{4}$. Somit ergibt sich:

$$P(D|C) = \frac{P(D \cap C)}{P(C)} = \frac{1/4}{2/4} = \frac{1}{2} = P(D)$$

Das heißt: Das Eintreten des Ereignisses C beeinflusst die Wahrscheinlichkeit des Ereignisses D nicht; die Ereignisse C und D sind voneinander unabhängig.

Satz 8.4 (Multiplikationssatz für zwei unabhängige Ereignisse)
Für zwei unabhängige Ereignisse A und B gilt:

$$P(A \cap B) = P(A) \cdot P(B) \tag{8.9}$$

(Die Wahrscheinlichkeit für das gemeinsame Eintreten zweier unabhängiger Ereignisse ist gleich dem Produkt der einzelnen Wahrscheinlichkeiten.)

Satz 8.5 (Multiplikationssatz für *k* unabhängige Ereignisse)
Für k paarweise unabhängige Ereignisse $A_1, A_2, \ldots, A_k$ gilt:

$$P\Big(\bigcap_{i=1}^{k} A_i\Big) = P(A_1 \cap A_2 \cap \ldots \cap A_k) = \prod_{i=1}^{k} P(A_i) \tag{8.10}$$

Beispiel 8.5
Ausgehend von der Annahme, dass Mädchen- und Jungengeburten gleichwahrscheinlich sind, berechnen wir die Wahrscheinlichkeit, dass in einer Familie, wie auf dem Foto in Abbildung 8.3 zu sehen ist, 8 Mädchen geboren werden.

Abbildung 8.3.: „Eine Kette von 8 Mädchen“ (Quelle: [4])

Wir definieren das Ereignis A_i: *Das i-te Kind ist ein Mädchen.*

Da die Geschlechter der Kinder unabhängig voneinander sind, berechnet sich die Wahrscheinlichkeit, dass acht Mädchen in einer Familie geboren werden, gemäß:

$$P(A_1 \cap A_2 \cap \ldots \cap A_8) = \prod_{i=1}^{8} P(A_i) = \left(\frac{1}{2}\right)^8 = \frac{1}{256}$$

Mit dem Multiplikationssatz haben wir ein Instrument, das in zweierlei Hinsicht anwendbar ist:

1. *Berechnung* der Wahrscheinlichkeit für das gemeinsame Eintreten zweier *unabhängiger* Ereignisse A und B („$\Rightarrow$"):

   A und B sind *unabhängig* $\Rightarrow P(A \cap B) = P(A) \cdot P(B)$

   (Sind die Ereignisse A und B *unabhängig*, dann ergibt sich die Wahrscheinlichkeit für ihr gemeinsames Eintreten als Produkt der einzelnen Wahrscheinlichkeiten.)

2. *Überprüfung*, ob zwei Ereignisse A und B unabhängig sind („$\Leftarrow$"):

   $P(A \cap B) = P(A) \cdot P(B) \Rightarrow A$ und B sind *unabhängig*

   (Gilt die Gleichung $P(A \cap B) = P(A) \cdot P(B)$, dann sind die Ereignisse A und B unabhängig.)

8.6. Theorem von Bayes

Eine wichtige Anwendung der bedingten Wahrscheinlichkeit findet sich im Theorem von Bayes[4]. Das Theorem von Bayes lässt sich am einfachsten durch ein Beispiel nachvollziehen:

Angenommen, der Anteil einer bestimmten Erkrankung in der Bevölkerung beträgt 0,1%. Für diese Krankheit existiert ein medizinischer

[4] Thomas Bayes, 1702 - 1761, englischer presbyterianischer Pfarrer

Test, der unter den kranken Patienten in 98% aller Fälle ein positives Ergebnis liefert. In 6% aller Fälle wird jedoch eine gesunde Person von dem Test für krank erklärt. Ein Patient wurde positiv getestet. Wie hoch ist Wahrscheinlichkeit, dass er tatsächlich krank ist?

Die beschriebene Situation ist charakterischtisch für die Anwendung des Theorems. Man kennt die Wahrscheinlichkeit für ein bestimmtes Ereignis (im Beispiel: den Anteil der Kranken in der Bevölkerung). Dann taucht eine neue Information auf (positives Testergebnis). Diese neue Information wird zur Korrektur der Ausgangswahrscheinlichkeit rechnerisch, mit Hilfe einer mathematischen Formel, der Formel von Bayes, verarbeitet. Wie das geht, erfahren wir im Folgenden.

Wir definieren die Ereignisse A: *Positives Testergebnis* und B: *Person ist krank.* Aus der Angabe entnehmen wir:

$P(B) = 0,001$	Anteil der kranken Personen in der Bevölkerung
$P(A\|B) = 0,98$	Wahrscheinlichkeit für ein positives Testergebnis, wenn der Patient erkrankt ist
$P(A\|\bar{B}) = 0,06$	Wahrscheinlichkeit für ein positives Testergebnis, wenn der Patient gesund ist

Die Frage ist nun: $P(B|A)$=? Gemäß (8.6) ist $P(B|A) = \frac{P(A\cap B)}{P(A)}$.

Für die Bestimmung des Zählers $P(A \cap B)$ und des Nenners $P(A)$ stellen wir den Ergebnisraum und die Wahrscheinlichkeiten jeweils als 2×2-Tabelle dar:

	B	$\bar{B}$
A	$A \cap B$	$A \cap \bar{B}$
$\bar{A}$	$\bar{A} \cap B$	$\bar{A} \cap \bar{B}$

Tabelle 8.1.: Vier mögliche Ereignisse, die sich nicht überschneiden

	B	$\bar{B}$	
A	$P(A \cap B)$	$P(A \cap \bar{B})$	$P(A)$
$\bar{A}$	$P(\bar{A} \cap B)$	$P(\bar{A} \cap \bar{B})$	$P(\bar{A})$
	$P(B) = 0,001$	$P(\bar{B})$	1

Tabelle 8.2.: Die zugehörigen Wahrscheinlichkeiten

Nach dem Multiplikationssatz (Satz 8.3) ergibt sich:

$$\begin{aligned} P(A \cap B) &= P(A|B) \cdot P(B) = 0,98 \cdot 0,001 = 0,00098 \\ P(A \cap \bar{B}) &= P(A|\bar{B}) \cdot P(\bar{B}) = 0,06 \cdot 0,999 = 0,05994 \end{aligned}$$

Dabei ist $P(\bar{B}) = 1 - P(B) = 1 - 0,001 = 0,999$. An der Wahrscheinlichkeitstabelle 8.2 erkennen wir, dass

$$\begin{aligned} P(A) &= P(A \cap B) + P(A \cap \bar{B}) \\ &= 0,00098 + 0,05994 = 0,06092. \end{aligned}$$

Daraus berechnen wir

$$P(B|A) = \frac{P(B \cap A)}{P(A)} = \frac{0,00098}{0,06092} = 0,016.$$

Die Wahrscheinlichkeit, dass ein Patient mit einem positiven Testergebnis tatsächlich krank ist, beträgt demnach 1,6%. Mit anderen Worten: Die Wahrscheinlichkeit, dass ein Patient mit einem positiven Testergebnis trotzdem nicht erkrankt ist, beträgt 98,4%.

Die soeben verwendete Formel formulieren wir im folgenden Satz allgemein als **Theorem von Bayes**.

Satz 8.6 (Theorem von Bayes)
Die Wahrscheinlichkeit für das Eintreten eines Ereignisses B mit $P(A|B) > 0$, *nachdem* ein anderes Ereignis A mit $P(A) > 0$ eingetreten ist, berechnet sich nach:

$$P(B|A) = \frac{P(A|B)P(B)}{P(A|B)P(B) + P(A|\bar{B})P(\bar{B})} \tag{8.11}$$

Bayes nannte $P(B)$ die **A-priori-Wahrscheinlichkeit** für B. Die revidierte Wahrscheinlichkeit $P(B|A)$ für B, wenn eine neue Information A aufgetaucht ist, nannte er die **A-posteriori-Wahrscheinlichkeit**. Die A-priori-Wahrscheinlichkeit kann (subjektiv) geraten oder aus Erfahrungen geschätzt werden.

Den Nenner im Bayes-Theorem

$$P(A) = P(A|B)P(B) + P(A|\bar{B})P(\bar{B}) \tag{8.12}$$

nennt man auch **Satz von der totalen Wahrscheinlichkeit**, der allgemein wie folgt formuliert wird:

Satz 8.7 (Satz von der totalen Wahrscheinlichkeit)
Gegeben sei eine **Zerlegung**[5] $B_1, B_2, \ldots, B_n$ von Ω. Dann gilt für jedes Ereignis A:

$$P(A) = \sum_{i=1}^{n} P(A|B_i)P(B_i) \tag{8.13}$$

Beispiel 8.6
Angesichts der globalen Wirtschaftslage schätzt ein Finanzanalyst, dass mit einer Wahrscheinlichkeit von 30% die Welt in den nächsten 12 Monaten eine Rezession erleben wird. Er glaubt, dass mit einer Wahrscheinlichkeit von 80% seine Investmentsfonds im Wert steigen werden, wenn die Rezession ausbleibt. Andernfalls rechnet er mit einer Wahrscheinlichkeit von 5%, dass die Investmentsfonds im Wert steigen. Wie groß ist die Wahrscheinlichkeit, dass die Investmentsfonds im Wert steigen?

Für die Berechnung definieren wir die Ereignisse A: *Investmentsfonds steigen im Wert* und B: *Rezession tritt ein.* Aus den Angaben entnehmen wir:

$P(B) = 0,30$	Wahrscheinlichkeit für eine Rezession in den nächsten 12 Monaten
$P(A\|B) = 0,05$	Wahrscheinlichkeit für einen Wertzuwachs, wenn eine Rezession eintritt
$P(A\|\bar{B}) = 0,80$	Wahrscheinlichkeit für einen Wertzuwachs, wenn die Rezession ausbleibt

Nach dem Satz von der totalen Wahrscheinlichkeit ergibt sich:

$$\begin{aligned} P(A) &= P(A|B) \cdot P(B) + P(A|\bar{B}) \cdot P(\bar{B}) \\ &= 0,05 \cdot 0,30 + 0,80 \cdot 0,70 = 0,575 \end{aligned}$$

[5] d. h. für alle $i \neq j$ gilt $B_i \cap B_j = \emptyset$ und $\bigcup_{i=1}^{n} B_i = \Omega$. Für $n = 2$ bilden B und $\bar{B}$ eine Zerlegung von Ω.

Das bedeutet: Mit einer Wahrscheinlichkeit von 57,5% steigt in den nächsten 12 Monaten der Fondwert.

Als Abschluss dieses Abschnittes wenden wir das Theorem von Bayes auf ein mittlerweile zu den Klassikern gehörendes Beispiel an: das „Monty Hall Problem“ (in Deutschland auch bekannt als „Ziegenproblem“).

Beispiel 8.7 (Monty Hall Problem)
Das „Monty Hall Problem“ hat seinen Ursprung in einer Quizshow, die in den USA in den 1970er Jahren in Fernsehen ausgestrahlt wurde. Bei diesem Spiel werden einem Kandidaten drei verschlossene Türen gezeigt. Hinter einer Tür steht ein Auto, hinter den beiden anderen warten Ziegen. Der Kandidat wählt nun eine Tür aus, z. B. die Tür 1. Der Moderator, Monty Hall, der den Inhalt jeder Tür kennt, öffnet eine der zwei verbleibenden Türen, z. B. Tür 3. Eine Ziege kommt zum Vorschein. Dann fragt er den Kandidaten: „Wollen Sie lieber Tür 2, oder bleiben Sie bei Tür 1?“.

Die amerikanische Autorin Marilyn vos Savant, die als Frau mit dem höchsten jemals gemessenen IQ gilt, stellte das „Monty Hall Problem“ im Jahr 1990 in ihrer Kolumne vor. Sie meinte, die Tür zu wechseln sei besser. Damit löste sie eine lebhafte Debatte aus.

Einige Jahre später fand das „Ziegenproblem“ durch eine Veröffentlichung Gero von Randows in der Wochenzeitung DIE ZEIT in Deutschland Aufmerksamkeit. Er erntete wie Marilyn vos Savant eine Lawine meist wenig freundlicher Leser-Zuschriften. Von Randow setzte sich ausführlich mit dem Ziegenproblem auseinander. Als Ergebnis erschien im Jahre 1992 von Randows Buch *Das Ziegenproblem – Denken in Wahrscheinlichkeiten* ([22]).

Kehren wir zu der Frage zurück: Sollte der Kandidat seine bereits getroffene Entscheidung *nach* der neuen Information (des Moderators) ändern? Kann er durch einen Wechsel seine Chance, das Auto zu bekommen, erhöhen?

Wir wollen die Frage hier mit Hilfe des Bayes'schen Theorems beantworten. Dazu definieren wir die Ereignisse ($i = 1, 2, 3$) M_i: *Moderator öffnet Tür* i und A_i: *Auto steht hinter Tür* i.

Die Wahrscheinlichkeit, dass das Auto hinter Tür i steht, beträgt

$$P(A_i) = 1/3.$$

Die Wahrscheinlichkeit, dass das Auto hinter Tür 1 steht, wenn der Moderator Tür 3 öffnet, ist die bedingte Wahrscheinlichkeit $P(A_1|M_3)$.

Die Wahrscheinlichkeit, dass das Auto hinter Tür 2 steht, wenn der Moderator Tür 3 öffnet, ist $P(A_2|M_3)$.

Somit kann der Kandidat sich nach dem folgenden Kriterium entscheiden: Wenn

$$P(A_2|M_3) > P(A_1|M_3)$$

gilt, dann wird er wechseln, ansonsten bleibt er bei Tür 1.

Die bedingten Wahrscheinlichkeiten berechnen sich fogendermaßen:

$$P(A_1|M_3) = \frac{P(M_3 \cap A_1)}{P(M_3)} \quad \text{bzw.} \quad P(A_2|M_3) = \frac{P(M_3 \cap A_2)}{P(M_3)}$$

Der Nenner $P(M_3)$ ergibt sich nach dem Satz der totalen Wahrscheinlichkeit:

$$P(M_3) = P(M_3|A_1) \cdot P(A_1) + P(M_3|A_2) \cdot P(A_2) + P(M_3|A_3) \cdot P(A_3)$$

Berechnung des 1. Summanden: Wenn das Auto hinter Tür 1 steht, dann besteht für den Moderator kein Grund, eine der beiden verbleibenden Türen vorzuziehen. Deshalb gilt $P(M_3|A_1) = 1/2$, also ist

$$P(M_3|A_1) \cdot P(A_1) = 1/2 \cdot 1/3 = 1/6.$$

Berechnung des 2. Summanden: Wenn das Auto hinter Tür 2 steht, dann *muss* der Moderator Tür 3 öffnen. Deshalb gilt $P(M_3|A_2) = 1$, also ist

$$P(M_3|A_2) \cdot P(A_2) = 1 \cdot 1/3 = 1/3.$$

Berechnung des 3. Summanden: Wenn das Auto hinter Tür 3 steht, dann wird der Moderator Tür 3 *nicht* öffnen, d. h. $P(M_3|A_3) = 0$, also ist

$$P(M_3|A_3) \cdot P(A_3) = 0 \cdot 1/3 = 0.$$

Insgesamt ergibt sich:

$$\begin{aligned} P(M_3) &= P(M_3|A_1) \cdot P(A_1) + P(M_3|A_2) \cdot P(A_2) + P(M_3|A_3) \cdot P(A_3) \\ &= 1/6 + 1/3 + 0 = 1/2 \end{aligned}$$

Somit beträgt

$$P(A_1|M_3) = \frac{P(M_3 \cap A_1)}{P(M_3)} = \frac{P(M_3|A_1) \cdot P(A_1)}{P(M_3)} = \frac{1/6}{1/2} = 1/3$$

bzw.

$$P(A_2|M_3) = \frac{P(M_3 \cap A_2)}{P(M_3)} = \frac{P(M_3|A_2) \cdot P(A_2)}{P(M_3)} = \frac{1/3}{1/2} = 2/3.$$

Es gilt:

$$P(A_2|M_3) = 2/3 > 1/3 = P(A_1|M_3)$$

Wenn Monty Tür 3 öffnet, dann sollte der Kandidat besser seine Wahl ändern. Die Wahrscheinlichkeit, dass das Auto hinter Tür 2 steht, ist nach dieser Information doppelt so hoch wie die Wahrscheinlichkeit, dass sich das Auto hinter Tür 1 befindet. Indem der Moderator gezielt eine Tür mit Ziege öffnet, verkleinert sich die Wahrscheinlichkeit für eine Ziege.

8.7. Zusammenfassung

Die klassische Wahrscheinlichkeitsdefinition ist die nach Laplace. Sie gilt im Rahmen eines Laplace-Experiments. Bei einem Laplace-Experiment sind alle Ergebnisse gleich wahrscheinlich. Laplace definiert die Wahrscheinlichkeit eines Ereignisses A als den Quotienten aus der Anzahl der für das Ereignis A günstigen Fälle, und der Anzahl aller möglichen Fälle.

Die statistische Wahrscheinlichkeit betrachtet die Wahrscheinlichkeit für ein Ereignis A als Grenzwert der relativen Häufigkeiten $h_n(A)$ für das Erscheinen von A bei n-maliger Versuchswiederholung.

Kolmogoroff zeigte schließlich durch seine Axiome, dass die Wahrscheinlichkeit eines Ereignisses sich wie die Maßzahl einer Menge behandeln lässt. Diese Vorstellung von Wahrscheinlichkeit ermöglicht es uns, die Instrumente der Mengenlehre auf Ereignisse zu übertragen.

Ein weiterer Begriff ist die bedingte Wahrscheinlichkeit $P(B|A)$. Sie gibt die Wahrscheinlichkeit für ein Ereignis B an, wenn ein anderes Ereignis A eingetreten ist. Beeinflusst das Eintreten von A das Eintreten von B nicht, dann heißen die Ereignisse A und B (stochastisch) unabhängig.

Eine wichtige Anwendung der bedingten Wahrscheinlichkeit ist die Formel von Bayes. Mit der Formel von Bayes kann man eine neue Information A zur Revidierung einer bisher vorliegenden Wahrscheinlichkeit $P(B)$ für das Eintreten eines Ereignisses B (die A-priori-Wahrscheinlichkeit) hinzuziehen. Das Ergebnis $P(B|A)$ heißt die A-posteriori-Wahrscheinlichkeit.

Formeln, Notationen und ihre Bedeutung

$P(A) = \frac{\lvert A\rvert}{\lvert\Omega\rvert}$	Wahrscheinlichkeit nach Laplace
$\lvert A\rvert$	Anzahl für das Ereignis A günstigen Fälle
$\lvert\Omega\rvert$	Anzahl aller möglichen Fälle
$P(B\|A) = \frac{P(B\cap A)}{P(A)}$	Bedingte Wahrscheinlichkeit von B, gegeben A
$P(B\|A) = \frac{P(A\|B)P(B)}{P(A\|B)P(B)+P(A\|\bar{B})P(\bar{B})}$	Formel (Theorem) von Bayes
$P(A) = \sum_{i=1}^{n} P(A\|B_i)P(B_i)$	Satz von der totalen Wahrscheinlichkeit

Die wichtigsten Rechenregeln der Wahrscheinlichkeitsrechnung:

1. Additionssatz
$$P(A \cup B) = P(A) + P(B) - P(A \cap B)$$
2. Additionssatz für disjunkte Ereignisse
$$P(A \cup B) = P(A) + P(B)$$
3. Subtraktion
$$P(A) = 1 - P(\bar{A})$$
4. Multiplikationssatz
$$P(A \cap B) = P(A|B) \cdot P(B)$$
5. Multiplikationssatz für zwei unabhängige Ereignisse
$$P(A \cap B) = P(A) \cdot P(B)$$

9. Kombinatorik

Im vorangegangenen Kapitel haben wir die Laplace-Wahrscheinlichkeit als den Quotienten $P(A) = \frac{|A|}{|\Omega|}$ kennengelernt. Nun betrachten wir für $m = 2, 3, 4, 5$ das Zufallsexperiment *Gleichzeitiges Werfen von m Laplace-Münzen* und definieren das Ereignis A: *Genau zwei der m Münzen zeigen Kopf*. Die Frage lautet nun: Wie groß ist die Wahrscheinlichkeit von A?

Jede Münze zeigt entweder K (*Kopf*) oder Z (*Zahl*). Für $m = 2, 3, 4$ geben wir die Ergebnismenge Ω an:

m	Ergebnismenge Ω	Anzahl $\lvert\Omega\rvert$
2	{(K,K), (K,Z), (Z,K), (Z,Z)}	4
3	{(K,K,K), (K,K,Z), (K,Z,K), (Z,K,K), (K,Z,Z), (Z,K,Z), (Z,Z,K), (Z,Z,Z)}	8
4	{(K,K,K,K), (K,K,K,Z), (K,K,Z,K), (K,Z,K,K), (Z,K,K,K), (K,K,Z,Z), (K,Z,K,Z), (K,Z,Z,K), (Z,Z,K,K), (Z,K,K,Z), (Z,K,Z,K), (Z,Z,Z,K), (K,Z,Z,Z), (Z,K,Z,Z), (Z,Z,K,Z), (Z,Z,Z,Z)}	16

Die obige Tabelle zeigt: Hat man zwei Münzen, kommen zu jedem Ausgang der ersten Münze zwei mögliche Ausgänge K oder Z hinzu, sodass insgesamt 4 Ergebnisse vorliegen. Nimmt man eine dritte Münze hinzu, so kommen wiederum zu jedem der vier Ausgänge zwei Möglichkeiten K oder Z hinzu. Insgesamt gibt es dann 8 Ergebnisse. Erhöht man die Anzahl der Münzen auf vier, so ergeben sich für jeden der 8 Ausgänge weitere zwei mögliche Ausgänge. Insgesamt gibt es 16 Ergebnisse. Mit jeder weiteren Münze verdoppelt sich die Anzahl der Ergebnisse. Allgemein gibt es bei m Münzen 2^m mögliche Ergebnisse.

Nun bestimmen wir die Ergebnisse, die für das Ereignis A günstig sind, und dessen Wahrscheinlichkeit $P(A)$:

m	Ereignis A	Anzahl $\|A\|$	$P(A)$
2	{(K,K)}	1	$\frac{1}{4}$
3	{(K,K,Z), (K,Z,K), (Z,K,K)}	3	$\frac{3}{8}$
4	{(K,K,Z,Z), (K,Z,K,Z), (K,Z,Z,K), (Z,Z,K,K), (Z,K,K,Z), (Z,K,Z,K)}	6	$\frac{6}{16}$
5	{(K,K,Z,Z,Z), (K,Z,K,Z,Z), (K,Z,Z,K,Z), (K,Z,Z,Z,K), (Z,K,K,Z,Z), (Z,K,Z,K,Z) (Z,K,Z,Z,K), (Z,Z,K,K,Z), (Z,Z,K,Z,K) (Z,Z,Z,K,K)}	10	$\frac{10}{32}$
⋮		⋮	
⋮		⋮	
m		?	$P(A) = \frac{\|A\|}{2^m}$

Mit steigendem m wird die explizite Bestimmung von $|A|$ komplizierter. Die **Kombinatorik** liefert ein Instrument, mit dem man solche Anzahlen leicht bestimmen kann. Sie ist ein Zweig der Mathematik, der sich mit Methoden zur Bestimmung der Zahl möglicher Anordnungen oder den Auswahlen von Elementen beschäftigt. Das Grundprinzip der Kombinatorik ist die sogenannte k-stufige Auswahl, die im folgenden Abschnitt vorgestellt wird.

9.1. Grundregel

Bei einer **k-stufigen Auswahl** hat man n_1 Möglichkeiten für die erste, n_2 Möglichkeiten für die zweite, ..., n_k Möglichkeiten für die k-te Auswahl. Diese Möglichkeiten sind frei miteinander kombinierbar. Insgesamt gibt es

$$n_1 \cdot n_2 \cdot n_3 \cdot \ldots \cdot n_k \tag{9.1}$$

mögliche Kombinationen. Ist $n_1 = n_2 = \ldots = n_k = n$, dann beträgt die Anzahl der Möglichkeiten

$$n^k. \tag{9.2}$$

Beispiel 9.1
Man kann aus drei unterschiedlichen T-Shirts und zwei unterschiedlichen Jeans $3 \cdot 2 = 6$ Kombinationen bilden. Es handelt sich um eine

zweistufige Auswahl ($k = 2$) mit $n_1 = 3$= Anzahl der T-Shirts und $n_2 = 2$= Anzahl der Jeans.

Beispiel 9.2
Das Buch der Kombinationen ist ein Bilderbuch, das aus 11 Tierbildern besteht. Jedes Blatt wird in drei Teile geschnitten, so dass jedes Tierbild in einen Kopf-, einen Rumpf- und einen Beinteil zerlegbar ist. Jeder Tierabschnitt ist mit den anderen kombinierbar. Mit diesem Bilderbuch kann man $11 \cdot 11 \cdot 11 = 1331$ Tiere erzeugen. Es handelt sich also um eine dreistufige Auswahl mit $n_1 = n_2 = n_3 = 11$.

Beispiel 9.3
Das eingangs erwähnte Zufallsexperiment „Gleichzeitiges Werfen von m Laplace-Münzen“ kann man für jedes m als eine m-stufige Auswahl mit $n_1 = \ldots = n_m = 2$ ansehen. Für jedes m gibt es somit 2^m Ergebnisse.

9.2. Permutation

Definition 9.1
Eine **Permutation** ist eine Anordnung von n unterscheidbaren Elementen in irgendeiner beliebigen Reihenfolge.

Beispiel 9.4
Durch Permutation der Buchstaben a, b, c entstehen folgende Anagramme:

abc acb bac bca cab cba

Eine Permutation von a, b und c ist gleichbedeutend mit einer Platzierung dieser Buchstaben in drei verschiedenen Kästchen in irgendeiner Reihenfolge. Für das erste Kästchen gibt es drei Möglichkeiten, für das zweite zwei, und das dritte Kästchen kann nur durch das verbleibende Element besetzt werden. Nach dem vorherigen Abschnitt gibt es also $3 \cdot 2 \cdot 1 = 6$ Möglichkeiten, 3 verschiedene Buchstaben anzuordnen.

Die Anzahl der möglichen **Permutationen** ist

$$\boxed{n \cdot (n-1) \cdot (n-2) \cdot \ldots \cdot 2 \cdot 1 = n!} \qquad (9.3)$$

(Gelesen: n **Fakultät**. Vereinbarung: 0!=1)

9.3. Variation

Definition 9.2
Eine **Variation** ist eine Zusammenstellung von k Elementen aus einer Menge mit $n \geq k$ unterscheidbaren Elementen *mit* Berücksichtigung der Reihenfolge der Elemente.

Es gibt

$$n \cdot (n-1) \cdot \ldots \cdot (n-k+1) = \frac{n!}{(n-k)!} \tag{9.4}$$

Variationen von n Elementen zu je k.

Beispiel 9.5
Es gibt $4 \cdot 3 = 12$ Variationen von $k = 2$ Elementen aus einer $n = 4$-elementigen Menge {a, b, c, d}:

ab	bc	ac	bd	ad	cd
ba	cb	ca	db	da	dc

9.4. Kombination

Definition 9.3
Eine **Kombination** ist eine Zusammenstellung von k Elementen aus einer Menge mit n $(k \leq n)$ unterscheidbaren Elementen *ohne* Berücksichtigung der Reihenfolge der Elemente.

Man kann k unterscheidbare Elemente auf genau $k!$ Weise permutieren. Bei Variationen von n Elementen zu je k wurden alle Möglichkeiten berücksichtigt. Die Anzahl der Variationen beträgt gemäß (9.4) $\frac{n!}{(n-k)!}$. Im Gegensatz dazu unterscheidet man bei einer Kombination die $k!$ Permutationen nicht. Sie zählen als eine Zusammenstellung. Deshalb muss man, um die Anzahl der Kombinationen zu bestimmen, $\frac{n!}{(n-k)!}$ durch $k!$ dividieren:

$$\frac{\frac{n!}{(n-k)!}}{k!} = \frac{n!}{k!(n-k)!}$$

Dieser Ausdruck ist genau der **Binomialkoeffizient** $\binom{n}{k}$, der als „n über k" zu lesen ist.

Somit ergibt sich die Anzahl der möglichen **Kombinationen** gemäß:

$$\boxed{\binom{n}{k} = \frac{n!}{k!(n-k)!}} \tag{9.5}$$

Beispiel 9.6
Für $n = 4$ Elemente a, b, c, d und $k = 2$ sind die möglichen Kombinationen:

$$\begin{array}{lll} \mathrm{ab} = \mathrm{ba} & \mathrm{ac} = \mathrm{ca} & \mathrm{ad} = \mathrm{da} \\ \mathrm{bc} = \mathrm{cb} & \mathrm{bd} = \mathrm{db} & \mathrm{cd} = \mathrm{dc} \end{array}$$

Es gibt

$$\binom{4}{2} = \frac{4!}{2!(4-2)!} = \frac{4 \cdot 3 \cdot 2 \cdot 1}{2 \cdot 1 \cdot 2 \cdot 1} = 6$$

Möglichkeiten. Würde man die Reihenfolge beachten, gäbe es, wie im Beispiel 9.5 gezeigt wurde, 12 mögliche Anordnungen. Je $k = 2$ Elemente lassen sich auf $2! = 2$ Arten anordnen. Diese Anordnungen zählen bei einer Kombination als eine, deshalb gibt es nun nicht mehr 12, sondern 6 verschiedene Zusammenstellungen.

Beispiel 9.7
Im eingangs erwähnten Zufallsexperiment *Gleichzeitiges Werfen von m Laplace-Münzen* interessieren wir uns für das Ereignis A: *Genau zwei der m Münzen zeigen Kopf.* Für die Berechnung von $P(A)$ benötigen wir $|A|$. Die Ermittlung von $|A|$ wird mit steigendem m komplizierter.

Für das Ereignis A ist nur wichtig, dass unter den m Würfen *Kopf* zweimal erscheint; die Reihenfolge spielt dabei keine Rolle. Deswegen gibt es gemäß (9.5) für jedes m $\binom{m}{2}$ günstige Fälle:

m	2	3	4	5
Anzahl $\|A\|$	$\binom{2}{2} = 1$	$\binom{3}{2} = 3$	$\binom{4}{2} = 6$	$\binom{5}{2} = 10$

(Siehe auch [11]; [23, Kap. 7].)

9.5. Zusammenfassung

Wichtige Begriffe

Permutation	Variation
Kombination	Fakultät
Binomial-Koeffizient	

Formeln, Notationen und ihre Bedeutung

$n!$	Anzahl der möglichen Permutationen
$\frac{n!}{(n-k)!}$	Anzahl der Variationen
$\binom{n}{k} = \frac{n!}{k!(n-k)!}$	Anzahl der Kombinationen

Für eine ausführliche Beschäftigung mit Kombinatorik sei der Abschnitt 3 aus [7] empfohlen.

10. Zufallsvariablen

10.1. Eindimensionale Zufallsvariablen

In der Regel beurteilt man in einer statistischen Analyse Ereignisse über quantitative (quantifizierte) Merkmale. Beispiele:

1. **Fernsehkonsum**. Eine Studie soll herausfinden, wie lange Kinder im Alter von vier bis acht Jahren pro Woche durchschnittlich fernsehen. Die Studie kann man als ein Zufallsexperiment betrachten. Die Ergebnismenge $\Omega = \{\omega_1, \omega_2, \dots \omega_n\}$ besteht aus n Kindern, die in die Erhebung per Zufall aufgenommen werden. Gegenstand der Untersuchung sind nicht die Kinder selbst, sondern ihr Fernsehverhalten.

2. **Qualitätskontrolle**. Es soll überprüft werden, ob eine Abfüllmaschine die Getränkeflaschen korrekt abfüllt. Man entnimmt zufällig n Flaschen; Ω besteht aus diesen zufällig ausgewählten Flaschen. Das zu untersuchende Merkmal ist der Flascheninhalt.

Jede Abbildung[1], die ein Ereignis $A \subset \Omega$ in eine reelle Zahl $x \in \mathbb{R}$ abbildet, heißt **Zufallsvariable** oder **Zufallsgröße**. Zufallsvariablen werden im allgemeinen mit großen lateinischen Buchstaben, wie zum Beispiel X, Y, $Z, \dots$ bezeichnet. Formal schreiben wir

$$X : \Omega \longrightarrow \mathbb{R}$$

Den Wert x, den eine Zufallsvariable X beim Vorliegen eines konkreten Ereignisses A annimmt, heißt die **Realisation** oder die **Realisierung** von X.

Bei der Studie zum Fernsehkonsum von Kindern ist die Zufallsvariable X: *Dauer des Fernsehens* (in Stunden). Ein Ergebnis $\{X(A) = 3\} = \{X = 3\}$ oder kurz $X = 3$ bedeutet, dass es eine Teilmenge $A \subset \Omega$

[1] Für eine exakte Definition siehe zum Beispiel [23, Seite 257].

gibt, deren Elemente Kinder sind, die durchschnittlich drei Stunden pro Woche fernsehen. $\{X > 6\}$ bedeutet, dass es Kinder ($\omega \in \Omega$) gibt, die durchschnittlich länger als sechs Stunden pro Woche fernsehen. Vereinfachend kann man also sagen: Eine Zufallsvariable gibt das numerische Ergebnis eines Zufallsexperiments wieder. Aus Zufallsvariablen kann man durch Verknüpfungen der Art $X+Y$, $X \cdot Y$, $\sum_{i=1}^{n} X_i$, $a + bX$, $(a, b \in \mathbb{R})$ u. a. weitere Zufallsvariablen bilden.

10.2. Mehrdimensionale Zufallsvariablen

Bei einem Zufallsvorgang kann man sich gleichzeitig für mehrere Eigenschaften einer Untersuchungseinheit interessieren. So kann beispielsweise in der Studie zum Fernsehkonsum von Kindern zusätzlich zur Fernsehdauer (X_1) das Alter der Kinder (X_2) Gegenstand der Untersuchung sein. Solche Beobachtungen lassen sich gemeinsam durch zwei Zufallsvariablen X_1 und X_2 beschreiben. Allgemein verwendet man bei n Eigenschaften n Zufallsvariablen $X_1, \ldots, X_n$. Diese Darstellung ist zudem zur Wiedergabe von n-maligen Wiederholungen eines Zufallsexperiments geeignet. Beispiel: Ein Würfel wird $n = 3$-mal geworfen. Die Zufallsvariable X_i bezeichnet die Augenzahl beim i-ten Wurf.

10.3. Diskrete Zufallsvariablen

Definition 10.1
Eine Zufallsvariable X heißt **diskret**, wenn der Wertebereich W_X von X abzählbar ist, d. h. man kann die Elemente von W_X (endlich oder unendlich) fortlaufend nummerieren, also abzählen.

Beispiel 10.1
Für das Zufallsexperiment *Dreimaliger Münzwurf* seien die Ereignisse K: *Kopf wird geworfen* und Z: *Zahl wird geworfen*. Die Ergebnismenge ist gegeben durch

$$\begin{aligned}\Omega = \{&(Z,Z,Z),(Z,Z,K),(Z,K,Z),(K,Z,Z),(K,K,Z),(K,Z,K),\\&(Z,K,K),(K,K,K)\}.\end{aligned}$$

Wir definieren die Zufallsvariable X: *Anzahl des Auftretens von* Zahl. Der Wertebereich von X: $W_X = \{0, 1, 2, 3\}$. Also ist

$$X : \Omega \longrightarrow \{0, 1, 2, 3\}.$$

Konkret lautet die Zuordnung:

$$X(\omega) = \begin{cases} 0 \text{ für } \omega = (\text{K,K,K}) \\ 1 \text{ für } \omega = (\text{K,K,Z}),(\text{K,Z,K}),(\text{Z,K,K}) \\ 2 \text{ für } \omega = (\text{Z,Z,K}),(\text{Z,K,Z}),(\text{K,Z,Z}) \\ 3 \text{ für } \omega = (\text{Z,Z,Z}) \end{cases}$$

Da sich Zufallsvariablen auf Ereignisse aus der Ergebnismenge eines Zufallsexperiments zurückführen lassen, kann man das Konzept der Wahrscheinlichkeit aus Kapitel 8 auf Zufallsvariablen übertragen. Für eine diskrete Zufallsvariable X (mit einem Wertebereich $W_X = \{x_1, \ldots, x_m\}$ oder $W_X = \{x_1, x_2, \ldots\}$) heißt die Funktion

$$P : X(\Omega) \longrightarrow [0, 1]$$

$$x_i \mapsto P(X = x_i) = p_i$$

die **Wahrscheinlichkeit** dafür, dass die Zufallsvariable X den Wert x_i ($i \in \{1, \ldots, m\}$ bzw. $i \in \mathbb{N}$) annimmt.

Definition 10.2
Die **Wahrscheinlichkeitsfunktion** von X ist eine Funktion

$$f : \mathbb{R} \longrightarrow [0, 1]$$

der Gestalt

$$f(x) = \begin{cases} p_i \text{ für } & x = x_i \\ 0 \text{ sonst} \end{cases} \tag{10.1}$$

Es gilt

$$\sum_x f(x) = 1.$$

Beispiel 10.2
Für das Zufallsexperiment *Dreimaliger Münzwurf* im Beispiel 10.1 haben wir die Zufallsvariable X: *Anzahl des Auftretens von Zahl* mit dem Wertebereich $W_X = \{0, 1, 2, 3\}$. Ausgehend von der Annahme, dass die Münzen fair sind, gilt nach Laplace:

- $P(X = 0) = P(\{(\text{K,K,K})\}) = \frac{1}{8}$
- $P(X = 1) = P(\{(\text{K,K,Z}),(\text{K,Z,K}),(\text{Z,K,K})\}) = \frac{3}{8}$
- $P(X = 2) = P(\{(\text{Z,Z,K}),(\text{Z,K,Z}),(\text{K,Z,Z})\}) = \frac{3}{8}$
- $P(X = 3) = P(\{(\text{Z,Z,Z})\}) = \frac{1}{8}$

Daraus ergibt sich die Wahrscheinlichkeitsfunktion von X:

$$f(x) = \begin{cases} \frac{1}{8} & \text{für} \quad x = 0 \\ \frac{3}{8} & \text{für} \quad x = 1 \\ \frac{3}{8} & \text{für} \quad x = 2 \\ \frac{1}{8} & \text{für} \quad x = 3 \\ 0 & \text{sonst} \end{cases}$$

Es gilt $\sum_x f(x) = \sum_{j=1}^{4} p_i = \frac{1}{8} + \frac{3}{8} + \frac{3}{8} + \frac{1}{8} = 1$.

Definition 10.3
Die Funktion

$$F(x) = P(X \leq x) = \sum_{x_i \leq x} f(x_i) \tag{10.2}$$

heißt **Verteilungsfunktion** von X.

$F(x)$ gibt die Wahrscheinlichkeit dafür an, dass die Zufallsvariable X Werte annimmt, die kleiner oder gleich x sind.

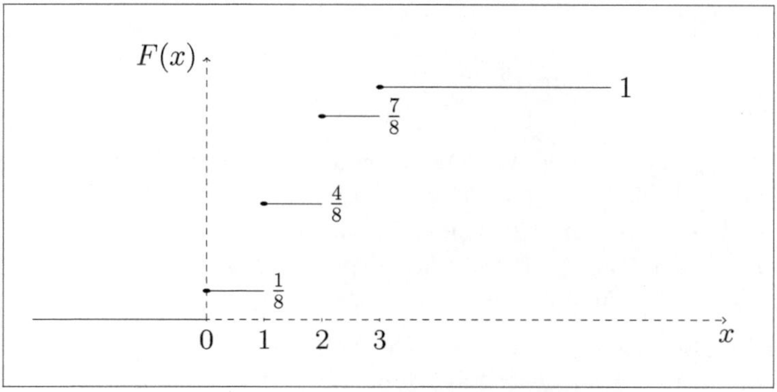

Abbildung 10.1.: Verteilungsfunktion von X: *Anzahl von* Zahl *beim dreimaligen Münzwurf*

Beispiel 10.3

Die Verteilungsfunktion von X: *Anzahl des Auftretens von Zahl* in dem Zufallsexperiment *Dreimaliger Münzwurf* lautet:

$$F(x) = \begin{cases} 0 & \text{für} \quad x < 0 \\ \frac{1}{8} & \text{für} \quad 0 \leq x < 1 \\ \frac{4}{8} & \text{für} \quad 1 \leq x < 2 \\ \frac{7}{8} & \text{für} \quad 2 \leq x < 3 \\ 1 & \text{für} \quad x \geq 3 \end{cases}$$

Abbildung 10.1 zeigt den Graphen von $F(x)$.

Eigenschaften der diskreten Verteilungsfunktion $F(x)$:

1. $F(x)$ ist eine *Treppenfunktion*, die an den Stellen $x = x_i$ springt. An jeder Sprungstelle beträgt die Sprunghöhe p_i.
2. $F(x)$ ist *rechtsseitig stetig*, d. h. an den Sprungstellen gilt der obere Wert als der Funktionswert, d. h. für alle $h > 0$ gilt

$$\lim_{h \to 0} F(x+h) = F(x).$$

3. $F(x)$ ist *monoton steigend*, d. h. für $a \leq b$ gilt $F(a) \leq F(b)$.

4. $F(x)$ besitzt die Grenzwerte

$$\lim_{x\to-\infty} F(x) = 0 \quad \text{und} \quad \lim_{x\to\infty} F(x) = 1.$$

Im folgenden Abschnitt werden die Begriffe der bedingten Wahrscheinlichkeit und der (stochastischen) Unabhängigkeit für Zufallsvariablen definiert. Zunächst beschränken wir uns auf zwei Zufallsvariablen. Die Definition der Unabhängigkeit wird später jedoch (siehe 10.5) einfach auf n Zufallsvariablen übertragen.

Einführendes Beispiel: Wir werfen einen schwarzen und einen weißen Laplace-Würfel gleichzeitig und betrachten die Zufallsvariablen X: *Augenzahl des weißen Würfels* und Y: *Augenzahl des schwarzen Würfels*. Das Ergebnis eines Wurfes $(X = i, Y = j)$ schreiben wir kurz als ein Zahlenpaar (i, j), $i, j \in \{1, 2, 3, 4, 5, 6\}$ (siehe Tabelle). Insgesamt gibt es 36 Ergebnisse.

	j					
i	1	2	3	4	5	6
1	1,1	1,2	1,3	1,4	1,5	1,6
2	2,1	2,2	2,3	2,4	2,5	2,6
3	3,1	3,2	3,3	3,4	3,5	3,6
4	4,1	4,2	4,3	4,4	4,5	4,6
5	5,1	5,2	5,3	5,4	5,5	5,6
6	6,1	6,2	6,3	6,4	6,5	6,6

Jedes Ergebnis besitzt die gleiche Wahrscheinlichkeit von $\frac{1}{36}$. Für die Wahrscheinlichkeit, dass der weiße Würfel die Augenzahl i und der schwarze Würfel die Augenzahl j $(i, j = 1, 2, 3, 4, 5, 6)$ zeigen, schreiben wir[2]

$$P(i, j) = \frac{1}{36}.$$

Wir definieren nun die Zufallsvariable *Augensumme*:

$$Z = X + Y$$

Der Wertebereich von Z ist $W_Z = \{2, 3, \ldots, 12\}$. Das Ergebnis *Die Augensumme ist 3* $(Z = 3)$ entsteht durch die Wurfergebnisse $\{(1, 2), (2, 1)\}$. Somit ist

$$P(Z = 3) = P(\{(1, 2), (2, 1)\}) = \frac{2}{36}.$$

[2] Der Übersicht halber werden – sofern kein Mißverständnis besteht – die geschweiften Klammern weggelassen. So schreiben wir beispielsweise $P(i, j)$ statt $P(\{(i, j)\})$.

Wir verändern nun das Zufallsexperiment ein wenig: Wir werfen den weißen *vor* dem schwarzen Würfel. Dieser Wurf liefert zum Beispiel eine Eins. (Der weiße Würfel liegt auf dem Tisch und zeigt die Augenzahl Eins. Mit anderen Worten: Das Ereignis $\{X = 1\}$ ist eingetreten.)

Wie groß ist die Wahrscheinlichkeit für $\{Z = 3\}$ *nach* diesem Ergebnis? Anders formuliert: Wie groß ist die Wahrscheinlichkeit für $\{Z = 3\}$, wenn das Ereignis $\{X = 1\}$ eingetreten ist?

Die Fragestellung erinnert uns an die bedingte Wahrscheinlichkeit im Kapitel 8. Dort wurde die Wahrscheinlichkeit für ein Ereignis A, wenn ein anderes Ereignis B eingetreten ist, gemäß

$$P(A|B) = \frac{P(A \cap B)}{P(B)}$$

berechnet. Ähnlich kann man hier vorgehen.

Da $\{Z = 3\} = \{(1,2), (2,1)\}$ und

$$\{X = 1\} = \{(1,1),\ (1,2),\ (1,3),\ (1,4),\ (1,5),\ (1,6)\},$$

können wir schreiben:

$$P\big(Z = 3 \mid X = 1\big) = \frac{P\big(\{Z = 3\} \cap \{X = 1\}\big)}{P\big(\{X = 1\}\big)}$$

Wegen $\{Z = 3\} \cap \{X = 1\} = \{(1,2)\}$ ist der Zähler

$$P\big(\{Z = 3\} \cap \{X = 1\}\big) = \frac{1}{36}.$$

Zusammen mit dem Nenner $P\big(X = 1\big) = \frac{6}{36}$ ergibt

$$P\big(Z = 3 \mid X = 1\big) = \frac{1/36}{6/36} = \frac{1}{6}.$$

Definition 10.4
Seien X und Y Zufallsvariablen mit dem jeweiligen Wertebereich W_X bzw. W_Y, und sei $P(Y = y) > 0$. Dann heißt die Wahrscheinlichkeit, dass X den Wert $x \in W_X$ annimmt, wenn $Y = y \in W_Y$ eingetreten ist,

$$P(X = x|Y = y) = \frac{P(X = x, Y = y)}{P(Y = y)} \tag{10.3}$$

die **bedingte Wahrscheinlichkeit** von X, gegeben Y.

Die Gesamtheit der Wahrscheinlichkeiten $P(X = x, Y = y)$ nennt man die **gemeinsame Wahrscheinlichkeitsverteilung**, kurz die **gemeinsame Verteilung** von X und Y.

Definition 10.5
Zwei Zufallsvariablen X mit dem Wertebereich W_X und Y mit dem Wertebereich W_Y heißen **stochastisch unabhängig**, wenn für beliebige $x \in W_X$ und $y \in W_Y$ gilt:

$$\boxed{P(X = x, Y = y) = P(X = x) \cdot P(Y = y)} \qquad (10.4)$$

Für die Zufallsvariablen X und Y aus dem Einführungsbeispiel gilt für alle $i = 1, \ldots, 6$ und für alle $j = 1, \ldots, 6$

$$P(i, j) = \frac{1}{36} = \frac{1}{6} \cdot \frac{1}{6} = P(X = i) \cdot P(Y = j).$$

Also sind X und Y stochastisch unabhängig. Noch allgemeiner heißen n Zufallsvariablen $X_1, \ldots, X_n$ unabhängig, wenn für beliebige Werte $x_1, x_2, \ldots, x_n$ aus dem jeweiligen Wertebereich gilt:

$$\boxed{P(X = x_1, X_2 = x_2, \ldots, X_n = x_n) = \prod_{i=1}^{n} P(X = x_i)} \qquad (10.5)$$

(Für eine ausführliche Beschreibung der Thematik sei auf [23], [11] verwiesen.)

10.4. Stetige Zufallsvariablen

Im Gegensatz zu diskreten Variablen kann man die Werte stetiger Zufallsvariablen nicht abzählen. Vereinfachend gesagt: Ihre Werte erhält man durch Messungen; stetige Zufallsvariablen haben Intervalle als Wertebereich. Die Intervalle können abgeschlossen, offen oder halboffen sein. Beispiele sind u. a. Wartezeiten, Lebensdauern, Abfüllgewichte. Genauer wird die Stetigkeit von Zufallsvariablen durch die folgende Definition festgelegt.

Definition 10.6
Eine Zufallsvariable X heißt **stetig**, wenn es eine Funktion $f(u) \geq 0$ gibt, so dass die Verteilungsfunktion von X als das unbestimmte Integral von $f(u)$ darstellbar ist, d. h.

$$F(x) = P(X \leq x) = \int_{-\infty}^{x} f(u)du \tag{10.6}$$

Die Funktion $f(u)$ heißt **Dichtefunktion** von X.

Eigenschaften der stetigen Verteilungsfunktion $F(x)$

1. $F(x)$ ist an jeder Stelle x stetig.
2. $F(x)$ ist *monoton steigend*, d. h. für $a \leq b$ gilt $F(a) \leq F(b)$.
3. $F(x)$ besitzt die Grenzwerte
$$\lim_{x \to -\infty} F(x) = 0 \quad \text{und} \quad \lim_{x \to \infty} F(x) = 1.$$
4. Für alle $x \in \mathbb{R}$, an denen $f(x)$ stetig ist, gilt
$$\frac{dF(x)}{dx} = f(x).$$
Das heißt: Überall, wo die Dichtefunktion $f(x)$ stetig ist, ist sie mit der Ableitung der Verteilungsfunktion $F(x)$ identisch.
5. **Normierungseigenschaft**: Da $-\infty \leq X \leq \infty$ ein sicheres Ereignis ist, gilt
$$\int_{-\infty}^{\infty} f(x)\, dx = 1. \tag{10.7}$$
6. Die Wahrscheinlichkeit, dass eine stetige Zufallsvariable X mit der Dichtefunktion $f(x)$ Werte zwischen zwei Zahlen a und b mit $-\infty < a \leq b < \infty$ annimmt, beträgt
$$P(a < X \leq b) = F(b) - F(a) = \int_a^b f(x)dx. \tag{10.8}$$

7. Da $\int_x^x f(u)du = 0$, gilt

$$P(X = x) = 0. \tag{10.9}$$

Somit gilt die folgende Gleichungskette:

$$\begin{aligned} P(a \le X \le b) &= P(a < X \le b) = P(a \le X < b) \\ &= P(a < X < b) = F(b) - F(a) \end{aligned}$$

Das bedeutet: Für die Bestimmung der Wahrscheinlichkeiten ist es unwesentlich, ob das Intervall abgeschlossen, halboffen oder offen ist.

Analog zu diskreten Zuvallsvariablen heißen zwei stetige Zufallsvariablen X und Y stochastisch unabhängig, wenn ihre gemeinsame Dichtefunktion $f(x, y)$ identisch mit dem Produkt der einzelnen Dichtefunktionen ist, d. h., wenn

$$f(x, y) = f_X(x) \cdot f_Y(y)$$

gilt. Dabei bezeichnen $f_X(x)$ die Dichtefunktion von X und $f_Y(y)$ die von Y. Wir werden uns mit mehrdimensionalen stetigen Zufallsvariablen nicht näher beschäftigen. Bei Interesse sei u. a. auf [23, Abschnitt 10.2] verwiesen.

10.5. Parameter von Zufallsvariablen

In der deskriptiven Statistik haben wir für einen konkreten Datensatz das arithmetische Mittel $\bar{x}$ und die empirische Varianz s^2 als Parameter kennengelernt. Die entsprechenden Parameter in der Grundgesamtheit heißen **Erwartungswert** und **Varianz**. Die übliche Bezeichnung für den Erwartungswert ist μ (griechisch: My) und für die Varianz σ^2 (σ ist ebenfalls griechisch, gelesen: Sigma).

10.5.1. Erwartungswert

Der Begriff Erwartungswert hat seinen Ursprung – wie die Wahrscheinlichkeitstheorie überhaupt – in Glücksspielen. *Christiaan Huygens*[3] hat

[3] Christiaan Huygens (1629-1695), holländischer Wissenschaftler

den Begriff in seiner Abhandlung *Über Berechnungen in Glücksspielen* im Jahr 1657 eingeführt. (Näheres dazu in [10].)

Der **Erwartungswert** einer diskreten Zufallsvariablen X mit der Wahrscheinlichkeitsfunktion $f(x)$ ist gegeben durch:

$$\mu = E(X) = \sum_{j \in \mathbb{N}} x_j \cdot f(x_j) \tag{10.10}$$

Beispiel 10.4

Für X: *Augenzahl bei einmaligem Werfen* eines Laplace-Würfels (jede Augenzahl besitzt die gleiche Wahrscheinlichkeit $p = \frac{1}{6}$) beträgt der Erwartungswert

$$E(X) = \sum_{x=1}^{6} p \cdot x = \sum_{x=1}^{6} \frac{1}{6} \cdot x = \frac{1}{6} \sum_{x=1}^{6} x = 3,5.$$

Wie kann man das Ergebnis „Der Erwartungswert der Augenzahl bei einmaligem Würfeln beträgt 3,5“ interpretieren?

Am einfachsten ist die Frage zu beantworten, wenn man das Konzept des Erwartungswertes aus dem Blickwinkel eines Glückspiels betrachtet: Nehmen wir an, ein Spieler, der den Würfel wirft, erhält x Euro, wenn die Augenzahl x erscheint (der Einfachheit halber wird auf den Spieleinsatz zunächst verzichtet). In diesem Zusammenhang können wir den Erwartungswert als die mittlere Gewinnerwartung des Spielers auffassen, d. h. wird das Spiel sehr oft wiederholt, dann beträgt im Mittel der Gewinn pro Spiel 3,50 €.

Bei einem Glücksspiel hängt der Gewinn vom Spielausgang ab. Man kann den Gewinn also als eine *Funktion* g des Spielausgangs $X(\Omega)$ in die Menge der reellen Zahlen $\mathbb{R}$ ansehen:

$$g : X(\Omega) \longrightarrow \mathbb{R}$$

Als reelle Funktion einer Zufallsvariablen ist $g(X)$ ebenfalls eine Zufallsvariable. Der Erwartungswert von $g(X)$ berechnet sich wie folgt:

$$E\big[g(X)\big] = \sum_{j} g(x_j) \cdot f(x_j) \tag{10.11}$$

Beispiel 10.5
Bei einem Glückspiel *Werfen eines fairen Würfels* beträgt der Einsatz 3,00€. Wird 6 geworfen, so erhält der Spieler 7,20€. Bei der Augenzahl 4 oder 5 beträgt die Auszahlung 4,80€. Sonst verliert der Spieler seinen Einsatz.

Mit X: *Augenzahl* lautet die Gewinnfunktion:

$$g(x) = \begin{cases} 4,20, & \text{wenn} \quad x = 6 \\ 1,80, & \text{wenn} \quad x = 4 \quad \text{oder} \quad x = 5 \\ -3,00, & \text{sonst} \end{cases}$$

(Den Gewinn erhält man, indem man den Einsatz von der Auszahlung abzieht.) Die Wahrscheinlichkeiten für die einzelnen Gewinnbeträge werden durch die folgenden Wahrscheinlichkeiten

- $P(\{X = 6\}) = \frac{1}{6}$
- $P(\{X = 4\} \cup \{X = 5\}) = \frac{2}{6}$
- $P(\{X = 1\} \cup \{X = 2\} \cup \{X = 3\}) = \frac{3}{6}$

festgelegt. Somit beträgt der erwartete Gewinn

$$E\big[g\big(X\big)\big] = (-3) \cdot \frac{3}{6} + 1,80 \cdot \frac{2}{6} + 4,20 \cdot \frac{1}{6} = \frac{-1,20}{6} = -0,20,$$

was bedeutet, dass ein Spieler im Durchschnitt 0,20€ verliert.

Der **Erwartungswert** einer stetigen Zufallsvariablen X mit der Dichtefunktion $f(x)$ ist gegeben durch

$$\boxed{\mu = E(X) = \int_{-\infty}^{\infty} x \cdot f(x) dx} \qquad (10.12)$$

Beispiel 10.6
Sei X für $-\infty < a < b < \infty$ eine stetige Zufallsvariable mit der Dichtefunktion

$$f(x) = \begin{cases} \frac{1}{b-a} & \text{für} \quad a \leq x \leq b \\ 0 & \text{sonst} \end{cases}$$

Der Erwartungswert von X berechnet sich gemäß (10.12):

$$\begin{aligned} E(X) &= \int_{-\infty}^{\infty} x \cdot f(x)\,dx = \int_a^b x \cdot f(x)\,dx = \frac{1}{b-a}\int_a^b x\,dx \\ &= \frac{1}{b-a}\left[\frac{x^2}{2}\right]_a^b = \frac{1}{b-a}\left[\frac{b^2}{2} - \frac{a^2}{2}\right] = \frac{a+b}{2} \end{aligned}$$

Der Erwartungswert einer Zufallsvariablen existiert natürlich nur, wenn die Summe in (10.10) bzw. das Intergral in (10.12) endlich bleiben. Zufallsvariablen ohne Erwartungswerte wollen wir hier ausschließen.

Eigenschaften von Erwartungswerten

1. Für beliebige $a \in \mathbb{R}$ gilt

$$E(a + X) = a + E(X). \tag{10.13}$$

   Das heißt: Verschiebt man X um a, so verschiebt sich der Erwartungswert von X ebenfalls um a.

2. Für n Zufallsvariablen $X_1, \ldots, X_n$ und beliebige $a_1, \ldots, a_n \in \mathbb{R}$ gilt:

$$E\Big(\sum_{i=1}^{n} a_i X_i\Big) = \sum_{i=1}^{n} a_i \cdot E(X_i) \tag{10.14}$$

   Das heißt: Der Erwartungswert einer Linearkombination von n Zufallsvariablen ist gleich einer Linearkombination der einzelnen Erwartungswerte. Spezialfall $n = 2$ und $a_1 = a_2 = 1$:

$$E(X_1 + X_2) = E(X_1) + E(X_2) \tag{10.15}$$

3. Ist $f(x)$ symmetrisch um c, d. h. $f(c - x) = f(c + x)$, so ist

$$E(X) = c. \tag{10.16}$$

4. Sind X und Y *unabhängig*, dann gilt

$$E(X \cdot Y) = E(X) \cdot E(Y). \tag{10.17}$$

Häufig kann man unter Verwendung dieser Eigenschaften Erwartungswerte, wie die folgenden Beispiele zeigen, bequem bestimmen.

Beispiel 10.7
Sei X_i: *Augenzahl beim i-ten Wurf* (mit einem Laplace-Würfel), $i = 1, 2$, und sei

$$X = X_1 + X_2.$$

Die Wahrscheinlichkeitstabelle von X lautet:

x	2	3	4	5	6	**7**	8	9	10	11	12
$P(X = x)$	$\frac{1}{36}$	$\frac{2}{36}$	$\frac{3}{36}$	$\frac{4}{36}$	$\frac{5}{36}$	$\frac{6}{36}$	$\frac{5}{36}$	$\frac{4}{36}$	$\frac{3}{36}$	$\frac{2}{36}$	$\frac{1}{36}$

Man kann die Formel (10.10) für die Berechnung von $E(X)$ verwenden; viel einfacher ist es jedoch, wenn man die Symmetrie der Verteilung von X nutzt: Wie die Wahrscheinlichkeitsverteilungstabelle zeigt, ist die Verteilung von X symmetrisch um 7. Gemäß (10.16) ist somit

$$E(X) = 7.$$

Alternativ dazu kann man $E(X)$ gemäß (10.15) bestimmen:

$$E(X) = E(X_1) + E(X_2) = 3{,}5 + 3{,}5 = 7$$

(In Beispiel 10.4 wurde $E(X_1) = E(X_2) = 3{,}5$ ermittelt.)

10.5.2. Varianz, Standardabweichung, Kovarianz

Die **Varianz** einer diskreten Zufallsvariablen X mit dem Erwartungswert μ und der Wahrscheinlichkeitsfunktion $f(x)$ lautet:

$$\boxed{\sigma^2 = V(X) = \sum_{j \in \mathbb{N}} (x_j - \mu)^2 \cdot f(x_j)} \qquad (10.18)$$

Die **Varianz** einer stetigen Zufallsvariable X mit dem Erwartungswert $E(X) = \mu$ und der Dichtefunktion $f(x)$ ist gegeben durch

$$\boxed{\sigma^2 = V(X) = \int_{-\infty}^{\infty} (x - \mu)^2 f(x) dx} \qquad (10.19)$$

Für die Varianz gilt der **Verschiebungssatz**:

$$\boxed{V(X) = E(X^2) - \mu^2} \tag{10.20}$$

Die positive Wurzel der Varianz

$$\boxed{\sigma = \sqrt{\sigma^2}} \tag{10.21}$$

heißt **Standardabweichung**.

Beispiel 10.8
Für die Zufallsvariable X: *Augenzahl bei einmaligem Würfeln* aus Beispiel 10.4 errechnet sich die Varianz gemäß (10.18):

$$\begin{aligned}\sigma^2 &= \sum_{x=1}^{6} \frac{1}{6} \cdot (x - E(X))^2 = \frac{1}{6} \sum_{x=1}^{6} (x - 3,5)^2 \\ &= \frac{1}{6}\Big((1-3,5)^2 + (2-3,5)^2 + (3-3,5)^2 + (4-3,5)^2 \\ &\quad +(5-3,5)^2 + (6-3,5)^2\Big) = 2,917\end{aligned}$$

Die Standardabweichung $\sigma = \sqrt{2,917} \approx 1,71$ lässt sich im Zusammenhang mit dem Glückspiel als die durchschnittliche Abweichung des Gewinns vom Mittelwert 3,50 € auffassen.

Beispiel 10.9
Die Varianz der stetigen Zufallsvariablen X aus Beispiel 10.6 lässt sich leicht mit Hilfe des Verschiebungssatzes (siehe (10.20)) berechnen:

$$\begin{aligned}\sigma^2 &= \int_{-\infty}^{\infty} x^2 \cdot f(x)\,dx - \mu^2 = \int_a^b \frac{x^2}{b-a}\,dx - \Big(\frac{a+b}{2}\Big)^2 \\ &= \frac{b^3 - a^3}{3(b-a)} - \frac{(a+b)^2}{4} = \frac{(b-a)^3}{12(b-a)} \\ &= \frac{(b-a)^2}{12}\end{aligned}$$

Seien X und Y zwei Zufallsvariablen mit den Erwartungswerten $E(X) = \mu_X$ und $E(Y) = \mu_Y$. Die **Kovarianz** zwischen X und Y ist definiert als:

$$Cov(X,Y) = E\big[(X - \mu_X)(Y - \mu_Y)\big] \tag{10.22}$$

Den Quotienten aus der Kovarianz zwischen X und Y und dem Produkt der Standardabweichungen σ_X und σ_Y

$$\rho = \frac{Cov(X,Y)}{\sigma_X \cdot \sigma_Y} \tag{10.23}$$

nennt man **Korrelationskoeffizient** zwischen X und Y. (ρ ist griechisch, gelesen: Rho).

So wie beim Erwartungswert gibt es Zufallsvariablen, die keine Varianz haben. (Das ist dann der Fall, wenn die Summe in (10.18) bzw. das Integral in (10.19) nicht existieren.) Solche Zufallsvariablen wollen wir ebenfalls ausschließen.

Eigenschaften der Varianz

1. Man kann die Varianz als die *erwartete quadratische Abweichung der Zufallsvariablen X von ihrem Erwartungswert* μ ansehen:

$$V(X) = E(X - \mu)^2 \tag{10.24}$$

2. Sei X eine Zufallsvariable mit $V(X) = \sigma_X^2$. Für beliebige $a \in \mathbb{R}$ gilt:

$$V(a + X) = \sigma_X^2 \tag{10.25}$$

$$V(aX) = a^2 \cdot \sigma_X^2 \tag{10.26}$$

Das heißt: Bei einer Verschiebung der Zufallsvariablen X um a bleibt die Varianz unverändert; bei einer Multiplikation von X mit a ändert sich die Varianz um den Faktor a^2. Das führt wiederum zu einer Veränderung der Standardabweichung um den Faktor $|a|$:

$$\sigma_{aX} = |a| \cdot \sigma_X \tag{10.27}$$

3. Seien X und Y *unabhängige* Zufallsvariablen mit der jeweiligen Varianz σ_X^2 bzw. σ_Y^2. Für die Varianz der Linearkombination $aX + bY$ gilt:

$$V(aX + bY) = a^2 \cdot \sigma_X^2 + b^2 \cdot \sigma_Y^2 \tag{10.28}$$

Sind X und Y nicht unabhängig, dann berechnet sich die Varianz gemäß

$$V(a \cdot X + b \cdot Y) = a^2 \cdot \sigma_X^2 + b^2 \cdot \sigma_Y^2 + 2ab \cdot Cov(X, Y). \tag{10.29}$$

4. Die Varianz einer Linearkombination von n *unabhängigen* Zufallsvariablen $X_1, \ldots, X_n$ mit beliebigen Konstanten $a_1, \ldots, a_n \in \mathbb{R}$ ist:

$$V\left(\sum_{i=1}^{n} a_i X_i\right) = \sum_{i=1}^{n} a_i^2 \cdot V(X_i) \tag{10.30}$$

Beispiel 10.10

Ein Portfolio besteht zu 20% aus der Aktie A und zu 80% aus der Aktie B. Die erwarteten Renditen seien $\mu_A = 5\%$ für die Aktie A und $\mu_B = 12\%$ für die Aktie B. Die Standardabweichungen betragen $\sigma_A = 8\%$ für A und $\sigma_B = 20\%$ für B. Für das Portfolio bestimmen wir die erwartete Rendite und die Standardabweichung, wenn der Korrelationskoeffizient zwischen den Aktien A und B gleich 1, gleich 0,6 bzw. gleich 0 ist. Die gesamte Rendite des Portfolios ist gegeben durch

$$R = 0,2 \cdot R_A + 0,8 \cdot R_B.$$

Dabei bedeuten R_A die Rendite der Aktie A und R_B die der Aktie B. Die erwartete Rendite (in %) des Portfolios beträgt nach (10.14):

$$E(R) = a \cdot \mu_A + b \cdot \mu_B = 0,2 \cdot 5 + 0,8 \cdot 12 = 10,6$$

Für die Standardabweichung ermitteln wir zunächst die gesamte Varianz nach (10.29):

$$\begin{aligned} V(R) &= a^2 \cdot \sigma_A^2 + b^2 \cdot \sigma_B^2 + 2ab \cdot \underbrace{Cov(R_A, R_B)}_{\sigma_A \cdot \sigma_B \cdot \rho} \\ &= 0,2^2 \cdot 8^2 + 0,8^2 \cdot 20^2 + 2 \cdot 0,2 \cdot 0,8 \cdot 8 \cdot 20 \cdot \rho \\ &= 2,56 + 256 + 51,2 \cdot \rho \\ &= 258,56 + 51,2 \cdot \rho \end{aligned}$$

1. Für $\rho = 1$ beträgt die Varianz
$$V(R) = 258,56 + 51,2 \cdot 1 = 309,76$$
und somit die Standardabweichung
$$\sigma_R = \sqrt{309,76} = 17,6.$$
Im Mittel beträgt die Abweichung der Portfolio-Rendite von ihrem Mittelwert 17,6%.
2. Für $\rho = 0,6$ beträgt die Varianz
$$V(R) = 258,56 + 51,2 \cdot 0,6 = 289,28$$
und die Standardabweichung
$$\sigma_R = \sqrt{289,28} = 17,01.$$
3. Für $\rho = 0$ beträgt die Varianz
$$V(R) = 258,56$$
und die Standardabweichung
$$\sigma_R = \sqrt{258,56} = 16,08.$$

Eine starke Korrelation bedeutet, dass die Aktien sich in die gleiche Richtung bewegen; die Renditen steigen oder fallen gemeinsam. Je stärker die beiden Aktien miteinander korrelieren, umso größer ist die Standardabweichung des Portfolios, d. h. umso größer ist die Gewinnchance. Das bedeutet aber auch: Umso größer ist das Verlustrisiko.

10.6. Spezielle diskrete Verteilungen

10.6.1. Diskrete Gleichverteilung

Eine Zufallsvariable X mit $W_X = \{x_1, \ldots, x_m\}$ besitzt eine **diskrete Gleichverteilung**, wenn für alle $j = 1, 2, \ldots, m$ gilt:

$$\boxed{P(X = x_j) = p} \qquad (10.31)$$

Dabei gilt $0 \leq p \leq 1$ und $\sum_{j=1}^{m} p = 1$. Beispiel: Bei einem Laplace-Würfel besitzt jede Augenzahl die gleiche Wahrscheinlichkeit von $\frac{1}{6}$.

10.6.2. Binomialverteilung

Für die Herleitung des Binomialverteilungsmodells betrachten wir ein Zufallsexperiment mit zwei möglichen Ausgängen: A (Treffer) und $\bar{A}$ (Nichttreffer). Die Eintrittswahrscheinlichkeit für A sei $P(A) = p$, und damit ist $P(\bar{A}) = 1 - p$. Ein solches Zufallsexperiment heißt **Bernoulli-Experiment**.

Das Bernoulli-Experiment führen wir nun n-mal *unabhängig* voneinander durch. Jede i-te Durchführung, $i = 1, 2, \ldots, n$, lässt sich durch eine Zufallsvariable, **Bernoulli-Variable** genannt, beschreiben:

$$X_i = \begin{cases} 1, & \text{wenn}\, A\, \text{eintritt} \\ 0 & \text{sonst} \end{cases}$$

Als Ergebnis erhalten wir die sogenannte **Bernoulli-Kette** der Länge n mit dem Parameter p. Ein Baumdiagramm in Abbildung 10.2 veranschaulicht eine 2-malige Wiederholung des Experiments. Jeder Pfad zeigt ein mögliches Ergebnis:

- Pfad 1: $(1, 1)$, d. h. $X_1 = 1$, $X_2 = 1$
- Pfad 2: $(1, 0)$, d. h. $X_1 = 1$, $X_2 = 0$
- Pfad 3: $(0, 1)$, d. h. $X_1 = 0$, $X_2 = 1$
- Pfad 4: $(0, 0)$, d. h. $X_1 = 0$, $X_2 = 0$

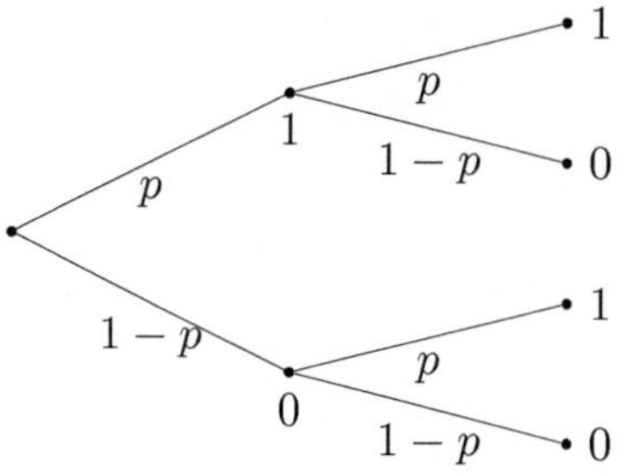

Abbildung 10.2.: Baumdiagramm zur 2-maligen Wiederholung eines Bernoulli-Experiments

Die Anzahl der Treffer bei einer n unabhängigen Wiederholung des

Bernoulli-Experiments können wir durch die Zufallsvariable

$$X = \sum_{i=1}^{n} X_i$$

angeben. Das Ereignis $\{X = x\}$ setzt sich aus Ergebnissen mit genau x Treffern zusammen. Bei jedem Ergebnis werden genau x Stellen der Bernoulli-Kette mit Einsen und $n - x$ Stellen mit Nullen besetzt.

In der 1. Spalte der Tabelle 10.1 werden die Ergebnisse für $n = 4$ aufgelistet. In diesem Fall kann die Zufallsvariable X einen Wert $x \in \{0, 1, 2, 3, 4\}$ annehmen (2. Spalte der Tabelle 10.1); jeweils[4] $\binom{4}{x}$ Ergebnis (Ergebnisse) führt (führen) zum Ereignis $\{X = x\}$ (3. Spalte). Da die Wiederholungen unabhängig sind, tritt jedes Ergebnis mit einer Wahrscheinlichkeit $p^x(1-p)^{4-x}$ ein (4. Spalte). Folglich berechnet sich die Wahrscheinlichkeit für $\{X = x\}$ nach $\binom{4}{x}p^x(1-p)^{4-x}$ (5. Spalte).

Allgemein gibt es bei einer n-maligen unabhängigen Wiederholung eines Bernoulli-Experiments $\binom{n}{x}$ mögliche Bernoulli-Ketten. Jede der Ketten bildet das Ergebnis x Erfolge und $n - x$ Misserfolge ab und tritt mit einer Wahrscheinlichkeit von $p^x(1-p)^{n-x}$ ein. Folglich berechnet sich die Wahrscheinlichkeit, dass dabei x Erfolge erzielt werden, gemäß:

$$P(X = x) = \binom{n}{x} p^x (1 - p)^{n-x} \tag{10.32}$$

[4] Es gibt $\binom{4}{x}$ Möglichkeiten, 4 Stellen durch x Einsen und $4 - x$ Nullen zu besetzen.

Ergebnisse	x	Anzahl der Ergebnisse	W'keit der elem. Ereignisse	$P(X = x)$
$(0,0,0,0)$	0	$\binom{4}{0} = 1$	$p^0(1-p)^4$	$\binom{4}{0}p^0(1-p)^4$
$(0,0,0,1)$	1			
$(0,0,1,0)$	1	$\binom{4}{1} = 4$	$p(1-p)^3$	$\binom{4}{1}p(1-p)^3$
$(0,1,0,0)$	1			
$(1,0,0,0)$	1			
$(0,0,1,1)$	2			
$(0,1,0,1)$	2	$\binom{4}{2} = 6$	$p^2(1-p)^2$	$\binom{4}{2}p^2(1-p)^2$
$(1,0,0,1)$	2			
$(1,0,1,0)$	2			
$(1,1,0,0)$	2			
$(0,1,1,0)$	2			
$(0,1,1,1)$	3			
$(1,0,1,1)$	3	$\binom{4}{3} = 4$	$p^3(1-p)$	$\binom{4}{3}p^3(1-p)$
$(1,1,0,1)$	3			
$(1,1,1,0)$	3			
$(1,1,1,1)$	4	$\binom{4}{4} = 1$	$p^4(1-p)^0$	$\binom{4}{4}p^4(1-p)^0$

Tabelle 10.1.: Bernoulli-Kette der Länge $n = 4$ mit Parameter p.

Eine Zufallsvariable X mit der Wahrscheinlichkeitsfunktion

$$P(X = x) = \begin{cases} \binom{n}{x} p^x (1-p)^{n-x} & \text{für } x \in \{0, 1, \ldots, n\} \\ 0 & \text{sonst} \end{cases} \tag{10.33}$$

nennt man **binomialverteilt** mit den Parametern n und p. Dafür schreibt man kurz

$$X \sim B(n; p).$$

(Gelesen: X ist binomialverteilt mit den Parametern n und p.)

Der Erwartungswert und die Varianz einer binomialverteilten Zufallsgröße sind:

$$E(X) = np \quad \text{und} \quad V(X) = np(1-p) \tag{10.34}$$

Beispiel 10.11
Bei einem Produktionsprozess arbeiten vier Maschinen unabhängig voneinander. Aus Erfahrung weiß man, dass während eines Produktionsprozesses jede Maschine mit einer Wahrscheinlichkeit von $p = 0,1$ defekt sein kann. Die Anzahl der defekten Maschinen (während des Produktionsprozesses) lässt sich durch die Zufallsvariable

$$X = \sum_{i=1}^{4} X_i$$

beschreiben. Dabei bedeutet für $i = 1,2,3,4$

$$X_i = \begin{cases} 1 & \text{Maschine}\, i \text{ ist defekt} \\ 0 & \text{sonst} \end{cases}$$

Da die Maschinen unabhängig voneinander arbeiten und für jedes $i = 1,2,3,4$ $P(X_i = 1) = 0,1$ gilt, ist X binomialverteilt mit den Parametern $n = 4$ und $p = 0,1$, i. Z.

$$X \sim B(4; 0,1).$$

Das heißt: Für das Ereignis $\{X = x\}$, *Genau x der vier Maschinen (ist) sind während des Produktionsprozesses defekt*, $(x = 0,1,2,3,4)$ gilt

$$P(X = x) = \binom{4}{x} 0,1^x \cdot 0,9^{4-x}.$$

So beträgt die Wahrscheinlichkeit, dass der Produktionsprozess reibungslos verläuft $(X = 0)$:

$$P(X = 0) = \binom{4}{0} 0,1^0 \cdot 0,9^4 = 0,6561$$

Die Wahrscheinlichkeit, dass während der Produktion höchstens eine Maschine defekt ist ($X \leq 1$), ergibt sich gemäß

$$\begin{aligned} P(X \leq 1) &= P(X=0)+P(X=1) \\ &= 0,6561+\binom{4}{1}0,1^1\cdot 0,9^3 \\ &= 0,6561+0,2916=0,9477. \end{aligned}$$

Die Wahrscheinlichkeit, dass während der Produktion mehr als drei Maschinen nicht funktionieren ($X \geq 3$), beträgt

$$\begin{aligned} P(X \geq 3) &= P(X=3)+P(X=4) \\ &= \binom{4}{3}0,1^3\cdot 0,9+\binom{4}{4}0,1^4\cdot 0,9^0 \\ &= 0,0036+0,0001=0,0037. \end{aligned}$$

Bei der Kostenplanung sollen die durchschnittlichen Reparaturkosten berücksichtigt werden. Wie hoch sollen diese angesetzt werden, wenn wir davon ausgehen, dass ein Reparaturfall ca. 1000 € pro Maschine kostet?

Da im Mittel pro Produktionsprozess

$$E(X)=np=4\cdot 0,1=0,4$$

Maschinen defekt sein können, kann man mit durchschnittlichen Reparaturkosten von 400 € pro Produktionsprozess rechnen.

Eigenschaften der Binomial-Verteilung

1. **Symmetrie-Eigenschaft.** Sei $X \sim B(n;p)$. Für die Zufallsvariable $Y=n-X$ gilt:

   $$Y \sim B(n;1-p)$$

   Insbesondere gilt für $p=0,5$: $P(X=x)=P(X=n-x)$

2. **Additionseigenschaft.** Sind $X \sim B(n;p)$ und $Y \sim B(m;p)$ *unabhängig*, so ist

   $$X+Y \sim B(n+m;p).$$

Für einige ausgewählte Werte von n und p werden die Werte der Verteilungsfunktion der $B(n;p)$-Verteilung

$$P(X \leq x) = F(x) = \sum_{k=0}^{x} \binom{n}{k} p^k (1-p)^{n-k} \tag{10.35}$$

tabelliert (Seite 291 - 295). Man kann diese Tabellen für die Bestimmung der Wahrscheinlichkeiten verwenden.

Als Beispiel bestimmen wir mit Hilfe der Tabelle 10.2 für $X \sim B(10; 0,4)$:

$$P(X = 3) = P(X \leq 3) - P(X \leq 2) = 0,3823 - 0,1673 = 0,215$$

$$P(4 \leq X \leq 7) = P(X \leq 7) - P(X \leq 3) = 0,9877 - 0,3823 = 0,6054$$

Wegen der Symmetrie der Binomialverteilung werden die Werte nur für $p \leq 0,5$ angegeben. Für $p > 0,5$ nützt man für die Ermittlung der Werte die Symmetrie-Eigenschaft aus. Als Beispiel berechnen wir $P(Z = 3)$, wenn $Z \sim B(10; 0,6)$. Es gilt:

$$Z \sim B(10; 0,6) \Rightarrow Y = 10 - Z \sim B(10; 0,4)$$

Somit ist

$$\begin{aligned} P(Z = 3) = P(Y = 7) &= P(Y \leq 7) - P(Y \leq 6) \\ &= 0,9877 - 0,9452 = 0,0425. \end{aligned}$$

x	$P(X \leq x)$	x	$P(X \leq x)$
0	0,0060	6	0,9452
1	0,0464	7	0,9877
2	0,1673	8	0,9983
3	0,3823	9	0,9999
4	0,6331	10	1,0000
5	0,8338		

Tabelle 10.2.: Werte der Verteilungsfunktion für $n = 10$ und $p = 0,4$

10.6.3. Das Urnenmodell

Das Urnenmodell ist ein einfaches und anschauliches Modell zur Visualisierung wahrscheinlichkeitstheoretischer Gesetzmäßigkeiten. Das Grundmodell besteht aus einer Urne (einem Gefäß) mit $N \in \mathbb{N}$ durchnummerierten Kugeln.

Man zieht blind n Kugeln nacheinander und notiert nach jeder Ziehung die Nummer der Kugel. Dabei unterscheidet man, ob die Ziehung **mit** oder **ohne** Zurücklegen erfolgt.

Bei der Ziehung mit Zurücklegen legt man nach jeder Ziehung und Notierung der Nummer die gezogene Kugel in die Urne zurück, während dies bei der Ziehung ohne Zurücklegen unterbleibt. Folglich bleibt bei der Ziehung mit Zurücklegen der Urneninhalt bei jeder Ziehung unverändert, während sich bei der Ziehung ohne Zurücklegen die Anzahl der Kugeln nach jeder Ziehung um eine reduziert.

Weiter unterscheidet man bei der Ziehung ohne Zurücklegen, ob die Reihenfolge der gezogenen Kugeln eine Rolle spielt oder nicht. Im ersten Fall sagt man *Ziehung ohne Zurücklegen mit Beachtung der Reihenfolge* und im zweiten Fall *Ziehung ohne Zurücklegen ohne Beachtung der Reihenfolge*. Man sagt auch *Ziehung mit einem Griff* dazu.

Beispiel 10.12
Aus einer Urne mit 3 Kugeln, die mit den Ziffern 0, 1, 2 gekennzeichnet sind, werden zwei Kugeln zufällig hintereinander gezogen. Die Zufallsvariable $X_i,\ i = 1,2$ gibt das Ergebnis der i-ten Ziehung an. Tabelle 10.3 enthält die möglichen Ergebnisse verschiedener Ziehungsvorschriften.

a)

	x_2		
x_1	0	1	2
0	0,0	0,1	0,2
1	1,0	1,1	1,2
2	2,0	2,1	2,2

b)

	x_2		
x_1	0	1	2
0	-	0,1	0,2
1	1,0	-	1,2
2	2,0	2,1	-

c)

	x_2		
x_1	0	1	2
0	-	0,1	0,2
1	-	-	1,2
2	-	-	-

Tabelle 10.3.: a) Ziehung mit Zurücklegen, b) Ziehung ohne Zurücklegen und mit Reihenfolge, c) Ziehung ohne Zurücklegen und ohne Reihenfolge

10.6.4. Hypergeometrische Verteilung

Für die Herleitung der hypergeometrischen Verteilung betrachten wir eine Urne mit M, $0 < M < N$, schwarzen und $N - M$ weißen Kugeln. Aus der Urne werden n Kugeln *mit einem Griff*, d. h. ohne Zurücklegen und ohne Beachtung der Reihenfolge, gezogen. Die Zufallsvariable X mit dem Wertebereich $W_X = \{\max(0, n - (N - M)), \ldots, \min(n, M)\}$ gibt die Anzahl der schwarzen unter den n gezogenen Kugeln an; also bedeutet $X = x$, dass sich in der Stichprobe x schwarze und $n - x$ weiße Kugeln befinden.

1. Es gibt
$$\binom{N}{n}$$
Möglichkeiten, n aus N Kugeln auszuwählen.

2. Für die Wahrscheinlichkeitsverteilung der Zufallsvariablen X gelten die folgenden Überlegungen:

   a) Es gibt
   $$\binom{M}{x}$$
   Möglichkeiten, x schwarze aus insgesamt M schwarzen Kugeln auszuwählen, und aus den restlichen $(N - M)$ weißen gibt es
   $$\binom{N-M}{n-x}$$
   Möglichkeiten, $(n - x)$ weiße Kugeln auszuwählen.

   b) Die $\binom{M}{x}$ schwarzen und $\binom{N-M}{n-x}$ weißen Kugeln sind miteinander frei kombinierbar, so dass nach dem Grundprinzip die Anzahl der Möglichkeiten
   $$\binom{M}{x} \cdot \binom{N-M}{n-x}$$
   beträgt.

Nach Laplace ist damit die Wahrscheinlichkeit, dass sich unter den n gezogenen x schwarze Kugeln befinden, gleich

$$P(X = x) = \frac{\binom{M}{x}\binom{N-M}{n-x}}{\binom{N}{n}}. \tag{10.36}$$

Eine Zufallsvariable X mit dem Wertebereich $W_X = \{\max(0, n-(N-M)), \ldots, \min(n, M)\}$ und der Wahrscheinlichkeitsfunktion

$$P(X = x) = \begin{cases} \frac{\binom{M}{x}\binom{N-M}{n-x}}{\binom{N}{n}} & \text{für } x \in W_X \\ 0 & \text{sonst} \end{cases} \tag{10.37}$$

heißt **hypergeometrischverteilt** mit den Parametern n, M und N. Man schreibt kurz

$$X \sim H(n; N; M).$$

Der Erwartungswert und die Varianz einer hypergeometrischverteilten Zufallsgröße sind:

$$E(X) = n\frac{M}{N} \quad V(X) = n\frac{M}{N} \cdot \left(1 - \frac{M}{N}\right) \cdot \left(\frac{N-n}{N-1}\right) \tag{10.38}$$

Beispiel 10.13

Beim Lottospiel „6 aus 49“ werden 6 Kugeln aus einer Trommel mit 49 durchnummerierten Kugeln blind und ohne Zurücklegen gezogen. Auf einem Lotto-Schein kann ein Spieler 6 aus 49 Feldern ankreuzen. Für die Zufallsvariable X: *Anzahl der Richtigen* gilt

$$X \sim H(6; 49; 6),$$

d. h. die Wahrscheinlichkeit für genau x Richtige berechnet sich gemäß

$$P(X = x) = \frac{\binom{6}{x}\binom{49-6}{6-x}}{\binom{49}{6}}.$$

So beträgt die Wahrscheinlichkeit für sechs Richtige

$$P(X = 6) = \frac{\binom{6}{6}\binom{43}{0}}{\binom{49}{6}} = \frac{1}{13.983.816},$$

für drei Richtige

$$P(X = 3) = \frac{\binom{6}{3}\binom{43}{3}}{\binom{49}{6}} = \frac{246.820}{13.983.816} = 0,0177,$$

für keine Richtige

$$P(X=0)=\frac{\binom{6}{0}\binom{43}{6}}{\binom{49}{6}}=\frac{6.096.454}{13.983.816}=0,436.$$

10.6.5. Poissonverteilung

Eine Zufallsvariable mit der Wahrscheinlichkeitsfunktion

$$P(X=x)=\begin{cases}\frac{\lambda^x}{x!}\mathrm{e}^{-\lambda} & \text{für } x=0,1,2,\ldots\\ 0 & \text{sonst}\end{cases} \tag{10.39}$$

heißt **Poisson**-verteilt[5]. Man schreibt kurz

$$X \sim Po(\lambda).$$

Eine Poisson-verteilte Zufallsvariable zählt, wie oft ein bestimmtes Ereignis in einem festen, vorgegebenen Zeitintervall eintritt, wenn der Zählvorgang die folgenden Voraussetzungen erfüllt:

1. Zwei Ereignisse können nicht gleichzeitig auftreten.
2. Die Wahrscheinlichkeit für das Eintreten des Ereignisses in einem Teilintervall hängt nur von dessen Länge, nicht aber von dessen Lage auf der Zeitachse ab.
3. Die Anzahlen der Ereignisse in zwei sich nicht überlappenden Zeitintervallen sind unabhängig.

Der Parameter λ (griechisch: Lambda) heißt **Intensitätsrate** und gibt die durchschnittliche Anzahl der Ereignisse in einem Einheitsintervall (Intervall der Länge eins) an. Der Erwartungswert und die Varianz einer Poisson-verteilten Zufallsgröße sind:

$$E(X)=\lambda \quad \text{und} \quad V(X)=\lambda \tag{10.40}$$

[5]Simèon Denis Poisson, französischer Mathematiker und Physiker 1781-1840

Beispiel 10.14
Die Anzahl der Banküberfälle an einem bestimmten Ort sei Poisson-verteilt mit der Intensitätsrate 2 pro Woche. Mit X: *Anzahl der Banküberfalle in einer Woche* berechnen wir die Wahrscheinlichkeit, dass in einer Woche

1. kein Überfall verübt wird:

$$P(X=0)=\frac{2^0}{0!}\mathrm{e}^{-2}=0,1353$$

2. genau 5 Überfälle stattfinden:

$$P(X=5)=\frac{2^5}{5!}\mathrm{e}^{-2}=0,0361$$

Die Poissonverteilung kann man auch als eine Näherung der Binomialverteilung ansehen. Das trifft dann genau zu, wenn das Bernoulli-Experiment *sehr oft* ($n \to \infty$) wiederholt wird und die Erfolgswahrscheinlichkeit *sehr klein* ($p \to 0$) ist. Dann ist die Anzahl der Erfolge $Po(\lambda)$-verteilt mit $\lambda = np$. (Faustregel: $n \geq 100$ und $p \leq 0,1$. Vgl. [23, Abschnitt 11.5]).

Die Summe zweier Poisson-verteilter unabhängiger Zufallsvariablen $X \sim Po(\lambda)$ und $Y \sim Po(\mu)$ ist wieder Poisson-verteilt:

$$\boxed{X+Y \sim Po(\lambda+\mu)} \tag{10.41}$$

Daraus folgt: Wenn X: *Anzahl der Ereignisse in einem Einheitsintervall* $Po(\lambda)$-verteilt ist, dann gilt für Z: *Anzahl der Ereignisse in einem Intervall der Länge* t:

$$Z \sim Po(\lambda t)$$

Beispiel 10.15
(Fortsetzung des Beispiels 10.14). Für die Zufallsvariable Z: *Anzahl der Überfälle in vier Wochen* gilt: $Z \sim Po(8)$.

10.7. Spezielle stetige Verteilungen

10.7.1. Stetige Gleichverteilung

Eine Zufallsvariable X heißt auf einem Intervall $[a, b]$ $(-\infty < a < b < \infty)$ **stetig gleichverteilt**, wenn eine konstante Dichtefunktion der Gestalt

$$f(x) = \begin{cases} \frac{1}{b-a} & \text{für} \quad a \leq x \leq b \\ 0 & \text{sonst} \end{cases} \tag{10.42}$$

existiert.

Wegen der Gestalt (Abbildung 10.3) der Dichtefunktion wird die stetige Gleichverteilung auch **Rechteckverteilung** genannt. Die Verteilungsfunktion einer stetigen Gleichverteilung ist bestimmt durch:

$$F(x) = \begin{cases} 0 & \text{für} \quad x \leq a \\ \frac{x-a}{b-a} & \text{für} \quad a \leq x \leq b \\ 1 & \text{für} \quad x \geq b \end{cases} \tag{10.43}$$

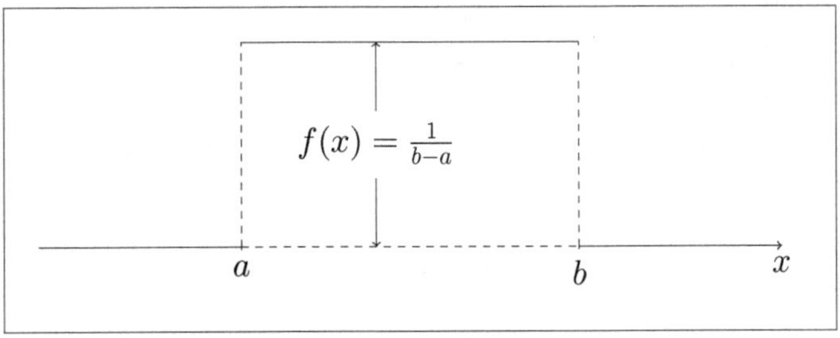

Abbildung 10.3.: Dichtefunktion einer stetigen Gleichverteilung

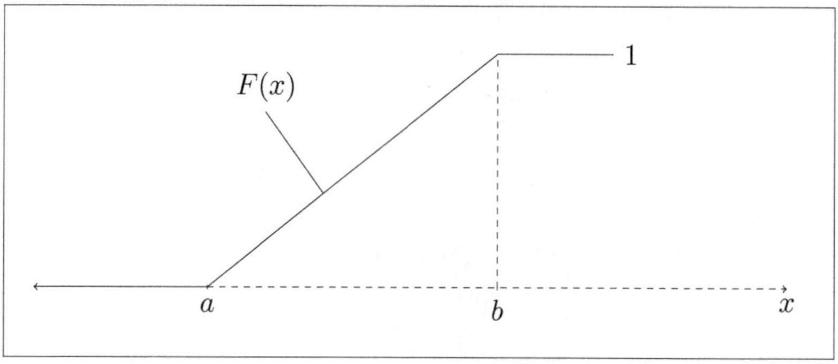

Abbildung 10.4.: Verteilungsfunktion einer Rechteckverteilung

Denn

$$F(x) = \int_{-\infty}^{x} f(u)\, du = \int_{a}^{x} \frac{1}{b-a}\, du = \frac{x-a}{b-a}.$$

Die Verteilungsfunktion weist an den Stellen $x = a$ und $x = b$ Knickpunkte auf und ist dort nicht differenzierbar. Die Dichtefunktion hat an den genannten Stellen Sprungstellen. Der Erwartungswert und die Varianz (vgl. Beispiel 10.6 und Beispiel 10.9) einer auf dem Intervall $[a, b]$ gleichverteilten Zufallsvariable X sind:

$$E(X) = \frac{a+b}{2} \qquad \text{und} \qquad V(X) = \frac{(b-a)^2}{12} \tag{10.44}$$

Beispiel 10.16

An einer bestimmten Haltestelle in einer Stadt weiß ein Tourist lediglich, dass die Busse alle 40 Minuten fahren. Er geht aufs Geratewohl zur Haltestelle. Nehmen wir an, die Busse fahren störungsfrei (d. h. kein Streik, kein Stau o. ä.). Für die Zufallsvariable X: *Wartezeit, bis der nächste Bus kommt* können wir voraussetzen, dass X auf dem Zeitintervall $[0; 40]$ gleichverteilt ist. Die Dichtefunktion von X (vgl. Abbildung 10.5) lautet:

$$f(x) = \begin{cases} \frac{1}{40} & \text{für} \quad 0 \leq x \leq 40 \\ 0 & \text{sonst} \end{cases}$$

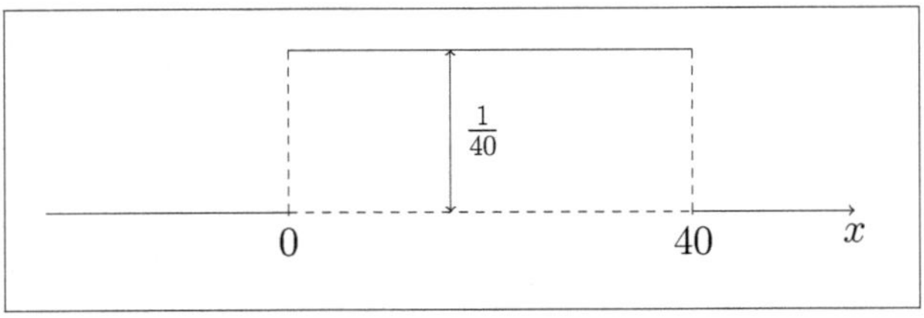

Abbildung 10.5.: Dichtefunktion $f(x) = \frac{1}{40}$ für $x \in [0; 40]$. Außerhalb dieses Intervalls ist sie gleich Null.

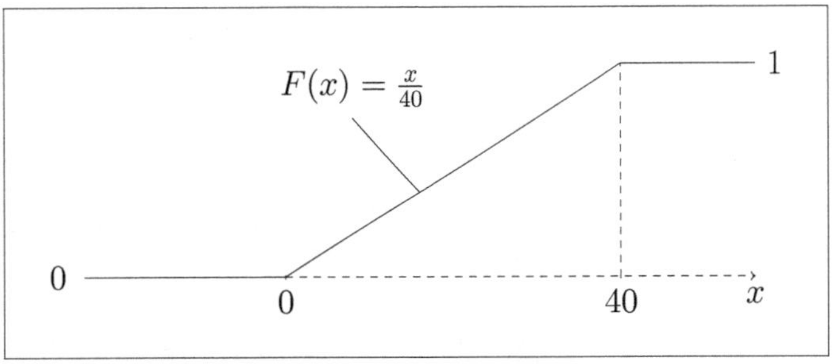

Abbildung 10.6.: Verteilungsfunktion $F(x)$ zur Dichtefunktion in Abbildung 10.5

Die zugehörige Verteilungsfunktion (vgl. Abbildung 10.6) lautet:

$$F(x) = \begin{cases} 0 & \text{für} \quad x \leq 0 \\ \frac{x}{40} & \text{für} \quad 0 \leq x \leq 40 \\ 1 & \text{für} \quad x \geq 40 \end{cases}$$

Die Wahrscheinlichkeit, dass der Tourist zwischen 15 und 25 Minuten warten muss, beträgt

$$P(15 \leq X \leq 25) = F(25) - F(15) = \frac{25}{40} - \frac{15}{40} = 0,25.$$

Die Wahrscheinlichkeit, dass er höchstens fünf Minuten wartet, ist

$$P(X \leq 5) = F(5) = \frac{5}{40} = 0,125.$$

Die Wahrscheinlichkeit, dass die Wartezeit länger als 10 Minuten dauert, beträgt

$$\begin{aligned} P(X \geq 10) &= 1 - P(X \leq 10) \\ &= 1 - F(10) = 1 - \frac{10}{40} = 0,75. \end{aligned}$$

Die mittlere Wartezeit (in Minuten), bis ein Bus kommt, beträgt

$$E(X) = \frac{0 + 40}{2} = 20$$

und die Varianz

$$V(X) = \sigma^2 = \frac{(40 - 0)^2}{12} = 133,\bar{3}.$$

Aus der Varianz ergibt sich die Standardabweichung

$$\sigma = \sqrt{133,\bar{3}} = 11,547.$$

10.7.2. Normalverteilung

Die Normal- oder Gauß[6]-Verteilung ist die bekannteste und wichtigste Verteilung in der Statistik. Sie findet in vielen Gebieten Anwendung: Zufällige Abweichungen vom Sollwert in einer Produktion oder zufällige Messfehler lassen sich durch Normalverteilungen modellieren; in finanzwirtschaftlichen Fragestellungen wie in der Portfoliotheorie geht man häufig von normalverteilten Log-Renditen aus (siehe [21]).

Eine stetige Zufallsvariable X mit der Dichtefunktion

$$f(x) = \frac{1}{\sigma\sqrt{2\pi}} \, \mathrm{e}^{-\frac{1}{2}\left(\frac{x-\mu}{\sigma}\right)^2} \tag{10.45}$$

heißt **normalverteilt**. Dafür schreibt man kurz

$$X \sim N(\mu; \sigma).$$

(Gelesen: Die Zufallsvariable X ist normalverteilt mit den Parametern μ und σ.)

[6] Carl Friedrich Gauß, 1777-1855

Dabei bezeichnet μ den Erwartungswert und σ die Standardabweichung von X. Durch diese beiden Parameter wird die Dichtefunktion der Normalverteilung eindeutig bestimmt.

Eine Veränderung von μ bei konstantem σ bewirkt eine Verschiebung auf der x-Achse bei gleichbleibender Form der Verteilung. Je größer σ ist, umso flacher ist die Glockenkurve (siehe Abbildung 10.7).

Weitere Eigenschaften der Dichtefunktion

1. $f(x)$ ist glockenförmig. Deshalb nennt man sie auch **Gauß-Glocke** oder einfach **Glockenkurve**.
2. $f(x)$ ist symmetrisch um μ (siehe Abbildung 10.8):

$$f(\mu - x) = f(\mu + x)$$

3. Ihr Maximum befindet sich an der Stelle $x = \mu$.
4. Ihre Wendepunkte befinden sich an den Stellen $\mu - \sigma$ und $\mu + \sigma$.

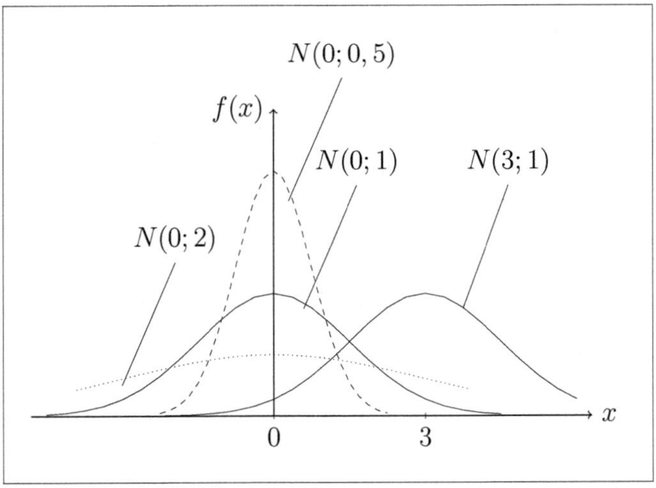

Abbildung 10.7.: Normalverteilungen mit unterschiedlichen Varianzen und unterschiedlichen Erwartungswerten

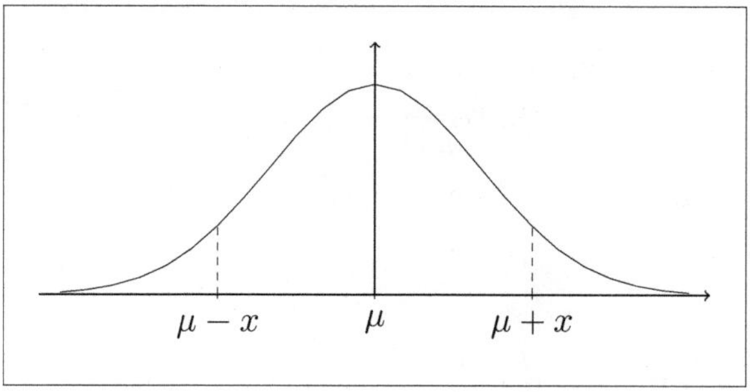

Abbildung 10.8.: Dichtefunktion einer $N(\mu;\sigma)$-verteilten Zufallsvariablen X

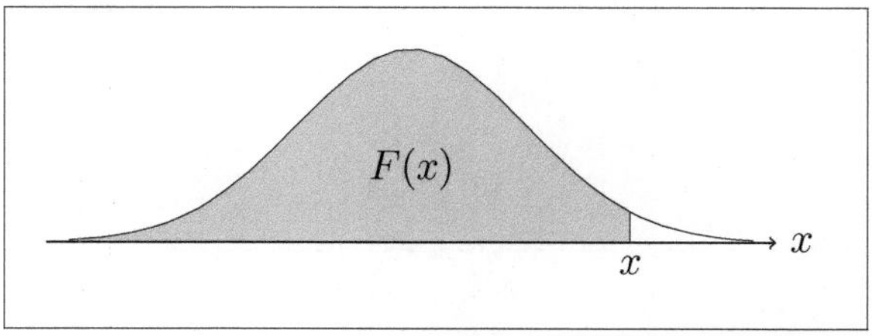

Abbildung 10.9.: Verteilungsfunktion einer $N(\mu;\sigma)$-verteilten Zufallsvariablen X

Die **Verteilungsfunktion** lautet

$$F(x) = P(X \leq x) = \int_{-\infty}^{x} f(u)du. \qquad (10.46)$$

Grafisch (siehe Abbildung 10.9) wird $P(X \leq x) = F(x)$ durch den Flächeninhalt unter der Glockenkurve auf dem Intervall $]-\infty; x]$ dargestellt. Die Wahrscheinlichkeit, dass $a \leq X \leq b$, entspricht dem Flächeninhalt unter der Glocke auf dem Intervall $[a; b]$, denn es gilt (vgl. Abbildung 10.10):

$$\begin{aligned} P(a \leq X \leq b) &= \int_a^b f(x)dx \\ &= \int_{-\infty}^{b} f(x)dx - \int_{-\infty}^{a} f(x)dx \\ &= F(b) - F(a) \end{aligned}$$

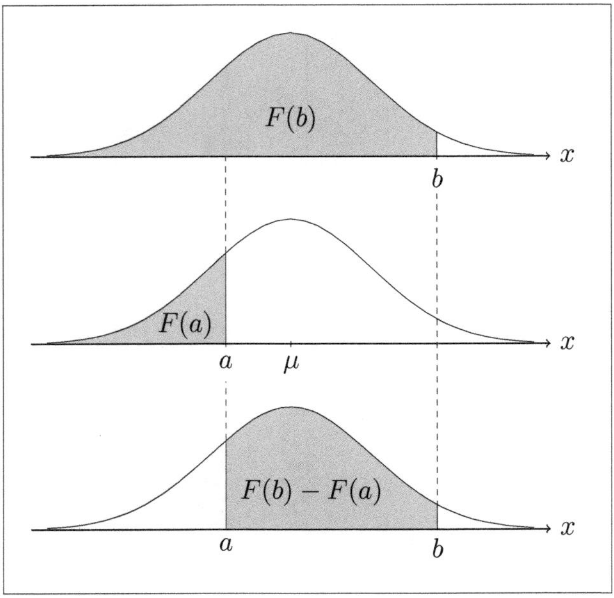

Abbildung 10.10.: $P(a \leq X \leq b)$ als die Differenz zwischen $F(b)$ und $F(a)$

$k\sigma$–Bereiche einer $N(\mu;\sigma)$-verteilten Zufallsvariablen X:

Im **Ein-Sigma-Bereich** $[\mu - \sigma;\ \mu + \sigma]$ liegen ca. 68% der Werte von X (vgl. Abbildung 10.11).

Im **Zwei-Sigma-Bereich** $[\mu - 2\sigma;\ \mu + 2\sigma]$ liegen ca. 95% der Werte von X (vgl. Abbildung 10.12).

Im **Drei-Sigma-Bereich** $[\mu - 3\sigma;\ \mu + 3\sigma]$ befinden sich fast alle Werte (99,74%) von X (vgl. Abbildung 10.13).

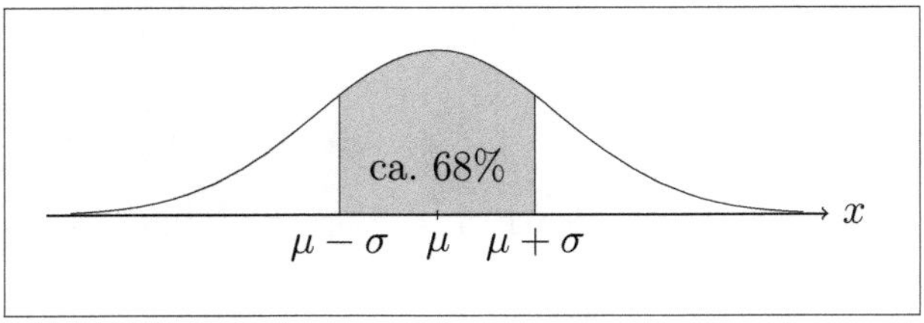

Abbildung 10.11.: Ein-Sigma-Bereich: $P(\mu - \sigma \leq X \leq \mu + \sigma) = 0,6826$

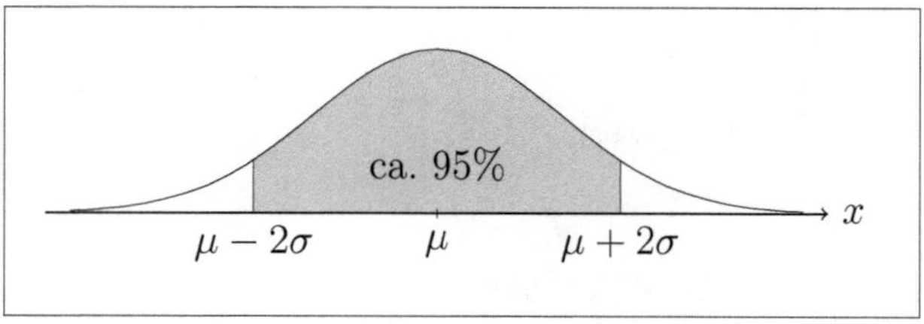

Abbildung 10.12.: Zwei-Sigma-Bereich: $P(\mu - 2\sigma \leq X \leq \mu + 2\sigma) = 0,9544$

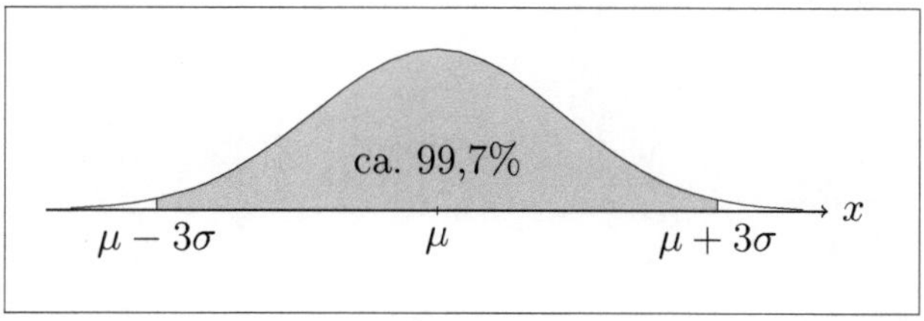

Abbildung 10.13.: Drei-Sigma-Bereich: $P(\mu - 3\sigma \leq X \leq \mu + 3\sigma) = 0,9974$

Zusammengefasst gilt:

$$P(\mu - k\sigma \leq X \leq \mu + k\sigma) = \begin{cases} 0,6826 & \text{für} \quad k = 1 \\ 0,9544 & \text{für} \quad k = 2 \\ 0,9974 & \text{für} \quad k = 3. \end{cases} \tag{10.47}$$

10.7.3. Standardnormalverteilung

Die Normalverteilung mit den Parametern $\mu = 0$ und $\sigma = 1$ heißt **Standardnormalverteilung**. Für $Z \sim N(0;1)$ bezeichnet ϕ (griechisch: kleines Phi) die Dichtefunktion bzw. Φ (großes Phi) die Verteilungsfunktion von Z. Also ist

$$\phi(z) = \frac{1}{\sqrt{2\pi}} \mathrm{e}^{-\frac{z^2}{2}} \tag{10.48}$$

bzw.

$$\Phi(z) = P(Z \leq z) = \int_{-\infty}^{z} \phi(u)du \tag{10.49}$$

Wegen der Symmetrie zur y-Achse gelten:

$$\Phi(0) = \frac{1}{2} \qquad \text{und} \qquad \Phi(-z) = 1 - \Phi(z) \tag{10.50}$$

Die Werte der Verteilungsfunktion $\Phi(z) = P(Z \leq z)$ für $z \geq 0$ sind tabelliert (Seite 296). Einen Auschnitt davon zeigt die Tabelle 10.4. Ablesebeispiele:

1. $P(Z \leq 0,30) = \Phi(0,30) = 0,6179$
2. $P(Z \leq 0,32) = \Phi(0,32) = 0,6255$
3. $P(Z \leq -0,53) = \Phi(-0,53) = 1 - \underbrace{\Phi(0,53)}_{0,7019} = 0,2981$

z	0,00	0,01	0,02	0,03	0,04	0,05
0,0	0,5000	0,5040	0,5080	0,5120	0,5160	0,5199
0,1	0,5398	0,5438	0,5478	0,5517	0,5557	0,5596
0,2	0,5793	0,5832	0,5871	0,5910	0,5948	0,5987
0,3	**0,6179**	0,6217	**0,6255**	0,6293	0,6331	0,6368
0,4	0,6554	0,6591	0,6628	0,6664	0,6700	0,6736
0,5	0,6915	0,6950	0,6985	**0,7019**	0,7054	0,7088

Tabelle 10.4.: Ausschnitt der Standardnormalverteilungstabelle

Da jede normalverteilte Zufallsvariable X mit den Parametern μ und $\sigma > 0$ sich gemäß der **Standardisierung**

$$Z = \frac{X - \mu}{\sigma} \sim N(0; 1) \tag{10.51}$$

auf die standardnormalverteilte Zufallsvariable Z zurückführen lässt, kann man die Wertetabelle der Standardnormalverteilung auch für jede (allgemeine) $N(\mu;\sigma)$-verteilte Zufallsvariable anwenden. So können wir beispielsweise für die Zufallsvariable $X \sim N(2;0,5)$ die Wahrscheinlichkeit $P(X \leq 3)$ wie folgt bestimmen:

$$P(X \leq 3) = P\Big(Z \leq \frac{3-2}{0,5}\Big) = P(Z \leq 2) = \Phi(2) = 0,9772$$

oder

$$\begin{aligned} P(1 \leq X \leq 2,5) &= P(X \leq 2,5) - P(X \leq 1) \\ &= P(Z \leq 1) - P(Z \leq -2) \\ &= \Phi(1) - \Phi(-2) \\ &= \Phi(1) - (1 - \Phi(2)) \\ &= 0,8413 - (1 - 0,9772) = 0,8185 \end{aligned}$$

Beispiel 10.17
Die in Maßkrüge eingeschenkte Biermenge auf dem Oktoberfest in München kann man als eine normalverteilte Zufallsvariable mit dem Erwartungswert 1 Liter und der Standardabweichung 10 ml ansehen. Wie groß ist die Wahrscheinlichkeit, dass ein Bierzeltbesucher eine Maß bekommt, die um höchstens 15 ml vom Sollwert abweicht?

Mit X: *Biermenge*; $X \sim N(1000;10)$ berechnen wir die gesuchte Wahrscheinlichkeit folgendermaßen:

$$\begin{aligned} P(|X-1000| \leq 15) &= P(985 \leq X \leq 1015) \\ &= P\Big(\frac{985-1000}{10} \leq Z \leq \frac{1015-1000}{10}\Big) \\ &= P(-1,5 \leq Z \leq 1,5) \\ &= \Phi(1,5) - \Phi(-1,5) \\ &= \Phi(1,5) - \Big(1 - \Phi(1,5)\Big) \\ &= 2 \cdot \Phi(1,5) - 1 = 2 \cdot 0,9332 - 1 \\ &= 0,8664 \end{aligned}$$

Der Bierschaum setzt sich im Krug in vier Minuten. Danach darf der Flüssigkeitsspiegel nicht mehr als 10 ml unter der Litermarkierung liegen. Andernfalls erhält der Schankkellner eine Mahnung. Wie groß ist die Wahrscheinlichkeit, dass keine einzige Mahnung erteilt wird?

Eine Mahnung wird erteilt, wenn die Biermenge weniger als 990 ml beträgt, d. h., wenn $X \leq 990$. Dies geschieht mit einer Wahrscheinlichkeit von

$$\begin{aligned} P(X \leq 990) &= P\Big(\frac{X-1000}{10} \leq \frac{990-1000}{10}\Big) \\ &= P(Z \leq -1) = \Phi(-1) \\ &= 1 - \Phi(1). \end{aligned}$$

Die Wahrscheinlichkeit, dass der Schankkellner keine Mahnung erhält, beträgt somit

$$\begin{aligned} P(X \geq 990) &= 1 - P(X \leq 990) \\ &= 1 - (1 - \Phi(1)) \\ &= \Phi(1) = 0,8413. \end{aligned}$$

Nach den Sigma-Regeln wissen wir außerdem, dass

1. ca. 68% der eingeschenkten Biermenge zwischen 990 ml und 1010 ml (im Ein-σ-Bereich) liegen,
2. ca. 95% der eingeschenkten Biermenge zwischen 980 ml und 1020 ml (im Zwei-σ-Bereich) liegen,
3. ca. 99,7% der eingeschenkten Biermenge zwischen 970 ml und 1030 ml (im Drei-σ-Bereich) liegen.

Weitere Eigenschaften der Normalverteilung

1. Ist $X \sim N(\mu; \sigma)$, dann gilt für die lineartransformierte Zufallsvariable $Y = a + bX$:

$$\boxed{Y \sim N(a + b\mu; |b|\sigma)} \tag{10.52}$$

2. Seien $X \sim N(\mu_X; \sigma_X)$ und $Y \sim N(\mu_Y; \sigma_Y)$ *voneinander unabhängig*. Dann gilt:

$$\boxed{X + Y \sim N\Big(\mu_X + \mu_Y; \sqrt{\sigma_X^2 + \sigma_Y^2}\Big)} \tag{10.53}$$

Für n *unabhängige* Zufallsvariablen $X_1, \ldots, X_n$ mit

$$X_i \sim N(\mu_i; \sigma_i), \; i = 1, \ldots, n$$

gilt für jede Linearkombination $Y = \sum\limits_{i=1}^{n} a_i X_i$:

$$Y \sim N\left(\sum_{i=1}^{n} a_i \mu_i; \sqrt{\sum_{i=1}^{n} a_i^2 \sigma_i^2} \right) \tag{10.54}$$

10.7.4. Quantile der Standardnormalverteilung

Definition 10.7
Für $0 < p < 1$ ist das p-**Quantil** oder p-**Fraktil** z_p der Standardnormalverteilung derjenige Wert, für den gilt:

$$P(Z \leq z_p) = \Phi(z_p) = p \tag{10.55}$$

Wegen $\Phi(z_p) + \Phi(z_{1-p}) = 1$ gilt (vgl. Abbildung 10.15):

$$\Phi(z_p) = 1 - \Phi(z_{1-p}) \tag{10.56}$$

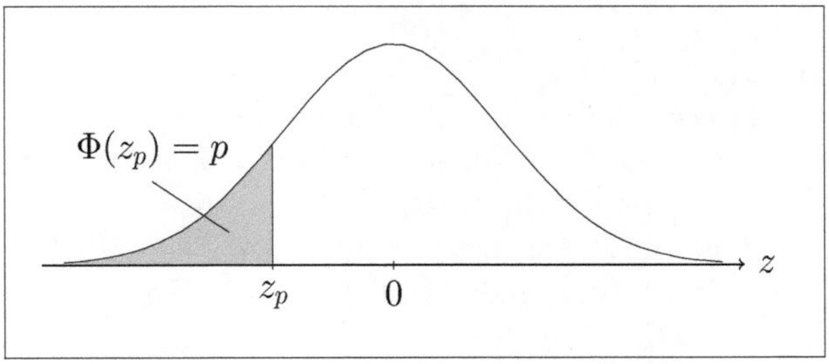

Abbildung 10.14.: Das p-Quantil der $N(0;1)$-Verteilung

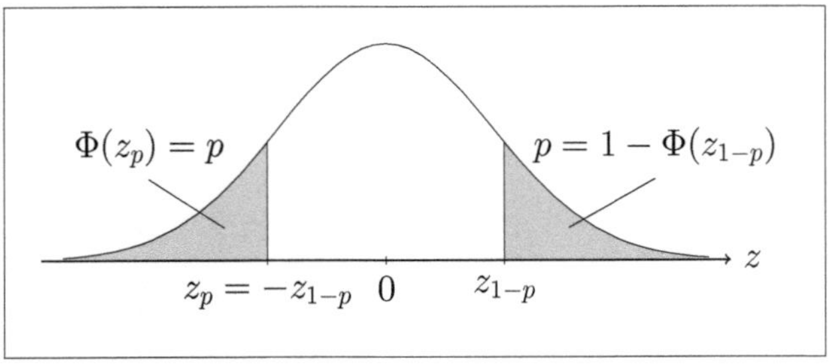

Abbildung 10.15.: Symmetrie: $z_p = -z_{1-p}$ bzw. $\Phi(-z_{1-p}) = \Phi(z_p)$

Wegen der Symmetrie zur y-Achse gilt:

$$\boxed{\Phi(z_{1-p}) = 1 - \Phi(-z_{1-p})} \tag{10.57}$$

Aus (10.56) und (10.57) folgt:

$$\boxed{\Phi(z_p) = \Phi(-z_{1-p})} \tag{10.58}$$

Einige häufig verwendete Quantile der Standardnormalverteilung:

p	0,90	0,95	0,975	0,99	0,995
z_p	1,28	1,65	1,96	2,33	2,58

10.8. Zusammenfassung

Vereinfacht ausgedrückt sind Zufallsvariablen numerische Ergebnisse eines Zufallsexperiments. Formal bildet eine Zufallsvariable X Ereignisse in $\mathbb{R}$ ab. Man unterscheidet zwischen *diskreten* und *stetigen* Zufallsvariablen. Eine Zufallsvariable X heißt diskret, wenn ihr Wertebereich abzählbar ist, ansonsten heißt sie stetig. Stetige Zufallsvariablen können keinen einzelnen Wert annehmen. Ereignisse der Form $\{X = x\}$ sind nicht möglich. Wahrscheinlichkeitsaussagen sind nur für Ereignisse der Art $X = I$ sinnvoll. Dabei kann I ein offenes, abgeschlossenes oder halboffenes Intervall sein. Da Zufallsvariablen ihren

Ursprung in Ereignissen haben, behält das Konzept des Wahrscheinlichkeitsbegriffes seine Gültigkeit.

Betrachtet man zwei Zufallsvariablen gemeinsam, so kann man *gemeinsame* und *bedingte Wahrscheinlichkeiten* untersuchen. Man spricht von zwei *unabhängigen* Zufallsvariablen X und Y, wenn ihre gemeinsame Wahrscheinlichkeit gleich dem Produkt der einzelnen Wahrscheinlichkeiten ist. Den Wert, den man im Mittel für eine Zufallsvariable X erwartet, nennt man *Erwartungswert.* Die mittlere quadratische Abweichung von diesem heißt *Varianz.* Für zwei Zufallsvariablen X und Y gibt die *Kovarianz* das Ausmaß ihrer gemeinsamen Streuung an.

Einige spezielle diskrete Verteilungsmodelle

1. **Binomialverteilung** $B(n;p)$. Eine $B(n;p)$-verteilte Zufallsvariable X gibt die Anzahl der Erfolge bei n unabhängigen Wiederholungen eines *Bernoulli-Experiments* wieder. Ein Bernoulli-Experiment ist ein Zufallsexperiment, bei dem nur zwei möglichen Ausgänge (Erfolg/Misserfolg) möglich sind. Dabei gibt p die Erfolgswahrscheinlichkeit wieder. Die Wahrscheinlichkeitsfunktion einer binomialverteilten Zufallsvariablen X lautet

$$P(X=x) = \begin{cases} \binom{n}{x} p^x (1-p)^{n-x} & \text{für } x \in \{0,\ldots,n\} \\ 0 & \text{sonst} \end{cases}$$

Der Erwartungswert und die Varianz einer binomialverteilten Zufallsgröße sind

$$E(X) = np \quad \text{und} \quad V(X) = np(1-p).$$

Für $n = 1$ heißt die Verteilung auch *Bernoulli-Verteilung*.

2. **Hypergeometrische Verteilung** $H(n;N;M)$. Das hypergeometrische Verteilungsmodell ist das Ergebnis des Ziehens mit einem Griff von n Kugeln aus einer Urne mit N Kugeln, wobei M davon eine uns interessierende Eigenschaft aufweisen. Eine hypergeometrischverteilte Zufallsvariable X gibt die Anzahl der Kugeln mit dieser Eigenschaft unter den n gezogenen Kugeln an. Die Parameter einer hypergeometrischen Verteilung sind n, M und N. Die Wahrscheinlichkeitsfunktion einer hypergeometisch

verteilten Zufallsvariablen X ist gegeben durch

$$P(X=x)=\begin{cases}\frac{\binom{M}{x}\binom{N-M}{n-x}}{\binom{N}{n}} & \text{für } x\in W_X\\ 0 & \text{sonst}\end{cases}$$

Dabei stellt $W_X = \{\max(0, n-(N-M)), \ldots \min(n, M)\}$ den Wertebereich von X dar. Der Erwartungswert und die Varianz einer hypergeometrischverteilten Zufallsgröße sind

$$E(X)=n\frac{M}{N} \quad \text{und} \quad V(X)=n\frac{M}{N}\cdot\left(1-\frac{M}{N}\right)\cdot\left(\frac{N-n}{N-1}\right).$$

3. **Poissonverteilung** $Po(\lambda)$. Die Poisson-Verteilung ist geeignet zur Modellierung von seltenen Ereignissen in einem bestimmten Zeitintervall. Eine Poisson-verteilte Zufallsvariable X besitzt eine Wahrscheinlichkeitsfunktion der Gestalt

$$P(X=x)=\begin{cases}\frac{\lambda^x}{x!}e^{-\lambda} & \text{für } x=0,1,2,\ldots\\ 0 & \text{sonst}\end{cases}$$

Der Parameter λ gibt die durchschnittliche Anzahl der Ereignisse in einem Einheitsintervall an. Der Erwartungswert und die Varianz einer Poisson-verteilten Zufallsgröße sind

$$E(X)=\lambda \quad \text{und} \quad V(X)=\lambda.$$

Für $n\to\infty$ und $p\to 0$ lässt sich die Binomialverteilung $B(n;p)$ durch die Poissonverteilung $Po(np)$ annähern.

Einige spezielle stetige Verteilungen

1. **Stetige Gleichverteilung** oder **Rechteckverteilung**. Die Dichtefunktion einer auf einem Intervall $[a,b]$ $(-\infty < a < b < \infty,\ a,b\in\mathbb{R})$ stetig gleichverteilten Zufallsvariablen X hat die Gestalt

$$f(x)=\begin{cases}\frac{1}{b-a} & \text{für } x\in[a,b]\\ 0 & \text{sonst}\end{cases}$$

Die Verteilungsfunktion:

$$F(x) = \begin{cases} 0 & \text{für } x \leq a \\ \frac{x-a}{b-a} & \text{für } a \leq x \leq b \\ 1 & \text{für } x \geq b \end{cases}$$

Der Erwartungswert und die Varianz sind:

$$E(X) = \frac{a+b}{2} \qquad \text{und} \qquad V(X) = \frac{(b-a)^2}{12}$$

2. **Normal-** oder **Gauß-Verteilung**. Viele Zufallsvorgänge in der Praxis lassen sich – zumindest näherungsweise – durch die Normalverteilung beschreiben. Die Normalverteilung wird durch die Parameter μ und σ eindeutig bestimmt. Dabei bezeichnen μ den Erwartungswert und σ die Standardabweichung.

   Sind $\mu = 0$ und $\sigma = 1$, dann heißt die Verteilung **Standardnormalverteilung**. Die Verteilungsfunktion der Standardnormalverteilung ist tabelliert. Jede $N(\mu;\sigma)$-verteilte Zufallsvariable X lässt sich durch die **Standardisierung**

$$Z = \frac{X-\mu}{\sigma}$$

   auf eine standardnormalverteilte Zufallsvariable Z zurückführen.

Notationen, Formeln und ihre Bedeutung

$P(X=x\|Y=y) = \frac{P(X=x,Y=y)}{P(Y=y)}$	Bedingte diskrete Wahrscheinlichkeit von X, gegeben $\{Y=y\}$
$P(X=x, Y=y)$	Gemeinsame diskrete Verteilung von X und Y
$E(X) = \mu$	Erwartungswert
$V(X) = \sigma^2$	Varianz
$\sigma = \sqrt{\sigma^2}$	Standardabweichung
$Cov(X,Y) = E\big[(X-\mu_X)(Y-\mu_Y)\big]$	Kovarianz zwischen X und Y
$\rho = \frac{Cov(X,Y)}{\sigma_X \cdot \sigma_Y}$	Korrelationskoeffizient zwischen X und Y

11. Die wichtigsten Grenzwertsätze

In diesem Abschnitt werden die wichtigsten Grenzwertsätze knapp behandelt. Für eine ausführliche Beschreibung dieser Gesetze sei auf [11] oder [23] verwiesen. Außerdem wird die Ungleichung von Tschebyscheff[1] vorgestellt. Mit der Tschebyscheffschen Ungleichung kann man ohne Kenntnisse über deren Verteilung die Wahrscheinlichkeit, mit der eine Zufallsvariable X innerhalb des $k\sigma-$Bereichs um ihren Mittelwert μ liegt, abschätzen. Das ist für die Praxis natürlich sehr nützlich, weil man die Wahrscheinlichkeitsverteilung einer Zufallsvariablen häufig nicht kennt. (Für eine normalverteilte Zufallsvariable X kann man die $k\sigma-$Bereiche, wie in (10.47) gezeigt wurde, genau angeben.)

11.1. Ungleichung von Tschebyscheff

Wie bereits mehrfach erwähnt, kann man für eine $N(\mu;\sigma)$-verteilte Zufallsvariable Y die Wahrscheinlichkeit, dass ihre Werte innerhalb des Intervalls $[\mu - k\sigma; \mu + k\sigma]$ liegen, genau angeben.

Für eine *beliebig* verteilte Zufallsvariable X kann man die Wahrscheinlichkeit, dass X um mindestens den Wert $c > 0$ von ihrem Erwartungswert abweicht, mit Hilfe ihrer Varianz abschätzen. Diese Abschätzung erfolgt durch die **Ungleichung von Tschebyscheff**:

$$\boxed{P(|X-\mu| \geq c) \leq \frac{\sigma^2}{c^2}} \tag{11.1}$$

Dabei ist $c > 0$ beliebig. Insbesondere gilt für $c = k\sigma$

$$P\big(|X-\mu| \geq k\sigma\big) \leq \frac{\sigma^2}{k^2\sigma^2} = \frac{1}{k^2}.$$

[1]Pafnuty Lwowitsch Tschebyscheff, 1821-1894, russischer Mathematiker

Das heißt: Die Wahrscheinlichkeit, dass eine beliebige Zufallsvariable X um mehr als $k\sigma$ von ihrem Erwartungswert μ abweicht, ist höchstens gleich $\frac{1}{k^2}$. Folglich kann man mit der Ungleichung von Tschebyscheff die Wahrscheinlichkeiten von $k\sigma$-Bereichen abschätzen:

$$P\big(X \in [\mu - k\sigma; \mu + k\sigma]\big) \geq 1 - \frac{1}{k^2} \tag{11.2}$$

Für $k = 2$ besagt die Tschebyscheff'sche Ungleichung, dass mindestens 75% der Beobachtungen innerhalb der 2-Standardabweichungen vom Mittelwert liegen; für $k = 3$ sind es 89%.

Die Anteilswerte innerhalb der 2- bzw. 3-Standardabweichungen sind hier niedriger als bei einer normalverteilten Zufallsvariablen. Die Unkenntnis der Verteilung bedeutet, dass weniger Information vorliegt. Dies schlägt sich in den geringeren Anteilswerten nieder.

Mit den empirischen Regeln auf Seite 42 können wir in der Praxis Anteilswerte der Daten, die innerhalb k-Standardabweichungen von ihrem arithmetischen Mittel liegen, angeben. Mit der Ungleichung von Tschebyscheff sind solche Angaben auch dann ohne die Symmetrie der Verteilung möglich. So liegen bei einer Einkommensverteilung, die in der Regel linksschief ist, mit beispielsweise einem Mittelwert von 25.000 € und einer Standardabweichung von 2000 € mindestens 75% der Einkommenbeträge zwischen 21.000 € und 29.000 €.

11.2. Gesetz der großen Zahlen

Wir erinnern uns, dass das Ergebnis einer n-maligen *unabhängigen* Wiederholung eines Bernoulli-Experiments die $B(n, p)$-Verteilung ergibt. Dabei haben die einzelnen Bernoulli-Versuche die *gleichbleibende* Wahrscheinlichkeit p für das Eintreten eines bestimmten Ereignisses A. Wir haben das Bernoulli-Experiment als einen Zufallsvorgang, dessen Ergebnisse die Realisierungen der Zufallsvariablen X sind, beschrieben. Dabei ist

$$X = \begin{cases} 1, & \text{wenn } A \text{ erscheint} \\ 0 & \text{sonst} \end{cases}$$

Somit ist $X \sim B(1,p)$ mit $P(X=1)=P(A)=p$. Bei einer n-maligen unabhängigen Wiederholung dieses Experiments wurden die *einzelnen* Bernoulli-Versuche durch die Indikatorvariablen

$$X_i = \begin{cases} 1, & \text{wenn } A \text{ im } i\text{-ten Versuch erscheint} \\ 0 & \text{sonst} \end{cases}$$

angegeben. Insbesondere gilt für jedes $i = 1,\ldots,n$: $X_i \sim B(1,p)$. Das heißt: Die Zufallsvariablen $X_1,\ldots,X_n$ besitzen die gleiche Verteilung wie die Zufallsvariable X und sind unabhängig. Zufallsvariablen mit diesen Eigenschaften heißen **unabhängig und identisch verteilt (independent and identically distributed, i.i.d.)**. Um uns den i.i.d.-Begriff klar zu machen, betrachten wir das Zufallsexperiment *Dreimaliges Werfen einer Laplace-Münze* und definieren für jedes $i = 1,2,3$ die Zufallsvariable

$$X_i = \begin{cases} 1 & \text{Kopf} \\ 0 & \text{sonst} \end{cases}$$

Für jedes i gilt $P(X_i=1)=P(X_i=0)=0,5$. Die Ergebnismenge ist gegeben durch

$$\Omega = \{(0,0,0),(0,0,1),(0,1,0),(1,0,0),(0,1,1),(1,0,1),(1,1,0),(1,1,1)\}.$$

Weiter betrachten wir die Zufallsvariablen

$$S_{12} = X_1 + X_2 \quad \text{und} \quad S_{23} = X_2 + X_3.$$

(S_{12} und S_{23} besitzen den gleichen Wertebereich, nämlich $\{0,1,2\}$.) Es gilt:

- S_{12} und S_{23} sind *identisch* verteilt, aber *nicht unabhängig.*
- S_{12} und X_3 sind *unabhängig*, aber *nicht identisch* verteilt.
- X_1, X_2 und X_3 sind *unabhängig und identisch* verteilt.

Sei X eine diskrete oder stetige Zufallsvariable mit $E(X)=\mu$ und $V(X)=\sigma^2$, und seien $X_1,\ldots,X_n$ unabhängig und besitzen die gleiche Verteilung wie die Zufallsvariable X. Weiter sei

$$\bar{X}_{(n)} = \frac{1}{n}\sum_{i=1}^{n} X_i.$$

Gesetz der großen Zahlen
Für beliebig kleines $\epsilon > 0$ gilt:

$$\lim_{n \to \infty} P(|\bar{X}_{(n)} - \mu| \leq \epsilon) = 1 \tag{11.3}$$

Man sagt: $\bar{X}_{(n)}$ *konvergiert nach Wahrscheinlichkeit* gegen μ.

Die Gültigkeit des Gesetzes der großen Zahlen kann man unter Anwendung von Tschebyscheffs Ungleichung zeigen.

Sind die Stichprobenvariablen $X_1, \ldots, X_n$ Bernoulli-Variablen, dann ist $\bar{X}_{(n)}$ die relative Häufigkeit für A bei n-maliger Wiederholung des Bernoulli-Experiments und $E(\bar{X}_{(n)}) = p$. Das Gesetz der großen Zahlen heißt in diesem Fall auch **Theorem von Bernoulli**.

Theorem von Bernoulli
Die relative Häufigkeit, mit der ein Ereignis A bei n unabhängigen Wiederholungen eines Zufallsexperiments eintritt, konvergiert nach Wahrscheinlichkeit gegen $P(A)$.

11.3. Zentraler Grenzwertsatz

Während das Gesetz der großen Zahlen etwas über das Verhalten des arithmetischen Mittels bei wachsendem n aussagt, besagt der zentrale Grenzwertsatz, dass die Verteilung der Summe

$$X_{(n)} = \sum_{i=1}^{n} X_i$$

von n i.i.d. Zufallsvariablen $X_1, \ldots, X_n$ mit wachsendem n der Normalverteilung mit dem Erwartungswert $n\mu$ und der Standardabweichung $\sigma\sqrt{n}$ immer ähnlicher wird. Diese Verteilung hängt von der Anzahl n ab. Für $n \to \infty$ existieren weder der Erwartungswert noch die Varianz. Als Grenzverteilung ist sie daher ungeeignet, weshalb der zentrale Grenzwertsatz von der standardisierten Zufallsvariablen ausgeht. Eine Zufallsvariable ist **standardisiert**, wenn ihr Erwartungswert gleich

Null ist und ihre Varianz eins beträgt. Aus jeder Zufallsvariablen X mit $E(X) < \infty$ und $V(X) < \infty$ kann durch die Transformation

$$Z = \frac{X - E(X)}{\sqrt{V(X)}}$$

eine standardisierte Zufallsvariable gebildet werden. Für sie gilt:

$$E(Z) = 0 \quad \text{und} \quad V(Z) = 1$$

Zentraler Grenzwertsatz

Seien $X_1, \ldots, X_n$ unabhängig und identisch verteilte Zufallsvariablen mit $E(X_i) = \mu < \infty$ und $V(X_i) = \sigma^2 < \infty$ für $i = 1, \ldots, n$. Weiter sei

$$X_{(n)} = \sum_{i=1}^{n} X_i.$$

Für $X_{(n)}$ gilt:

$$E\big(X_{(n)}\big) = n\,\mu \quad \text{und} \quad V\big(X_{(n)}\big) = n\,\sigma^2$$

Die **Verteilungsfunktion**

$$F_{(n)}(z) = P\big(Z_{(n)} \leq z\big)$$

der standardisierten Summe

$$Z_{(n)} = \frac{X_{(n)} - n\,\mu}{\sigma\,\sqrt{n}}$$

konvergiert für $n \to \infty$ gegen die **Standardnormalverteilung** $\Phi(z)$. Kurz:

$$F_{(n)}(z) \to \Phi(z)$$

Man sagt: $Z_{(n)}$ ist **asymptotisch (approximativ) standardnormalverteilt**. Kurz:

$$Z_{(n)} \underset{a}{\sim} N(0\,;\,1)$$

Für $X_1, \ldots, X_n$ Bernoulli-Variablen ist die Summe

$$X_{(n)} = \sum_{i=1}^{n} X_i$$

$B(n;p)$-verteilt. Dabei sind

$$E(X_{(n)}) = np \quad \text{und} \quad V(X_{(n)}) = np(1-p).$$

Wendet man den zentralen Grenzwertsatz auf diese Variablen an, dann erhält man den **Grenzwertsatz von de Moivre**.

Grenzwertsatz von de Moivre

Die Verteilung der Zufallsgröße

$$\frac{X_{(n)} - np}{\sqrt{np(1-p)}}$$

konvergiert für $n \to \infty$ gegen eine **Standardnormalverteilung**.

Kurz:

$$\frac{X_{(n)} - np}{\sqrt{np(1-p)}} \underset{a}{\sim} N(0\,;\,1)$$

Für großes n lässt sich also die $B(n,p)$-Verteilung durch die Normalverteilung mit

$$\mu = np \quad \text{und} \quad \sigma^2 = np(1-p)$$

approximieren.

Insbesondere gilt für die **relative Häufigkeit** $\bar{X}_{(n)} = \frac{X_{(n)}}{n}$:

$$\bar{X}_{(n)} \underset{a}{\sim} N\left(p\,;\sqrt{\frac{p(1-p)}{n}}\right)$$

Teil III.

Induktive Statistik

12. Statistische Schätzverfahren

12.1. Grundgesamtheit, Stichproben

Die induktive (schließende) Statistik beschäftigt sich mit Verfahren, die es uns ermöglichen, aus den Ergebnissen einer Stichprobe Aussagen über die Grundgesamtheit zu treffen. Einige Beispiele:

1. Im Rahmen einer Studie zur Nutzung der Medien soll der Anteil der Jugendlichen zwischen 16 und 19 Jahren ermittelt werden, die Internet-Nachrichtenportale als erste Informationsquelle benutzen.

2. Die Krankenversicherungen interessieren sich für die mittlere Krankheitsdauer von Arbeitnehmern in Deutschland.

3. Anleger interessieren sich für mittlere Renditen und Risiken unterschiedlicher Anlageformen.

4. Unternehmer interessieren sich dafür, ob ihnen ihre Werbekampagne mehr Kunden einbringt.

5. Der Anteil der unbrauchbaren Stücke einer Produktion ist für die Qualitätssicherung von Bedeutung.

Um all diese Werte zu ermitteln, kann man schwerlich alle Elemente der Grundgesamtheit untersuchen (Vollerhebung). Dies würde eine umfangreiche Organisation erforden, die nicht zuletzt mit sehr hohen Kosten verbunden wäre. Man untersucht stattdessen einen Teil der Grundgesamtheit (Stichprobe). Mit Hilfe geeigneter statistischer Verfahren versucht man von den in dieser Teilmenge vorgefundenen Eigenschaften auf die Eigenschaften in der Grundgesamtheit zu schließen. Für Stichprobenarten und zur Datengewinnung sei unter anderem auf [11] und [6] verwiesen.

Betrachten wir nun eine Grundgesamtheit mit N Einheiten, in der X ein uns interessierendes Merkmal darstellt. Aus dieser Grundgesamtheit werden zufällig n Einheiten gezogen.

Beispiel 12.1
Wir betrachten eine Grundgesamtheit, die aus fünf Personen A, B, C, D und E besteht. Man interessiert sich für das Merkmal X: *Alter* (in Jahren):

Person	A	B	C	D	E
Alter	30	25	35	35	25

Aus dieser Grundgesamtheit wird eine Stichprobe vom Umfang $n = 3$ ohne Zurücklegen gezogen. Eine Stichprobe kann zum Beispiel aus Person A, Alter $x_A = 30$; Person E, Alter $x_E = 25$ und Person C, Alter $x_C = 35$ bestehen.

Insgesamt gibt es $\binom{N}{n} = \binom{5}{3} = 10$ solcher Stichproben. Die folgende Tabelle listet alle möglichen Stichproben auf.

Stichprobe Nr. i	Stichprobe	$(x_{i_1}, x_{i_2}, x_{i_3})$
1	(A, B, C)	(30, 25, 35)
2	(A, B, D)	(30, 25, 35)
3	(A, B, E)	(30, 25, 25)
4	(B, C, D)	(25, 35, 35)
5	(B, C, E)	(25, 35, 25)
6	(C, D, A)	(35, 35, 30)
7	(C, D, E)	(35, 35, 25)
8	(D, E, A)	(35, 25, 30)
9	(D, E, B)	(35, 25, 25)
10	(E, A, C)	(25, 30, 35)

Stichproben kann man durch Parameter (Kennzahlen) beschreiben, z. B. durch den Stichprobenmittelwert (das arithmetische Mittel)

$$\bar{X} = \frac{1}{n} \sum_{i=1}^{n} X_i$$

und durch die empirische Varianz

$$S_{\bar{X}}^2 = \frac{1}{n} \sum_{i=1}^{n} (X_i - \bar{X})^2.$$

Als Beispiele geben wir für einige Stichproben aus dem Beispiel 12.1 die Stichprobenmittelwerte an:

1. Stichprobe Nr. 1: $(30, 25, 35)$: $\bar{x}_1 = \frac{30+25+35}{3} = 30$
2. Stichprobe Nr. 3: $(30, 25, 25)$: $\bar{x}_3 = \frac{30+25+25}{3} = 26,67$
3. Stichprobe Nr. 4: $(25, 35, 35)$: $\bar{x}_4 = \frac{25+35+35}{3} = 31,67$

Ebenso kann man eine Grundgesamtheit durch Parameter beschreiben, zum Beispiel durch ihren Erwartungswert μ und ihre Varianz σ^2. Im Beispiel 12.1 lauten sie

$$\mu = E(X) = \frac{1}{N}\sum_{i=1}^{N} x_i = \frac{30 + 25 + 35 + 35 + 25}{5} = 30$$

und

$$\sigma^2 = V(X) = \frac{30^2 + 25^2 + 35^2 + 35^2 + 25^2}{5} - 30^2 = 20.$$

(Das Durchschnittsalter in dieser Grundgesamtheit beträgt 30 Jahre. Im Mittel weichen die Werte um $\sigma = \sqrt{20}$, also um weniger als 5 Jahre, von ihrem Mittelwert ab.) Weitere Parameter der Grundgesamtheit sind Anteilswerte p; zum Beispiel beträgt der Anteil der 25-Jährigen in der betrachteten Grundgesamtheit $p = \frac{2}{5}$ (40%).

Parameter einer Grundgesamtheit, wie Anteilswert, Erwartungswert und Varianz, sind in der Regel unbekannt. Sie müssen geschätzt werden. Dazu bezeichnen wir sie allgemein[1] mit $\theta \in \Theta \subset \mathbb{R}$. (Für $\theta = p$ ist $\Theta = [0, 1]$, für den Erwartungswert μ ist $\Theta = \mathbb{R}$ und für die Varianz σ^2 ist $\Theta = \mathbb{R}^+$.)

Ist die Verteilung des Merkmals bekannt, so wollen wir θ als Parameter der Verteilung ansehen. Im Allgemeinen geht es in der induktiven Statistik darum, verlässliche Aussagen über die Verteilung (oder zumindest über den Erwartungswert oder die Varianz) eines bestimmten Merkmals X in einer Grundgesamtheit zu treffen.

Im Folgenden lernen wir Verfahren zur Schätzung eines unbekannten Parameters θ kennen. Erfolgt die Schätzung durch einen einzigen Wert, handelt es sich um eine **Punktschätzung** von θ. Gibt man zusätzlich zu dem Punktschätzer Toleranzgrenzen an, so liegt ein **Intervallschätzer** für θ vor.

[1] θ ist griechisch, gelesen: Theta; Θ: großes Theta

12.2. Punktschätzer

Um θ zu schätzen, zieht man eine Stichprobe vom Umfang n. Diese lässt sich durch n **Stichprobenvariablen** $X_1, \ldots, X_n$ ausdrücken. Dabei sind X_i unabhängig und identisch verteilt wie X. Eine Kennzahl, die eine Stichprobe beschreibt, kann man als eine Funktion dieser Variablen ansehen. Man nennt sie **Stichprobenfunktion**. Einige wichtige Stichprobenfunktionen gibt Tabelle 12.1 wieder.

Stichprobenfunktion	Bezeichnung
$\bar{X} = \frac{1}{n}\sum_{i=1}^{n} X_i$	Stichprobenmittel
$S_\mu^2 = \frac{1}{n}\sum_{i=1}^{n}(X_i - \mu)^2$	mittlere quadratische Abweichung bzgl. μ
$S_{\bar{X}}^2 = \frac{1}{n}\sum_{i=1}^{n}(X_i - \bar{X})^2$	mittlere quadratische Abweichung bzgl. $\bar{X}$
$S^2 = \frac{1}{n-1}\sum_{i=1}^{n}(X_i - \bar{X})^2$	Stichprobenvarianz
$S = \sqrt{S^2}$	Stichprobenstandardabweichung

Tabelle 12.1.: Ausgewählte Stichprobenfunktionen

Ein **Punktschätzer** für θ ist eine bestimmte Funktion der Stichprobenvariablen. Wir bezeichnen ihn kurz mit $\hat{\theta}$, also ist

$$\hat{\theta} = f\big(X_1, \ldots, X_n\big).$$

Als eine Funktion von Zufallsvariablen $X_1, \ldots, X_n$ ist $\hat{\theta}$ ebenfalls eine Zufallsvariable.

Wünschenswerte Eigenschaften eines Schätzers:

1. **Erwartungstreue**. Ein Schätzer $\hat{\theta}$ für den unbekannten Parameter θ heißt **erwartungstreu**, wenn

   $$E(\hat{\theta}) = \theta$$

   gilt. $E(\hat{\theta})$ gibt an, welchen Wert man im Durchschnitt für den Schätzwert erwartet. Ein erwartungstreuer Schätzer wird das unbekannte θ nicht systematisch über- oder unterschätzen. Auf lange Sicht wird man im Durchschnitt θ erwarten.

Ist $E(\hat{\theta}) \neq \theta$, dann heißt $\hat{\theta}$ **verzerrt**. Die Differenz

$$B = E(\hat{\theta}) - \theta$$

nennt man **Bias**.

2. **Effizienz**. Sind $\hat{\theta}^1_{(n)}$ und $\hat{\theta}^2_{(n)}$ *erwartungstreue* Schätzer für θ, dann heißt $\hat{\theta}^1_{(n)}$ **effizienter** als $\hat{\theta}^2_{(n)}$, wenn bei gleichem Stichprobenumfang
$$V(\hat{\theta}^1_{(n)}) < V(\hat{\theta}^2_{(n)})$$
gilt. Das bedeutet: Unter sämtlichen erwartungstreuen Schätzern für θ heißt derjenige effizient, der bei gleichem Stichprobenumfang die kleinste Varianz aufweist.

3. **Konsistenz**. Eine Schätzfunktion $\hat{\theta}_{(n)}$ heißt **konsistent**, wenn für alle $\epsilon > 0$
$$\lim_{n \to \infty} P(|\hat{\theta}_{(n)} - \theta| < \epsilon) = 1$$
gilt. Die Konsistenz besagt, dass mit steigendem Stichprobenumfang n die Schätzgenauigkeit steigt. Sie stellt eine Minimalanforderung an eine Schätzfunktion dar. Wenn ein Schätzer nicht erwartungstreu ist, dann sollte er mindestens konsistent sein.

12.2.1. Schätzer für den Mittelwert

Sei X ein Merkmal in einer Grundgesamtheit mit einem unbekannten Mittelwert μ und der bekannten Varianz σ^2. Sei $X_1, \ldots, X_n$ eine Stichprobe aus dieser Grundgesamtheit. Der Erwartungswert μ wird durch das Stichprobenmittel

$$\boxed{\hat{\mu} = \bar{X} = \frac{1}{n}\sum_{i=1}^{n} X_i} \tag{12.1}$$

geschätzt. $\bar{X}$ ist **erwartungstreu** und **konsistent**. Denn:

$$\boxed{E(\bar{X}) = \mu \quad \text{und} \quad V(\bar{X}) = \frac{\sigma^2}{n}} \tag{12.2}$$

Der Erwartungswert des Stichprobenmittels ist also identisch mit dem Erwartungswert der Grundgesamtheit. Dies folgt aus der Additivitätseigenschaft des Erwartungswertes. Demnach gilt:

$$\begin{aligned} E(\bar{X}) &= E\Big(\frac{1}{n}\sum_{i=1}^{n} X_i\Big) = \frac{1}{n}\cdot E\Big(\sum_{i=1}^{n} X_i\Big) \\ &= \frac{1}{n}\cdot\sum_{i=1}^{n} E(X_i) = \frac{1}{n}\cdot\sum_{i=1}^{n}\mu \\ &= \frac{1}{n}\cdot n\cdot\mu = \mu \end{aligned}$$

Die Konsistenz gilt, weil die Varianz $V(\hat{\mu}) = \frac{\sigma^2}{n}$ mit wachsendem n verschwindet:

$$\lim_{n\to\infty}\frac{\sigma^2}{n} = 0$$

Das bedeutet: Mit steigendem Stichprobenumfang n konzentrieren sich die Werte der Zufallsvariablen $\bar{X}$ immer mehr um den Erwartungswert μ. Es bleibt noch zu zeigen, dass $\frac{\sigma^2}{n}$ tatsächlich die Varianz von $\hat{\mu} = \bar{X}$ ist. Diese ergibt sich aus der Eigenschaft der Varianz für unabhängige Zufallsvariablen:

$$\begin{aligned} V(\bar{X}) &= V\Big(\frac{1}{n}\sum_{i=1}^{n} X_i\Big) = \frac{1}{n^2}\cdot V\Big(\sum_{i=1}^{n} X_i\Big) \\ &= \frac{1}{n^2}\cdot\sum_{i=1}^{n} V(X_i) = \frac{1}{n^2}\cdot\sum_{i=1}^{n}\sigma^2 \\ &= \frac{1}{n^2}\cdot n\cdot\sigma^2 = \frac{\sigma^2}{n} \end{aligned}$$

Beispiel 12.2

Wir greifen auf das Beispiel 12.1 zurück und berechnen für jede Stichprobe den Stichprobenmittelwert (siehe Tabelle 12.2). Je nachdem, welche Stichprobe gezogen wird, nimmt $\bar{X}$ einen bestimmten Wert an. In diesem Fall kann $\bar{X}$ fünf verschiedene Werte annehmen. Diese befinden sich zusammen mit der Wahrscheinlichkeitsverteilung in der folgenden Tabelle.

$\bar{x}_j$	26,67	28,33	30,00	31,67	33,33
$P(\bar{X} = \bar{x}_j)$	0,1	0,2	0,4	0,2	0,1

Stichpr. Nr. i	Stichprobe	$(x_{i_1}, x_{i_2}, x_{i_3})$	$\bar{x}_i$
1	(A, B, C)	(30, 25, 35)	30,00
2	(A, B, D)	(30, 25, 35)	30,00
3	(A, B, E)	(30, 25, 25)	26,67
4	(B, C, D)	(25, 35, 35)	31,67
5	(B, C, E)	(25, 35, 25)	28,33
6	(C, D, A)	(35, 35, 30)	33,33
7	(C, D, E)	(35, 35, 25)	31,67
8	(D, E, A)	(35, 25, 30)	30,00
9	(D, E, B)	(35, 25, 25)	28,33
10	(E, A, C)	(25, 30, 35)	30,00

Tabelle 12.2.: Verschiedene Stichproben und Stichprobenmittelwerte

Die Erwartungstreue des Schätzers $\bar{X}$ für μ können wir hier ganz deutlich sehen:

$$\begin{aligned} E(\bar{X}) &= \sum_{j=1}^{5} \bar{x}_j \cdot P(\bar{X} = \bar{x}_j) \\ &= 26,67 \cdot 0,1 + 28,33 \cdot 0,2 + 30,00 \cdot 0,4 + 31,67 \cdot 0,2 + 33,33 \cdot 0,1 \\ &= 30 = \mu \end{aligned}$$

12.2.2. Schätzer für die Varianz

Da die Varianz die mittlere quadratische Abweichung vom Erwartungswert μ angibt, muss man bei der Varianzschätzung unterscheiden, ob μ bekannt ist oder nicht.

1. Ist μ bekannt, dann wird man σ^2 durch

$$\boxed{S_\mu^2 = \frac{1}{n} \sum (X_i - \mu)^2} \tag{12.3}$$

schätzen. S_μ^2 ist ein erwartungstreuer Schätzer für σ^2.

2. Bei unbekanntem μ ist die Stichprobenvarianz

$$\boxed{\hat{\sigma}^2 = S^2 = \frac{1}{n-1}\sum(X_i - \bar{X})^2} \tag{12.4}$$

ein erwartungstreuer Schätzer für σ^2. Dagegen ist die empirische Varianz

$$\boxed{S^2_{\bar{X}} = \frac{1}{n}\sum(X_i - \bar{X})^2} \tag{12.5}$$

nicht erwartungstreu; ihr Erwartungswert ist

$$E(S^2_{\bar{X}}) = \frac{n-1}{n}\sigma^2.$$

(Den Beweis findet man zum Beispiel in [23].) $S^2_{\bar{X}}$ hat einen Bias von

$$B = \frac{n-1}{n}\sigma^2 - \sigma^2 = -\frac{\sigma^2}{n}.$$

Mit wachsendem Stichprobenumfang n verschwindet jedoch der Bias.

Beispiel 12.3
Im Rahmen der Kostenplanung wird die Standardabweichung der Zufallsvariablen X: *Projektdauer* (in Monaten) geschätzt. Als Grundlage dienen 25 bereits abgeschlossene ähnliche Projekte. Uns liegt die Summe der quadrierten Abweichungen $\sum_{i=1}^{25}(x_i - \bar{x})^2 = 47,04$ vor. Ein erwartungstreuer Schätzer für σ^2 ergibt sich gemäß (12.4):

$$\begin{aligned} \hat{\sigma}^2 &= \frac{1}{n-1}\sum_{i=1}^{n}(x_i - \bar{x})^2 = \frac{1}{24}\sum_{i=1}^{25}(x_i - \bar{x})^2 \\ &= \frac{1}{24} \cdot 47,04 = 1,96 \end{aligned}$$

Die geschätzte Standardabweichung beträgt somit $\hat{\sigma} = \sqrt{1,96} = 1,4$. Das heißt: Im Mittel beträgt die Abweichung von der mittleren Projektdauer 1,4 Monate.

12.2.3. Schätzer für den Anteilswert

Sei p der unbekannte Anteilswert einer bestimmten Eigenschaft A in einer Grundgesamtheit. Um p zu schätzen, wird eine Stichprobe vom Umfang n gezogen. Bei jeder Untersuchungseinheit wird festgestellt, ob A vorhanden ist oder nicht. Die relative Häufigkeit, mit der A in der Stichprobe vorkommt, verwendet man als Schätzer für p:

$$\boxed{\hat{p} = \frac{1}{n}\sum_{i=1}^{n} X_i} \tag{12.6}$$

Dabei bedeutet

$$X_i = \begin{cases} 1, & \text{wenn } A \text{ beobachtet wird} \\ 0 & \text{sonst} \end{cases}$$

Der Schätzer $\hat{p}$ ist erwartungstreu und konsistent für den Anteilswert p. (Es ist leicht zu zeigen, dass diese Eigenschaften gelten. Der Leser möge dies als Übung selbst versuchen.)

Beispiel 12.4
Ein Berufspolitiker möchte vor einer Wahl gern wissen, mit wie viel Prozent der Wählerstimmen er für sich rechnen kann. Eine Befragung von 2000 zufällig ausgewählten Wahlberechtigten hat ergeben, dass 600 von ihnen ihre Stimmen dem Politiker geben werden. Als Schätzer für seinen Stimmenanteil in der Bevölkerung verwendet man

$$\hat{p} = \frac{600}{2000} = 0,3.$$

Im Kapitel 10 haben wir Wahrscheinlichkeitsverteilungen kennengelernt, die zur mathematischen Modellierung von zufälligen Ereignissen bzw. Zufallsexperimenten dienen. Die folgenden zwei Verteilungen werden aus der Normalverteilung hergeleitet und sind Verteilungen von Stichprobenfunktionen, die in der induktiven Statistik benötigt werden.

12.3. Chi-Quadrat-Verteilung

Seien die Zufallsvariablen $Z_1, \ldots, Z_n$ *unabhängig und identisch* standardnormalverteilt. Dann ist die Zufallsvariable

$$Y_{(n)} = \sum_{i=1}^{n} Z_i^2$$

Chi-Quadrat-verteilt mit n Freiheitsgraden. Kurz:

$$Y_{(n)} \sim \chi^2(n)$$

Im Gegensatz zur Dichtefunktion der Normalverteilung ist die Dichtefunktion der $\chi^2(n)$-Verteilung nicht symmetrisch. Abhängig von n kann sie sehr unterschiedliche Gestalt annehmen (siehe Abbildung 12.1).

Für kleine n ist sie linkssteil, und mit zunehmenden Freiheitsgraden nähert sie sich der Gauß-Glockenkurve. Der Erwartungswert und die Varianz sind:

$$E(Y_{(n)}) = n \qquad \text{und} \qquad V(Y_{(n)}) = 2n \tag{12.7}$$

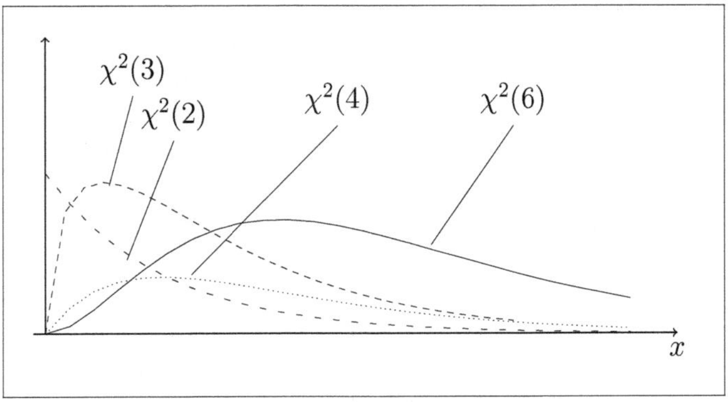

Abbildung 12.1.: Dichtefunktionen der $\chi^2(n)$-Verteilungen in Abhängigkeit von n. Mit steigendem n nähern sie sich der Glockenkurve.

Für das $(1-\alpha)$-Quantil der $\chi^2(n)$-Verteilung $c_{1-\alpha;n}$ gilt:

$$\boxed{F(c_{1-\alpha;n}) = P(X \leq c_{1-\alpha;n}) = 1-\alpha} \tag{12.8}$$

Die Quantile der $\chi^2(n)$-Verteilungen mit verschiedenen Freiheitsgraden n werden tabelliert (Seite 298). Einen Ausschnitt davon gibt die Tabelle 12.3 wieder. Ablesebeispiele:

1. Für $n = 4$ und $1-\alpha = 0,9$ ist $c_{0,9;4} = 7,7794$.
2. Für $n = 6$ und $1-\alpha = 0,9$ ist $c_{0,9;6} = 10,6446$.
3. Für $n = 6$ und $1-\alpha = 0,95$ ist $c_{0,95;6} = 12,5916$.

n	0,01	0,025	0,05	0,1	0,5	0,9	0,95
1	0,0002	0,0010	0,0039	0,0158	0,4549	2,7055	3,8415
2	0,0201	0,0506	0,1026	0,2107	1,3863	4,6052	5,9915
3	0,1148	0,2158	0,3518	0,5844	2,3660	6,2514	7,8147
4	0,2971	0,4844	0,7107	1,0636	3,3567	**7,7794**	9,4877
5	0,5543	0,8312	1,1455	1,6103	4,3515	9,2364	11,0705
6	0,8721	1,2373	1,6354	2,2041	5,3481	**10,6446**	**12,5916**

Tabelle 12.3.: Ausschnitt einer Tabelle für die Quantile der $\chi^2(n)$-Verteilung mit n Freiheitsgraden

12.4. Student- oder t-Verteilung

Die Student- oder t-Verteilung wurde von William S. Gosset (1876-1937), einem englischen Chemiker und Statistiker, eingeführt. Er veröffentlichte mehrere Arbeiten unter dem Pseudonym „Student“, wodurch die Verteilung ihren Namen erhielt.

Seien die Zufallsvariablen $Y \sim N(0;1)$ und $Z \sim \chi^2(n)$ voneinander *unabhängig*. Dann heißt die Verteilung der Zufallsvariablen

$$X = \frac{Y}{\sqrt{\frac{Z}{n}}}$$

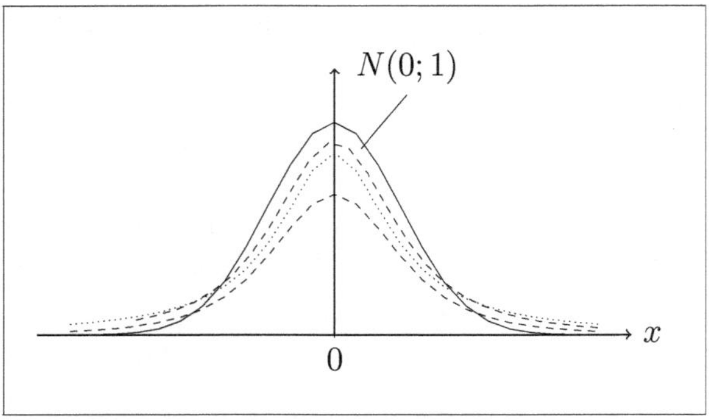

Abbildung 12.2.: Dichte der t-Verteilung in Abhängigkeit von n. Mit wachsendem n nähert sie sich der $N(0,1)$-Dichtefunktion immer mehr an.

Student- oder **t-Verteilung** mit n Freiheitsgraden. Man schreibt kurz:

$$X \sim t(n)$$

Der Erwartungswert und die Varianz der $t(n)$-Verteilung lauten:

$$E(X) = 0 \qquad \text{und} \qquad V(X) = \frac{n}{n-2} \quad \text{für} \quad n > 2 \tag{12.9}$$

Die Dichte der t-Verteilung ähnelt der Dichte der $N(0;1)$-Verteilung: Sie ist symmetrisch zur y-Achse und glockenförmig. Jedoch besitzt sie für kleinere n breitere Enden (heavy tails), d. h. die Flächen unter der Dichtefunktion für kleinere und größere Werte von X sind größer als die der Standardnormalverteilung. Für $n \geq 30$ kann man sie durch die Standardnormalverteilung gut approximieren. (Siehe Abbildung 12.2.) Für das $(1-\alpha)$-Quantil der $t(n)$-Verteilung $t_{1-\alpha;n}$ gilt:

$$F(t_{1-\alpha;n}) = P(X \leq t_{1-\alpha;n}) = 1 - \alpha \tag{12.10}$$

Wegen der Symmetrie der t-Verteilung ist:

$$t_{\alpha;n} = -t_{1-\alpha;n} \tag{12.11}$$

Die Quantile der t-Verteilungen mit verschiedenen Freiheitsgraden werden tabelliert (Seite 297). Einen Ausschnitt davon gibt die Tabelle 12.4 wieder. Ablesebeispiele:

1. Für $n = 2$ und $1 - \alpha = 0,8$ ist $t_{0,8;2} = 1,0607$.
2. Für $n = 2$ und $1 - \alpha = 0,025$ ist $t_{0,025;2} = -t_{0,975;2} = -4,3027$.
3. Für $n = 6$ und $1 - \alpha = 0,975$ ist $t_{0,975;6} = 2,4469$.

n	0,8	0,85	0,9	0,95	0,975	0,99	0,995
1	1,3764	1,9626	3,0777	6,3138	12,7062	31,8205	63,6567
2	**1,0607**	1,3862	1,8856	2,9200	**4,3027**	6,9646	9,9248
3	0,9785	1,2498	1,6377	2,3534	3,1824	4,5407	5,8409
4	0,9410	1,1896	1,5332	2,1318	2,7764	3,7469	4,6041
5	0,9195	1,1558	1,4759	2,0150	2,5706	3,3649	4,0321
6	0,9057	1,1342	1,4398	1,9432	**2,4469**	3,1427	3,7074
7	0,8960	1,1192	1,4149	1,8946	2,3646	2,9980	3,4995

Tabelle 12.4.: Ausschnitt einer Tabelle für die Quantile der t-Verteilung mit $n = 1, \dots, 7$ Freiheitsgraden

12.5. Intervallschätzer

In der Regel stimmt der Schätzwert $\hat{\theta}$ mit dem wahren Parameter θ nicht überein. Aus diesem Grunde verwendet man häufig statt eines Wertes (Punktes) ein Intervall als Schätzer für θ. Deshalb heißen solche Schätzer **Intervallschätzer**[2]. Den Ausgangspunkt für einen Intervallschätzer bildet ein *erwartungstreuer* Schätzer $\hat{\theta}$ von θ. Der Schätzer

$$[\hat{\theta}_u\,; \hat{\theta}_o]$$

wird so konstruiert, dass zu einer vorgegebenen Wahrscheinlichkeit $1 - \alpha$ (üblich: $\alpha = 0,01; \alpha = 0,05; \alpha = 0,10$)

$$P\big(\hat{\theta}_u \le \theta \le \hat{\theta}_o\big) = 1 - \alpha$$

[2]Im Allgemeinen, d. h. wenn $\theta \in \mathbb{R}^n$, $n \ge 2$, heißen diese Schätzer Bereichsschätzer.

gilt. Es ist somit klar, dass man, um ein Intervall $[\hat{\theta}_u ; \hat{\theta}_o]$ zu konstruieren, die *Wahrscheinlichkeitsverteilung* von $\hat{\theta}$ zumindest näherungsweise kennen muss.

$1-\alpha$ heißt **Überdeckungswahrscheinlichkeit, Vertrauens-** oder **Konfidenzniveau**. Das Konfidenzniveau gibt die Wahrscheinlichkeit an, mit der das verwendete Verfahren ein Intervall $[\hat{\theta}_u; \hat{\theta}_o]$ liefert, das den festen, aber unbekannten Parameter θ enthält. Zum Beispiel bedeutet $1-\alpha = 0{,}95$, dass wir, wenn wir 100 Stichproben ziehen und 100-mal nach dieser Vorschrift 100 Konfidenzintervalle bilden, in 95 von diesen 100 Stichproben Intervalle erhalten, die das unbekannte θ überdecken.

α heißt **Irrtumswahrscheinlichkeit**. α gibt die Wahrscheinlichkeit dafür an, dass man bei sehr häufiger Anwendung des Verfahrens ein Intervall erhält, das θ nicht überdeckt.

Das nach diesem Verfahren konstruierte Intervall heißt $(1-\alpha)$**-Konfidenz-** oder **Vertrauensintervall** mit $\hat{\theta}_u$ als **Intervallunter-** und $\hat{\theta}_o$ als **Intervallobergrenze**. (Ebenso wie $\hat{\theta}$ sind auch sie Zufallsgrößen.)

Sind $\hat{\theta}_u > -\infty$ und $\hat{\theta}_o < \infty$, dann heißt das Konfidenzintervall **zweiseitig**. Ein zweiseitiges Konfidenzintervall $[\hat{\theta}_u; \hat{\theta}_o]$ für θ heißt **symmetrisch**, wenn gilt:

$$P\big(\theta < \hat{\theta}_u\big) = P\big(\hat{\theta}_o > \theta\big)$$

Ist $\hat{\theta}_u = -\infty$ und $\hat{\theta}_o < \infty$, so heißt

$$\big]-\infty\,; \hat{\theta}_o\big]$$

(einseitiges) oberes $(1-\alpha)$ **-Konfidenzintervall**. Es gilt:

$$P\big(-\infty < \theta \leq \hat{\theta}_o\big) = 1-\alpha$$

Ist $\hat{\theta}_o = \infty$ und $\hat{\theta}_u < \infty$, so heißt

$$\big[\hat{\theta}_u; \infty\big[$$

(einseitiges) unteres $(1-\alpha)$**-Konfidenzintervall**. Für dieses Intervall gilt:

$$P\big(\hat{\theta}_u \leq \theta < \infty\big) = 1-\alpha$$

Zur Bestimmung von $\hat{\theta}_u$ bzw. $\hat{\theta}_o$ geht man von einem erwartungstreuen Punktschätzer $\hat{\theta}$ für θ aus. Mit Hilfe der Wahrscheinlichkeitsverteilung der Schätzfunktion $\hat{\theta}$ werden die Intervallgrenzen festgelegt.

12.5.1. Konfidenzintervalle für den Erwartungswert

Für die Konstruktion eines Konfidenzintervalls für den unbekannten Erwartungswert μ gehen wir von einer normalverteilten Zufallsvariablen X aus. Dabei setzen wir voraus, dass die Varianz σ^2 bekannt ist. Für den unbekannten Erwartungswert wollen wir die Herleitung des zweiseitigen und des unteren Konfidenzintervalls zum vorgegebenen Niveau $1-\alpha$ genauer anschauen. Wegen der Symmetrie der Normalverteilung kann man das Ergebnis entsprechend auf das obere Konfidenzintervall übertragen.

Aus Abschnitt 12.2.1 wissen wir, dass $\bar{X} = \frac{1}{n}\sum_{i=1}^{n} X_i$ ein erwartungstreuer und konsistenter Schätzer für μ ist. Da $X \sim N(\mu;\sigma)$ und $X_1,\ldots,X_n$ i.i.d. Zufallsvariablen sind, gilt

$$\bar{X} \sim N\big(\mu\,;\,\frac{\sigma}{\sqrt{n}}\big)$$

bzw.

$$\frac{\bar{X}-\mu}{\sigma/\sqrt{n}} \sim N(0\,;1).$$

Die Unter- bzw. Obergrenze $\hat{\mu}_u$ bzw. $\hat{\mu}_o$ des zweiseitigen $(1-\alpha)$-Konfidenzintervalls wird so bestimmt, dass die Bedingung

$$P\big(\hat{\mu}_u \le \mu \le \hat{\mu}_o\big) = 1-\alpha \tag{12.12}$$

erfüllt ist. Wegen $\frac{\bar{X}-\mu}{\sigma/\sqrt{n}} \sim N(0\,;\,1)$ und der Symmetrie der Normalverteilung gilt:

$$P\Big(-z_{1-\alpha/2} \le \frac{\bar{X}-\mu}{\sigma/\sqrt{n}} \le z_{1-\alpha/2}\Big) = 1-\alpha \tag{12.13}$$

Dabei bedeutet $z_{1-\alpha/2}$ das $(1-\frac{\alpha}{2})$-Quantil der $N(0;1)$-Verteilung. Umformung der Ungleichungen zwischen den Klammern in (12.13) führt zur folgenden Form:

$$P\Big(\bar{X} - z_{1-\alpha/2}\frac{\sigma}{\sqrt{n}} \le \mu \le \bar{X} + z_{1-\alpha/2}\frac{\sigma}{\sqrt{n}}\Big) = 1-\alpha \tag{12.14}$$

Der Vergleich zwischen den Gleichungen (12.12) und (12.14) ergibt

$$\hat{\mu}_u = \bar{X} - z_{1-\alpha/2}\frac{\sigma}{\sqrt{n}}$$

und

$$\hat{\mu}_o = \bar{X} + z_{1-\alpha/2}\frac{\sigma}{\sqrt{n}}.$$

Zweiseitiges $(1-\alpha)$**-Konfidenzintervall für** μ:

$$\left[\bar{X} - z_{1-\alpha/2}\frac{\sigma}{\sqrt{n}}\,;\, \bar{X} + z_{1-\alpha/2}\frac{\sigma}{\sqrt{n}}\right] \qquad (12.15)$$

Beispiel 12.5
Eine Maschine füllt Joghurtbecher ab. Man kann davon ausgehen, dass der Füllinhalt (in Gramm) normalverteilt ist mit einer Standardabweichung $\sigma = 2$. Um ein Konfidenzintervall zum Niveau 0,95 für den Mittelwert der Füllmenge zu bestimmen, wurden der Produktion 25 Becher entnommen und deren Inhalt gewogen. Daraus ergibt sich ein Durchschnittswert von 170, 39 g.

Mit der Zufallsvariablen X: *Füllmenge* schreiben wir $X \sim N(\mu\,; 2)$. Eine Stichprobe vom Umfang $n = 25$ liefert einen Mittelwert von $\bar{x} = 170{,}39$. Für das Konfidenzintervall zum Niveau $1 - \alpha = 0{,}95$ brauchen wir das $z_{1-\alpha/2}$-Fraktil der $N(0,1)$-Verteilung, das wir aus der Tabelle ablesen:

$$z_{1-\alpha/2} = z_{0{,}975} = 1{,}96$$

Weiter berechnen wir

- $z_{1-\alpha/2}\frac{\sigma}{\sqrt{n}} = 1{,}96 \cdot \frac{2}{\sqrt{25}} = 1{,}96 \cdot 0{,}4 = 0{,}784,$
- die Intervall-Untergrenze

$$\bar{x} - z_{1-\alpha/2}\frac{\sigma}{\sqrt{n}} = 170{,}39 - 0{,}784 = 169{,}61$$

- die Intervall-Obergrenze

$$\bar{x} + z_{1-\alpha/2}\frac{\sigma}{\sqrt{n}} = 170{,}39 + 0{,}784 = 171{,}17.$$

Damit ist das 0,95-Konfidenzintervall für μ:

$$\left[169,61\,;\;171,17\right]$$

Das bedeutet: Das mittlere Füllgewicht liegt (zum Niveau 95%) zwischen 169,61 g und 171,17 g.

Die Länge oder die Breite des Konfidenzintervalls

$$\boxed{L = 2 \cdot z_{1-\alpha/2} \frac{\sigma}{\sqrt{n}}} \tag{12.16}$$

hängt von σ, α und n ab. Löst man diese Gleichung nach n auf, hat man den Stichprobenumfang in Abhängigkeit von L, α und σ:

$$\boxed{n = 4 \cdot z^2_{1-\alpha/2} \frac{\sigma^2}{L^2}} \tag{12.17}$$

Bei bekanntem σ und für ein festes α kann man eine bestimmte Intervallbreite festlegen. Für diese drei Werte lässt sich den benötigten Stichprobenumfang berechnen.

Wir werden nun das untere $(1-\alpha)$-Konfidenzintervall herleiten. Die Bedingung für das untere einseitige $(1-\alpha)$-Konfidenzintervall lautet:

$$P\big(\mu \geq \hat{\mu}_u\big) = 1 - \alpha \tag{12.18}$$

Diese ist äquivalent zu

$$P\Big(\frac{\bar{X} - \mu}{\sigma/\sqrt{n}} \leq \frac{\bar{X} - \hat{\mu}_u}{\sigma/\sqrt{n}}\Big) = 1 - \alpha. \tag{12.19}$$

Da $\frac{\bar{X}-\mu}{\sigma/\sqrt{n}} \sim N(0;1)$ ist, gilt

$$\frac{\bar{X} - \hat{\mu}_u}{\sigma/\sqrt{n}} = z_{1-\alpha}. \tag{12.20}$$

Daraus folgt

$$\hat{\mu}_u = \bar{X} - z_{1-\alpha} \frac{\sigma}{\sqrt{n}}.$$

Unteres $(1-\alpha)$**-Konfidenzintervall für** μ:

$$\left[\bar{X} - z_{1-\alpha}\frac{\sigma}{\sqrt{n}};\ \infty\right[\tag{12.21}$$

Wegen der Symmetrie kann man das Ergebnis entsprechend auf das obere Konfidenzintervall übertragen.

Oberes $(1-\alpha)$**-Konfidenzintervall für** μ:

$$\left]-\infty\ ; \bar{X} + z_{1-\alpha}\frac{\sigma}{\sqrt{n}}\right] \tag{12.22}$$

Die Konstruktion eines Konfidenzintervalls basiert u. a. auf der Existenz einer Zufallsvariablen, deren Verteilung bekannt und unabhängig von dem zu schätzenden Parameter ist. Wie wir gesehen haben, erfüllt die Zufallsvariable

$$Z = \frac{\bar{X} - \mu}{\sigma/\sqrt{n}} \tag{12.23}$$

diese Anforderung, solange σ bekannt ist. Sie ist $N(0;1)$-verteilt. Ist die Standardabweichung σ jedoch *unbekannt*, so muss man auf einen Schätzwert zurückgreifen. Man schätzt σ durch

$$S = \sqrt{\frac{\sum(X_i - \bar{X})^2}{(n-1)}}.$$

(Die Stichprobenvarianz $S^2 = \frac{1}{n-1}\sum(X_i - \bar{X})^2$ ist ein erwartungstreuer Schätzer für σ^2.) Ersetzt man nun σ in (12.23) durch S, dann erhält man die Zufallsvariable

$$\frac{\bar{X} - \mu}{S/\sqrt{n}}. \tag{12.24}$$

Diese Zufallsvariable ist unter dem Namen T**-Statistik** bekannt. Sie ist t-verteilt mit $n-1$ Freiheitsgraden, d. h.

$$T = \frac{\bar{X} - \mu}{S/\sqrt{n}} \sim t(n-1), \tag{12.25}$$

denn es gilt (siehe [11]):

$$\frac{n-1}{\sigma^2}S^2 \sim \chi^2(n-1) \tag{12.26}$$

Zusammen mit der Definition der t-Verteilung (vgl. Abschnitt 12.4) folgt die Behauptung (12.25).)

Da die t-Verteilung symmetrisch ist, kann man für das zweiseitige Konfidenzintervall wie bei der Normalverteilung verfahren. Man gibt ein Intervall an, für das gilt:

$$P\Big(-t_{1-\alpha/2\,;\,n-1} \leq \frac{\bar{X}-\mu}{S/\sqrt{n}} \leq t_{1-\alpha/2\,;\,n-1}\Big) = 1-\alpha \tag{12.27}$$

Dabei bezeichnet $t_{1-\alpha/2\,;\,n-1}$ das $(1-\frac{\alpha}{2})$-Fraktil der $t(n-1)$-Verteilung. Umformen der Ungleichungen zwischen den Klammern in (12.27) ergibt

$$P\Big(\bar{X}-t_{1-\alpha/2\,;\,n-1}\frac{S}{\sqrt{n}} \leq \mu \leq \bar{X}+t_{1-\alpha/2\,;\,n-1}\frac{S}{\sqrt{n}}\Big) = 1-\alpha. \tag{12.28}$$

Damit erhalten wir die Intervallgrenzen

$$\hat{\mu}_u = \bar{X}-t_{1-\alpha/2\,;\,n-1}\frac{S}{\sqrt{n}}$$

und

$$\hat{\mu}_o = \bar{X}+t_{1-\alpha/2\,;\,n-1}\frac{S}{\sqrt{n}}.$$

Zweiseitiges $(1-\alpha)$-Konfidenzintervall für μ, σ unbekannt:

$$\Big[\bar{X}-t_{1-\alpha/2\,;\,n-1}\frac{S}{\sqrt{n}}\,;\,\bar{X}+t_{1-\alpha/2\,;\,n-1}\frac{S}{\sqrt{n}}\Big] \tag{12.29}$$

Beispiel 12.6

Wir betrachten die Situation im Beispiel 12.5, nehmen aber an, dass die Varianz unbekannt ist. Aus der Stichprobe vom Umfang $n = 25$ sei ein Schätzwert für die Standardabweichung $s = 2$ (Gramm) ermittelt worden. Das mittlere Füllgewicht der 25 Joghurtbecher beträgt $170,39$

Gramm. Für das gleiche Konfidenzniveau $1-\alpha = 0,95$ wie im Beispiel 12.5 bestimmen wir erneut das Konfidenzintervall. Dazu brauchen wir

$$t_{1-\alpha/2\,;\,24} = t_{0,975\,;\,24} = 2,064,$$

abgelesen aus der Tabelle für die $t(24)$-Verteilung.

Weiter berechnen wir:

- $t_{1-\alpha/2\,;\,24}\frac{s}{\sqrt{n}} = 2,064 \cdot \frac{2}{\sqrt{25}} = 2,064 \cdot 0,4 = 0,8256,$
- die Intervall-Untergrenze

$$\bar{x} - t_{1-\alpha/2\,;\,n-1}\frac{s}{\sqrt{n}} = 170,39 - 0,8256 = 169,56$$

- die Intervall-Obergrenze

$$\bar{x} + t_{1-\alpha/2\,;\,n-1}\frac{s}{\sqrt{n}} = 170,39 + 0,8256 = 171,22.$$

Damit ist das 0,95-Konfidenzintervall für μ:

$$\big[169,56\,;\ 171,22\big]$$

Bemerkung: Das Intervall ist durch die Schätzung der Standardabweichung länger als das Konfidenzintervall bei bekanntem σ (vgl. Beispiel 12.5).

Die gleichen Überlegungen führen zum folgenden oberen bzw. unteren Konfidenzintervall:

Unteres $(1-\alpha)$-Konfidenzintervall für μ bei unbekanntem σ:

$$\left[\bar{X} - t_{1-\alpha\,;\,n-1}\frac{S}{\sqrt{n}}\,;\ \infty\right[\qquad (12.30)$$

bzw.

Oberes $(1-\alpha)$-Konfidenzintervall für μ bei unbekanntem σ:

$$\left]-\infty\,;\ \bar{X} + t_{1-\alpha\,;\,n-1}\frac{S}{\sqrt{n}}\right] \qquad (12.31)$$

Wegen der approximativen Normalverteilung kann man für ein *beliebig verteiltes* Merkmal, wenn der Stichprobenumfang groß ist ($n > 30$), ein **approximatives** Konfidenzintervall angeben (siehe auch [11]):

Approximatives $(1-\alpha)$-Konfidenzintervall für μ bei beliebiger Verteilung von X, $n > 30$:

$$\left[\bar{X} - z_{1-\alpha/2}\frac{\sigma}{\sqrt{n}}\,;\,\bar{X} + z_{1-\alpha/2}\frac{\sigma}{\sqrt{n}}\right] \tag{12.32}$$

bei bekanntem σ^2 bzw.

$$\left[\bar{X} - z_{1-\alpha/2}\frac{S}{\sqrt{n}}\,;\,\bar{X} + z_{1-\alpha/2}\frac{S}{\sqrt{n}}\right] \tag{12.33}$$

bei unbekanntem σ^2.

12.5.2. Konfidenzintervall für die Varianz

Wir haben im Zusammenhang mit dem Konfidenzintervall für den Erwartungswert einer Normalverteilung bei unbekanntem σ bereits festgestellt, dass

$$\frac{n-1}{\sigma^2}S^2 \sim \chi^2(n-1) \tag{12.34}$$

gilt (siehe (12.26)). Also stellt die Zufallsvariable $\frac{n-1}{\sigma^2}S^2$ einen geeigneten Ausgangspunkt für die Bildung eines Konfidenzintervalls für die Varianz σ^2 einer $N(\mu;\sigma)$-Verteilung dar. Für diese Zufallsvariable gilt für vorgegebenes α:

$$P\Big(c_{\alpha/2;n-1} \leq \frac{n-1}{\sigma^2}S^2 \leq c_{1-\alpha/2;n-1}\Big) = 1-\alpha \tag{12.35}$$

Dabei bedeuten

- $c_{\alpha/2;n-1}$ das $(\frac{\alpha}{2})$-Quantil der $\chi^2(n-1)$-Verteilung und
- $c_{1-\alpha/2;n-1}$ das $(1-\frac{\alpha}{2})$-Quantil der $\chi^2(n-1)$-Verteilung.

Nach dem gleichen Schema formen wir die Ungleichungen zwischen den Klammern in (12.35) so um, dass sie die folgende Gestalt annehmen:

$$P\left(\frac{(n-1)S^2}{c_{1-\alpha/2;n-1}} \leq \sigma^2 \leq \frac{(n-1)S^2}{c_{\alpha/2;n-1}}\right) = 1-\alpha \tag{12.36}$$

Damit erhalten wir für das Konfidenzintervall als Untergrenze

$$\frac{(n-1)S^2}{c_{1-\alpha/2;n-1}}$$

und als Obergrenze

$$\frac{(n-1)S^2}{c_{\alpha/2;n-1}}.$$

Zweiseitiges $(1-\alpha)$-Konfidenzintervall für σ^2:

$$\left[\frac{(n-1)S^2}{c_{1-\alpha/2;n-1}}\,;\,\frac{(n-1)S^2}{c_{\alpha/2;n-1}}\right] \tag{12.37}$$

Beispiel 12.7
Im Beipiel 12.3 haben wir einen Schätzwert $\hat{\sigma}^2 = 1,4^2 = 1,96$ für die Varianz von X: *Projektdauer* (in Monaten) berechnet. Aus langjährigen Erfahrungen kann man davon ausgehen, dass X normalverteilt ist. Unter dieser Annahme wollen wir ein 0,95-Konfidenzintervall für σ^2 angeben. Dazu benötigen wir das $\alpha/2$- und das $1-\alpha/2$-Quantil der $\chi^2(24)$-Verteilung, die wir aus der Tabelle ablesen:

- $c_{\alpha/2;n-1} = c_{0,025;24} = 12,4012$
- $c_{1-\alpha/2;n-1} = c_{0,975;24} = 39,3641$

Weiter berechnen wir

- die Intervall-Untergrenze

$$\frac{(n-1)s^2}{c_{1-\alpha/2;n-1}} = \frac{24\cdot 1,96}{39,3641} = 1,2,$$

- die Intervall-Obergrenze

$$\frac{(n-1)s^2}{c_{\alpha/2;n-1}} = \frac{24\cdot 1,96}{12,4012} = 3,8.$$

Das 0,95-Konfidenzintervall für σ^2 lautet:

$$\left[1,2\,;\,3,8\right]$$

Bemerkung: Mit $\hat{\sigma} = 1,4$ (Monate) hat man einen einzigen Schätzwert für die mittlere Abweichung der Projektdauer von ihrem Mittelwert. Mit dem Konfidenzintervall $\left[1,2\,;\,3,8\right]$ kann man einen Bereich, in dem die mittlere Abweichung der Projektdauer von ihrem Mittelwert liegt, angeben, nämlich zwischen $\sqrt{1,2} \approx 1,1$ und $\sqrt{3,8} \approx 2$ Monaten.

12.5.3. Konfidenzintervalle für den Anteilswert

Ein erwartungstreuer und konsistenter Schätzer für den Anteilswert p in der Grundgesamtheit ist die relative Häufigkeit $\hat{p}$ (12.6). Nach dem Grenzwertsatz von de Moivre gilt: $\hat{p}$ ist für großes n annähernd normalverteilt, d. h.

$$\frac{\hat{p} - p}{\sqrt{p(1-p)/n}} \underset{a}{\sim} N(0;1).$$

Für ein vorgegebenes Konfidenzniveau $1 - \alpha$ leitet man entsprechend aus

$$P\Big(-z_{1-\alpha/2} \leq \frac{\hat{p} - p}{\sqrt{p(1-p)/n}} \leq z_{1-\alpha/2}\Big) \approx 1 - \alpha \qquad (12.38)$$

das $(1 - \alpha)$-Konfidenzintervall für p her:

$$\left[\hat{p} - z_{1-\alpha/2}\sqrt{\frac{p(1-p)}{n}}\,;\,\hat{p} + z_{1-\alpha/2}\sqrt{\frac{p(1-p)}{n}}\right] \qquad (12.39)$$

Da p unbekannt ist, ersetzt man es durch $\hat{p}$. Die Annäherung von $\sqrt{\frac{p(1-p)}{n}}$ durch $\sqrt{\frac{\hat{p}(1-\hat{p})}{n}}$ ist immer noch gut genug, d. h. man kann immer noch davon ausgehen, dass

$$P\Big(-z_{1-\alpha/2} \leq \frac{\hat{p} - p}{\sqrt{\hat{p}(1-\hat{p})/n}} \leq z_{1-\alpha/2}\Big) \approx 1 - \alpha \qquad (12.40)$$

weiterhin gilt. Der Stichprobenumfang sollte allerdings groß genug sein ($n \geq 30$). Das Ergebnis ist:

Zweiseitiges $(1-\alpha)$-Konfidenzintervall für p $(n \geq 30)$

$$\left[\hat{p} - z_{1-\alpha/2}\sqrt{\frac{\hat{p}(1-\hat{p})}{n}}\,;\, \hat{p} + z_{1-\alpha/2}\sqrt{\frac{\hat{p}(1-\hat{p})}{n}}\right] \tag{12.41}$$

Beispiel 12.8
Eine Partei A möchte ihren Stimmenanteil p in der Bevölkerung abschätzen. Zur Sicherheitswahrscheinlichkeit von $1-\alpha = 0,95$ soll ein Konfidenzintervall für p bestimmt werden. Eine Umfrage von $n = 300$ Wahlberechtigten liefert einen Stimmenanteil von $\hat{p} = \frac{144}{300} = 0,48$ für die Partei A.

Aus der $N(0;1)$-Verteilungstabelle lesen wir

$$z_{1-\alpha/2} = z_{0,975} = 1,96$$

ab. Das 0,95-Konfidenzintervall hat die Gestalt

$$\left[\hat{p} - 1,96\sqrt{\frac{\hat{p}(1-\hat{p})}{n}}\,;\, \hat{p} + 1,96\sqrt{\frac{\hat{p}(1-\hat{p})}{n}}\right].$$

Wir berechnen:

- $\sqrt{\frac{\hat{p}(1-\hat{p})}{n}} = \sqrt{\frac{0,48(1-0,48)}{300}} = \sqrt{\frac{0,2496}{300}} = 0,0288,$
- $1,96 \cdot \sqrt{\frac{\hat{p}(1-\hat{p})}{n}} = 1,96 \cdot 0,0288 = 0,0565,$
- die Intervall-Untergrenze

$$\hat{p} - 1,96 \cdot \sqrt{\frac{\hat{p}(1-\hat{p})}{n}} = 0,48 - 0,0565 = 0,42,$$

- die Intervall-Obergrenze

$$\hat{p} + 1,96 \cdot \sqrt{\frac{\hat{p}(1-\hat{p})}{n}} = 0,48 + 0,0565 = 0,54.$$

Damit lautet das 0,95-Konfidenzintervall für p:

$$[0,42\,;\,0,54]$$

Zum Vertrauensniveau von 95% kann die Partei A mit einem Stimmenanteil von ca. 42% bis ca. 54% rechnen.

Wir erhöhen nun das Signifikanzniveau auf 99% ($1 - \alpha = 0,99$), d. h. wir möchten jetzt, dass man bei Anwendung dieses Verfahrens in 99 von 100 Stichproben ein Intervall erhält, das p enthält. Für dieselbe Stichprobe bestimmen wir erneut das Konfidenzintervall für p. Wir ermitteln

$$z_{1-\alpha/2} = z_{0,995} = 2,58.$$

Das 0,99-Konfidenzintervall lautet nun

$$\left[\hat{p} - 2,58\sqrt{\frac{\hat{p}(1-\hat{p})}{n}}\,;\, \hat{p} + 2,58\sqrt{\frac{\hat{p}(1-\hat{p})}{n}}\right].$$

Dazu bestimmen wir

- $2,58 \cdot \sqrt{\frac{\hat{p}(1-\hat{p})}{n}} = 2,58 \cdot 0,0288 = 0,074$,
- die Intervall-Untergrenze

$$\hat{p} - 2,58 \cdot \sqrt{\frac{\hat{p}(1-\hat{p})}{n}} = 0,48 - 0,074 = 0,41,$$

- die Intervall-Obergrenze

$$\hat{p} + 2,58 \cdot \sqrt{\frac{\hat{p}(1-\hat{p})}{n}} = 0,48 + 0,074 = 0,55.$$

Damit lautet das 0,99-Konfidenzintervall für p:

$$[0,41\,;\,0,55]$$

Das Erhöhen des Konfidenzniveaus bedeutet: Die Chance, ein Intervall „mit p“ zu erhalten, ist größer. Man muss jedoch in Kauf nehmen, dass das Intervall breiter wird.

Die Breite des Intervalls wird durch

$$\boxed{L = 2 \cdot z_{1-\alpha/2}\sqrt{\frac{p(1-p)}{n}}} \qquad (12.42)$$

gegeben. Daraus lässt sich der Stichprobenumfang n in Abhängigkeit von L, α und p darstellen:

$$n = 4 \cdot z_{1-\alpha/2}^2 \frac{p(1-p)}{L^2} \tag{12.43}$$

Gibt man bei festem α die Intervallbreite L vor, hängt n nur noch von p ab. Für den unbekannten p setzen wir $p = 0,5$ ein. Diese Schätzung stellt den denkbar ungünstigsten Fall dar. Denn für $p = 0,5$ wird die Varianz in der Grundgesamtheit maximal. Mit $p = 0,5$ und vorgegebenen α und L lässt sich nun den benötigten Stichprobenumfang wie folgt berechnen:

$$n = \frac{z_{1-\alpha/2}^2}{L^2} \tag{12.44}$$

Abschließend geben wir noch die einseitigen $(1-\alpha)$-Konfidenzintervalle für p an. (Die Herleitung erfolgt nach dem gleichen Schema wie bei der Konstruktion der Konfidenzintervalle für μ.)

Einseitige $(1-\alpha)$-Konfidenzintervalle für p:

$$\left[0\,;\ \hat{p} + z_{1-\alpha}\sqrt{\frac{\hat{p}(1-\hat{p})}{n}}\right] \tag{12.45}$$

bzw.

$$\left[\hat{p} - z_{1-\alpha}\sqrt{\frac{\hat{p}(1-\hat{p})}{n}}\ ;\ 1\right] \tag{12.46}$$

Beispiel 12.9

Die Partei A aus dem Beispiel 12.8 möchte bei der Planung der Umfrage wissen, wie viele Wahlberechtigte befragt werden müssten, wenn das Konfidenzintervall eine maximale Länge von 0,04 haben soll. Dazu ist $\alpha = 0,05$ vorgegeben. Für diese Vorgabe müssen mindestens

$$\left(\frac{z_{1-\alpha/2}}{L}\right)^2 = \left(\frac{1,96}{0,04}\right)^2 = 2401$$

Wahlberechtigte befragt werden.

12.6. Zusammenfassung

Eine der Hauptaufgaben in der Inferenzstatistik ist das Schätzen von unbekannten Parametern einer Grundgesamtheit. Die wichtigsten solcher Parameter sind der Anteilswert p, der Mittelwert (Erwartungswert) μ und die Varianz σ^2. Schätzt man einen Parameter durch einen einzigen Wert, dann heißt die Schätzung *Punktschätzung*. Berücksichtigt man zusätzlich die Ungenauigkeit, so erhält man *Intervallschätzer*.

Ein Punktschätzer heißt *erwartungstreu*, wenn dieser den Parameter weder unter- noch überschätzt. Ein erwartungstreuer Schätzer ist *effizient*, wenn er bei gleichem Stichprobenumfang die kleinste Varianz besitzt. Ein Schätzer ist *konsistent*, wenn mit steigendem Stichprobenumfang die Schätzgenauigkeit steigt.

Den Ausgangspunkt für Intervallschätzer bilden erwartungstreue Schätzer. Bei der Konstruktion eines Intervallschätzers gibt man eine Sicherheitswahrscheinlichkeit, auch *Konfidenz-* oder *Vertrauensniveau* genannt, $1-\alpha$ vor. Das Konfidenzniveau $1-\alpha$ besagt, dass das verwendete Verfahren in $(1-\alpha)\cdot 100\%$ der Fälle ein Intervall liefert, das den zu schätzenden Parameter enthält. Wurde beispielsweise $1-\alpha = 0,99$ festgelegt, so wird man in 99 von 100 Stichproben Intervalle erhalten, die den unbekannten Parameter überdecken.

Je größer $1-\alpha$ ist, umso eher erhält man ein Intervall, das den zu schätzenden Parameter enthält. Allerdings muss man in Kauf nehmen, dass die Schätzung dadurch (bei gleichem Stichprobenumfang n) ungenauer wird. (In dem Sinne, dass man ein längeres Konfidenzintervall erhält.)

Die Intervallbreite oder -länge hängt außer von der Varianz auch vom Konfidenzniveau und vom Stichprobenumfang n, genauer von $\frac{1}{\sqrt{n}}$, ab. Will man bei festem $1-\alpha$ und bekanntem σ^2 die Intervallbreite halbieren, so muss man den Stichprobenumfang vervierfachen.

In vielen Verfahren der induktiven Statistik werden häufig Wahrscheinlichkeitsverteilungen von Stichprobenfunktionen benötigt. Zwei davon, die χ^2- und die Student t-Verteilung, wurden hier vorgestellt. Beide Verteilungen haben ihren Ursprung in der Normalverteilung.

Notationen und ihre Bedeutung

Parameter der	
Grundgesamtheit	Stichprobe
Anzahl der Elemente N	Stichprobenumfang n
Mittelwert (Erwartungswert)	Mittelwert (Arithmetisches Mittel)
$\mu = \frac{1}{N}\sum_{i=1}^{N} x_i$	$\bar{x} = \frac{1}{n}\sum_{i=1}^{n} x_i$
Varianz	Empirische Varianz
$\sigma^2 = \frac{1}{N}\sum_{i=1}^{N}(x_i - \mu)^2$	$\frac{1}{n}\sum_{i=1}^{n}(x_i - \bar{x})^2$
Standardabweichung	Empirische Standardabweichung
$\sigma = \sqrt{\sigma^2}$	$\sqrt{\frac{1}{n}\sum_{i=1}^{n}(x_i - \bar{x})^2}$
Anteilswert p	Relative Häufigkeit $h_{(n)}$

θ	Allgemeine Darstellung der Parameter in einer Grundgesamtheit
$\hat{\theta}$	Punktschätzung für θ
$1-\alpha$	Konfidenzniveau
$z_{1-\alpha}$	$(1-\alpha)$-Quantil (Fraktil) der $N(0;1)$-Verteilung
$t_{1-\alpha;n-1}$	$(1-\alpha)$-Quantil (Fraktil) der $t(n-1)$-Verteilung
$c_{\alpha;n-1}$	α-Quantil (Fraktil) der $\chi^2(n-1)$-Verteilung

Punktschätzer

Parameter	Punktschätzer	Bezeichnung	Eigenschaft
μ	$\hat{\mu} = \bar{X} = \frac{1}{n}\sum_{i=1}^{n} X_i$	Stichprobenmittel	Erwartungstreu und konsistent
σ^2	$\hat{\sigma}^2 = S^2 = \frac{1}{n-1}\sum_{i=1}^{n}(X_i - \bar{X})^2$	Stichprobenvarianz	Erwartungstreu und konsistent
σ	$\hat{\sigma} = S = \sqrt{S^2}$	Stichprobenstandardabweichung	—
σ^2	$S_{\bar{X}}^2 = \frac{1}{n}\sum_{i=1}^{n}(X_i - \bar{X})^2$	Empirische Varianz	Verzerrt
p	$\hat{p} = \frac{1}{n}\sum_{i=1}^{n} X_i$ (X_i: Bernoulli-Variable)	Relative Häufigkeit	Erwartungstreu und konsistent

Intervallschätzer

$(1-\alpha)$-Konfidenzintervall (KI) für den Erwartungswert μ einer $N(\mu;\sigma)$-Verteilung:

σ^2 bekannt:

1. Zweiseitiges KI: $\bar{X} \pm z_{1-\alpha/2}\frac{\sigma}{\sqrt{n}}$
2. Einseitig unteres KI: $\left[\bar{X} - z_{1-\alpha}\frac{\sigma}{\sqrt{n}}; \infty\right[$
3. Einseitig oberes KI: $\left]-\infty; \bar{X} + z_{1-\alpha}\frac{\sigma}{\sqrt{n}}\right]$

σ^2 unbekannt:

1. Zweiseitiges KI: $\bar{X} \pm t_{1-\alpha/2;n-1}\frac{S}{\sqrt{n}}$
2. Einseitig unteres KI: $\left[\bar{X} - t_{1-\alpha;n-1}\frac{S}{\sqrt{n}}; \infty\right[$
3. Einseitig oberes KI: $\left]-\infty; \bar{X} + t_{1-\alpha;n-1}\frac{S}{\sqrt{n}}\right]$

$(1-\alpha)$**-Konfidenzintervall (KI) für den Erwartungswert** μ **einer beliebigen Verteilung**, $n > 30$:

1. <u>σ^2 bekannt</u>: $\bar{X} \pm z_{1-\alpha/2}\frac{\sigma}{\sqrt{n}}$
2. <u>σ^2 unbekannt</u>: $\bar{X} \pm z_{1-\alpha/2}\frac{S}{\sqrt{n}}$

Entsprechend lauten die einseitigen Konfidenzintervalle.

$(1-\alpha)$**-Konfidenzintervall (KI) für den Anteilswert** p**,** $n \geq 30$:

1. Zweiseitiges KI: $\hat{p} \pm z_{1-\alpha/2}\sqrt{\frac{\hat{p}(1-\hat{p})}{n}}$
2. Einseitig unteres KI: $\left[\hat{p} - z_{1-\alpha}\sqrt{\frac{\hat{p}(1-\hat{p})}{n}}; 1\right]$
3. Einseitig oberes KI: $\left[0; \hat{p} + z_{1-\alpha}\sqrt{\frac{\hat{p}(1-\hat{p})}{n}}\right]$

$(1-\alpha)$**-Konfidenzintervall für die Varianz** σ^2 **einer** $N(\mu;\sigma)$**-Verteilung**:

$$\left[\frac{(n-1)S^2}{c_{1-\alpha/2;n-1}}\,;\,\frac{(n-1)S^2}{c_{\alpha/2;n-1}}\right]$$

13. Statistische Testverfahren

Neben Schätzverfahren für unbekannte Parameter einer Grundgesamtheit gehören statistische Testverfahren zu den wichtigsten Instrumenten der empirischen Forschung. Mit Hilfe von Testverfahren kann man aufgrund eines Stichprobenergebnisses Hypothesen über eine (teilweise oder vollständig) unbekannte Verteilung eines Merkmals in einer Grundgesamtheit überprüfen. Die zu überprüfende Hypothese H_0 nennt man **Nullhypothese**; die **Gegen-** oder **Alternativhypothese** bezeichnet man mit H_1. Die Hypothesen werden so formuliert, dass sie sich überschneidungsfrei ergänzen. Beispiele:

1. Ein Anbieter behauptet, die Ausschussquote p seiner Ware betrage höchstens 5%. Ein potentieller Abnehmer will diese Behauptung durch einen Signifikanztest überprüfen. Die Hypothesen lauten:

   $H_0 : p \leq 0{,}05$ „Ausschussanteil beträgt höchstens 5% "

   $H_1 : p > 0{,}05$ „Ausschussanteil ist höher als 5% "

2. Ein Hersteller von Abfüllmaschinen behauptet, seine Maschinen füllten vorschriftsgemäß 400 g Gummibärchen je Packung ab.

   a) Das Eichamt will überprüfen, ob dies tatsächlich eingehalten wird und formuliert die Hypothesen:

   $H_0 : \mu = 400$ „Maschine füllt korrekt ab "

   $H_1 : \mu \neq 400$ „Maschine füllt nicht korrekt ab "

   b) Eine Verbraucherzentrale, die sich dafür interessiert, dass nicht zu wenig abgefüllt wird, würde bei gleicher Nullhypothese die Alternativhypothese

   $H_1 : \mu < 400$ „Es werden zu wenige Gummibärchen abgefüllt"

   aufstellen.

c) Ein Gummibärchenproduzent will nicht, dass systematisch zu viel abgefüllt wird. Deshalb lautet seine Alternativhypothese:

$$H_1 : \mu > 400 \text{ „Maschine füllt zu viele Gummibärchen ab“}$$

Wie im Beispiel gezeigt wird, kann die Alternativhypothese je nach Interessenlage unterschiedlich ausfallen. Eine Hypothese heißt **einfach**, wenn sie aus einem Punkt besteht. Andernfalls heißt sie **zusammengesetzt**.

Die Testtheorie, die hier vorgestellt wird, geht auf J. Neyman und E.S. Pearson[1] zurück. Nach der Testtheorie von Neyman und Pearson bedeuten

1. ein Nein zu H_0: „H_0 wird abgelehnt, H_1 wird angenommen“,
2. ein Ja zu H_0: „H_0 wird nicht abgelehnt, gegen H_0 ist nichts einzuwenden“.

Aus den Formulierungen der beiden möglichen Entscheidungsalternativen erkennt man, dass die Hypothesen H_0 und H_1 *nicht* gleich behandelt werden. Die Aussagen sind nicht symmetrisch. (Die zweite Aussage lautet *nicht*: „H_1 wird abgelehnt, H_0 wird angenommen.“)

Bei der Entscheidung sind zwei Fehlerarten möglich: Man lehnt H_0 ab, obwohl sie richtig ist; man begeht den **Fehler 1. Art** (α-**Fehler**), oder man lehnt H_0 nicht ab, obwohl sie falsch ist. Diesen Fehler nennt man **Fehler 2. Art** oder β-**Fehler** (vgl. Tabelle 13.1).

(Unbekannte) Wirklichkeit	Entscheidung für H_0	Entscheidung für H_1
H_0 ist wahr	Richtige Entscheidung	Falsche Entscheidung (**Fehler 1. Art**)
H_1 ist wahr	Falsche Entscheidung (**Fehler 2. Art**)	Richtige Entscheidung

Tabelle 13.1.: Mögliche Entscheidungen bei einem statistischen Test

Die von Neyman und Pearson entwickelte Testtheorie behandelt die beiden Fehlerarten nicht gleich. Für die Wahrscheinlichkeit, den Fehler

[1] Jerzy Neyman (1894–1981), polnisch-amerikanischer Mathematiker und Statistiker; Egon Sharpe Pearson (1895 – 1980), englischer Mathematiker und Statistiker

1. Art zu begehen, wird eine obere Schranke $\alpha \, (0 < \alpha < 1)$ *vorgegeben* (üblich: $\alpha = 0,01; \alpha = 0,05$ oder $\alpha = 0,1$):

$$P(\text{Fehler 1. Art}) = P(H_0 \,\text{ablehnen}|H_0 \,\text{wahr}) \leq \alpha \tag{13.1}$$

Mit dieser Bedingung drückt der Anwender aus: Bei seiner Entscheidung darf das Ergebnis „H_0 wird irrtümlich abgelehnt" mit einer Wahrscheinlichkeit von höchstens α eintreten. α heißt **Signifikanzniveau**, und den Test nennt man **Signifikanztest**.

Für eine Entscheidung wird eine Stichprobe gezogen. Daraus werden Informationen, die eine Ablehnung der Nullhypothese ermöglichen, zu einer geeigneten Größe, **Teststatistik**, **Testgröße** oder **Prüfgröße** genannt, gebündelt. Eine Prüfgröße ist somit eine Stichprobenfunktion.

In einem Signifikanztest wird der Wertebereich der Prüfgröße in einen **Ablehnungs-** und einen **Annahmebereich**, die sich nicht überschneiden, aufgeteilt. Liegt der *konkrete* Wert der Testgröße (d. h. der aus der gezogenen Stichprobe errechnete Wert) in dem Ablehnungsbereich, dann wird die Nullhypothese abgelehnt. Dabei ist die Wahrscheinlichkeit, dass man sie irrtümlich ablehnt, höchstens gleich dem Wert des vorgegebenen α. Liegt der Wert in dem Annahmebereich, dann wird H_0 nicht abgelehnt. Dabei kann man den Fehler 2. Art begehen. Die Wahrscheinlichkeit, dass dies der Fall ist, kennt man aber nicht.

Ein Signifikanztest ist mit einem gerichtlichen Indizienprozess vergleichbar. Die Unschuldsvermutung am Anfang der Verhandlung entspricht der Nullhypothese H_0. Die Alternative zur Unschuldsvermutung lautet Schuld; im statistischen Test heißt sie „Die Gegenhypothese H_1 liegt vor".

Der Justizirrtum „Ein Unschuldiger wird schuldig gesprochen" heißt im Signifikanztest α-Fehler, d. h. H_0 ist richtig, H_0 wird abgelehnt. In einer Gerichtsverhandlung werden Hinweise zur Schuld des Angeklagten gesammelt; im statistischen Test fasst man Informationen aus einer Stichprobe, die eine Ablehnung der Nullhypothese ermöglichen, zu einer Prüfgröße zusammmen.

Reichen die Indizien aus, so wird der Angeklagte verurteilt. Ansonsten wird er aus Mangel an Beweisen frei gesprochen. Im Signifikanztest bedeutet dies: Spricht die Prüfgröße gegen H_0, so wird H_0 abgelehnt. Ansonsten ist gegen H_0 nichts einzuwenden.

13.1. Signifikanztest für Parameter einer Verteilung

Sei X eine Zufallsvariable in der Grundgesamtheit, deren Verteilung von einem Parameter θ abhängt. (θ kann den Anteilswert p, den Erwartungswert μ oder die Varianz σ^2 einer Grundgesamtheit darstellen.) Über θ liegt ein Hypothesenpaar der Art (13.2), (13.3) oder (13.4) vor. Den Test für das Hypothesenpaar (13.2) nennt man **zweiseitig**; für das Hypothesenpaar (13.3) bzw. (13.4) heißt der Test **einseitig**. Allgemein kann man einen Signifikanztest in den folgenden sieben Schritten beschreiben:

1. Formulierung der Nullhypothese H_0 und der Alternative H_1:

$$H_0 : \theta = \theta_0 \quad \text{gegen} \quad H_1 : \theta \neq \theta_0 \tag{13.2}$$

$$H_0 : \theta = \theta_0 \quad \text{gegen} \quad H_1 : \theta > \theta_0 \tag{13.3}$$

$$H_0 : \theta = \theta_0 \quad \text{gegen} \quad H_1 : \theta < \theta_0 \tag{13.4}$$

2. Das Signifikanzniveau α wird festgelegt. (Die Wahrscheinlichkeit für den Fehler 1. Art soll höchstens gleich α sein.)

3. Wahl einer *geeigneten* Testgröße V. *Geeignet* bedeutet: Wenn H_0 vorliegt, muss die Verteilung von V zumindest asymptotisch bekannt sein.

4. Steht α fest, dann verwendet man die Ungleichung

$$P(H_0 \,\text{ablehnen}|H_0 \,\text{wahr}) \leq \alpha \tag{13.5}$$

als Bestimmungsungleichung für den Ablehnungsbereich B. Man schreibt sie in der folgenden Form um:

$$P(V \in B \mid H_0) \leq \alpha \tag{13.6}$$

$P(V \in B \mid H_0)$ nennt man auch **Irrtumswahrscheinlichkeit** und $1 - P(V \in B \mid H_0)$ **Sicherheitswahrscheinlichkeit** des Tests.

5. Man bestimmt B so, dass die Voraussetzung (13.6) erfüllt wird. (Hier wird die Verteilung der Testgröße V unter H_0 benötigt.)

6. Man berechnet aus der vorliegenden Stichprobe den Wert v der Testgröße. (v ist eine Realisation der Zufallsvariablen V.)
7. Entscheidungskriterium: Lehne H_0 ab, wenn $v \in B$.

Im Falle der Ablehnung von H_0 sagt man: „Das Ergebnis ist (statistisch) signifikant (zum Niveau α)“, d. h. die Daten widersprechen der Nullhypothese so, dass diese Abweichung nicht mehr allein durch den Zufall zu erklären ist. Diese Entscheidung ist entweder richtig, oder H_0 wird mit einer Wahrscheinlichkeit von höchstens α zu Unrecht abgelehnt. Eine Ablehnung der Nullhypothese bedeutet *nicht*, dass sie falsch ist.

Bei Nichtablehnung der Nullhypothese sagt man: „Das Ergebnis ist nicht (statistisch) signifikant (zum Niveau α)“. Hier gilt genauso: Entweder ist die Entscheidung richtig, oder man begeht den Fehler 2. Art (H_0 wird nicht abgelehnt, obwohl sie falsch ist). Nichtablehnung der Nullhypothese bedeutet *nicht*, dass sie bestätigt wird. Der Fehler 2. Art hängt von H_1 ab; man hat ihn nicht unter Kontrolle.

Der Fehler 2. Art wird beim Aufbau eines statistischen Tests nicht berücksichtigt. Er spielt jedoch bei der Beurteilung von Testverfahren eine Rolle. (Dazu siehe u. a. [11], [2].)

Aus der Ungleichbehandlung der beiden Fehlerarten zieht man Konsequenzen für die Formulierung der Hypothesen: Eine Aussage, welche man widerlegen möchte, stellt man als Nullhypothese auf, und eine Aussage, welche man statistisch absichern will, formuliert man als Alternative (vgl. Beispiele zu Beginn des Kapitels).

Das Signifikanzniveau sagt etwas über die *Zuverlässigkeit* des Verfahrens aus. Es macht keine Aussage darüber, *ob* die Nullhypothese richtig oder falsch ist, auch nicht mit einer gewissen Wahrscheinlichkeit.

Ein Signifikanzniveau von zum Beispiel $\alpha = 0,05$ bedeutet: Wenn wir zu demselben Hypothesenpaar H_0 und H_1 100 gleichgroße Stichproben ziehen würden, dann würden wir bei der Anwendung dieses Verfahrens (Test zum Niveau $\alpha = 5\%$) in höchstens 5 der 100 Versuche die Nullhypothese zu Unrecht ablehnen.

Wir werden später sehen, dass der Ablehnungsbereich des einseitigen Tests für eine einfache Nullhypothese auch für eine zusammengesetzte Nullhypothese $H_0 : \theta \leq \theta_0$ oder $H_0 : \theta \geq \theta_0$ gültig ist. Aus diesem Grund beschränkt sich die Herleitung der folgenden Tests auf Tests für $H_0 : \theta = \theta_0$.

13.2. Exakter Binomialtest

Ein Binomialtest ist ein Instrument zur Überprüfung der Frage, ob ein Anteilswert p eines Merkmals in der Grundgesamtheit von einem bestimmten Wert p_0 abweicht.

Beispiel 13.1
Ein Obsthändler bietet Äpfel in 10-kg-Kisten an. Er verspricht seinen Kunden einen Preisnachlass, wenn der Anteil der Äpfel mit Wurm mehr als 10% beträgt. Um die Behauptung zu überprüfen, will ein Kunde einen statistischen Test zum Signifikanzniveau 5% durchführen. Dazu entnimmt er einer Kiste zufällig $n = 10$ Äpfel. Ab wie vielen wurmstichigen Äpfeln in der Stichprobe kann man die Behauptung des Obsthändlers widerlegen?

1. Mit $p =$ *Anteil der Äpfel mit Wurm* formulieren wir den Test für
$$H_0 : p = 0,10 \quad \text{gegen} \quad H_1 : p > 0,10.$$

2. Signifikanzniveau: $\alpha = 0,05$

3. Sei X: *Anzahl der Äpfel mit Wurm in der Stichprobe* (vom Umfang $n = 10$). Unter der Annahme, dass H_0 richtig ($p = 0,10$) ist, gilt
$$X \sim B(10; 0,1),$$
da man X als Ergebnis einer 10-maligen Wiederholung eines Bernoulli-Experiments auffassen kann. Die i-te Durchführung des Experiments stellt man durch eine Bernoulli-Variable
$$X_i = \begin{cases} 1 & \text{Apfel mit Wurm} \\ 0 & \text{sonst} \end{cases}$$
dar. Somit besizt
$$X = \sum_{i=1}^{10} X_i$$
den Wertebereich $\{0, 1, \cdots, 10\}$.

4. Unter der Voraussetzung, dass $p = 0,10$ gilt, kann man die Wahrscheinlichkeit, dass X einen Wert $x \in \{0, 1, \cdots, 10\}$ annimmt, angeben. (Bedingte Wahrscheinlichkeit!) Sie lautet:

$$P(X = x \mid p = 0,10) = \binom{10}{x} 0,10^x \cdot 0,90^{10-x}$$

Tabelle 13.2 gibt diese Wahrscheinlichkeiten (gerundet) wieder.

5. Die Nullhypothese wird man ablehnen, wenn die Anzahl der Äpfel mit Wurm in der Stichprobe größer als eine bestimmte Anzahl k $(0 \leq k \leq 10)$ ist. Deshalb teilen wir den Wertebereich von X in den Ablehnungsbereich

$$B = \{k, k + 1, \ldots, 10\}$$

und den Annahmebereich

$$\bar{B} = \{0, 1, \ldots, k - 1\}$$

auf. Gemäß (13.6) wird k so bestimmt, dass

$$P(X \geq k \mid p = 0,10) \leq 0,05$$

gilt. Aus Tabelle 13.2 entnehmen wir:

$$P(4 \leq X \leq 10) = 0,01 < 0,05 \quad \text{und}$$
$$P(3 \leq X \leq 10) = 0,07 > 0,05$$

Die Grenze ist somit bei $k = 4$ zu ziehen. Damit werden der kritische Bereich

$$B = \{4, 5, 6, 7, 8, 9, 10\}$$

und der Annahmebereich

$$\bar{B} = \{0, 1, 2, 3\}$$

festgelegt. Man wird sich für die Alternativ- und gegen die Nullhypothese entscheiden, wenn sich in der Stichprobe vom Umfang $n = 10$ mindestens vier Äpfel mit Wurm befinden.

X	0	1	2	3	4	$5\ldots10$
$P(X=x\|p=0,10)$	0,35	0,39	0,19	0,06	0,01	$0\ldots0$

Tabelle 13.2.: Die Wahrscheinlichkeiten für $X \sim B(10; 0,1)$

Im Falle der Ablehnung sagt man, H_1 sei signifikant, d. h. die Daten sprechen für H_1. Mit anderen Worten: Wenn H_0 richtig ist, ist es sehr unwahrscheinlich, dass man mehr als vier Äpfel mit Wurm in der Stichprobe vorfindet.

Nun wollen wir den im obigen Beispiel 13.1 durchgeführten Test allgemein formulieren. Um die Hypothesen

$$H_0 : p = p_0 \qquad \text{gegen} \qquad H_1 : p > p_0 \tag{13.7}$$

zu überprüfen, wird eine Stichprobe vom Umfang n gezogen. Eine solche Stichprobe lässt sich durch unabhängig und identisch verteilte Zufallsvariablen $X_1, \ldots, X_n$ mit

$$X_i = \begin{cases} 1 & \text{Treffer} \\ 0 & \text{sonst} \end{cases}$$

darstellen. Als Testgröße dient die Zufallsvariable

$$X = \sum_{i=1}^{n} X_i$$

mit dem Wertebereich $\{0, 1, \cdots, n\}$. X gibt die Anzahl der Treffer in der Stichprobe wieder. Sind „zu viele" Treffer in der Stichprobe, dann wird man H_0 ablehnen. Das heißt: Liegt $x = \sum_{i=1}^{n} x_i$ (der konkrete, aus der vorliegenden Stichprobe errechnete Wert von X) im Ablehnungsbereich

$$B = \{k, k+1, \ldots, n\}, \tag{13.8}$$

dann wird man H_0 ablehnen ($0 \leq k \leq n$). (Das Komplement $\bar{B} = \{0, 1, \ldots, k-1\}$ bildet entsprechend den Annahmebereich.) Mit X als Testgröße bestimmt man B so, dass

$$P(X \in B | p = p_0) \leq \alpha \tag{13.9}$$

gilt. Unter der Voraussetzung, dass $p = p_0$ gilt, ist

$$X \sim B(n; p_0).$$

Das heißt: Die Wahrscheinlichkeit, dass X einen Wert $x \in \{0, 1, \cdots, n\}$ annimmt, ergibt sich gemäß

$$P(X = x | p = p_0) = \binom{n}{x} p_0^x (1 - p_0)^{n-x}.$$

(Deshalb heißt der Test Binomialtest.) Somit kann man die Bedingung (13.9) in der Form

$$\sum_{x=k}^{n} \binom{n}{x} p_0^x (1 - p_0)^{n-x} \leq \alpha \tag{13.10}$$

schreiben. Die Grenze k wird dann so bestimmt, dass α nicht überschritten wird. Da X eine diskrete Zufallsvariable ist, wird in der Regel k derjenige Wert sein, für den

$$P(X \geq k | p = p_0) < \alpha \quad \text{und} \quad P(X \geq k - 1 | p = p_0) > \alpha$$

gelten.

Zusammengefasst besteht der **Binomialtest** aus folgenden Schritten:

1. Festlegen der Hypothesen:

$$H_0 : p = p_0 \quad \text{gegen} \quad H_1 : p > p_0$$

2. Festlegen des Signifikanzniveaus: α
3. Prüfgröße X: *Anzahl der Treffer in der Stichprobe*
4. Wenn H_0 richtig ist, gilt

$$X \sim B(n; p_0).$$

5. Ablehnungsbereich:

$$B = \{k, k + 1, \ldots, n\}$$

6. Berechnung von x aus der gezogenen Stichprobe
7. Entscheidung: Ist $x \in B$, dann wird H_0 abgelehnt. H_1 ist signifikant. Andernfalls lehnt man H_0 nicht ab.

Aufgrund der gleichen Überlegungen wie für die Hypothesen in (13.7) und wegen der Symmetrieeigenschaft der Binomialverteilung erhält man für den Test für die Hypothese

$$H_0 : p = p_0 \quad \text{gegen} \quad H_1 : p < p_0 \tag{13.11}$$

als Ablehnungsbereich die Menge

$$B = \{0, 1, \ldots, k\}. \tag{13.12}$$

(H_0 wird abgelehnt, wenn sich in der Stichprobe „zu wenige“ Treffer befinden.) Der kritische Wert k wird entsprechend so festgelegt, dass die Bedingung

$$P(X \in B | p = p_0) = \sum_{x=0}^{k} \binom{n}{x} p_0^x (1 - p_0)^{n-x} \leq \alpha \tag{13.13}$$

erfüllt ist. Im Allgemeinen ist k derjenige Wert, für den

$$P(X \leq k | p = p_0) < \alpha \quad \text{und} \quad P(X \leq k + 1 | p = p_0) > \alpha$$

gilt. Betrachten wir nun das kommende Beispiel als Einführung zum zweiseitigen Binomialtest.

Beispiel 13.2

In einer Packung soll der Anteil der roten Gummibärchen 25% sein. Man vermutet, dass dieser Anteilswert nicht eingehalten wird. Zur Überprüfung werden einer zufällig ausgewählten Packung $n = 20$ Gummibärchen entnommen. Darunter befinden sich 13 rote. Als Entscheidungsinstrument dient ein Signifikanztest zum Niveau 0,01.

1. Hypothesen: $H_0 : p = 0,25$ gegen $H_1 : p \neq 0,25$
2. Signifikanzniveau: $\alpha = 0,01$; Stichprobenumfang: $n = 20$
3. Testgröße X: *Anzahl der roten Gummibärchen in der Stichprobe*
4. Unter H_0 ($p = 0,25$) gilt:

   $$X \sim B(20; 0,25)$$

   Das heißt:

   $$P(X = x \mid p = 0,25) = \binom{20}{x} 0,25^x \cdot 0,75^{20-x}$$

5. Man wird die Nullhypothese verwerfen, wenn man entweder „zu wenige“ oder „zu viele“ rote Gummibärchen in der Stichprobe findet. Deshalb lautet der Ablehnungsbereich ($k_0 < k_1$)

$$B = \{0, 1, \ldots, k_0\} \cup \{k_1, k_1 + 1 \ldots, 20\}.$$

Der Annahmebereich ist somit durch die Menge

$$\bar{B} = \{k_0 + 1, \ldots, k_1 - 1\}$$

gegeben. Die Grenzen k_0 und k_1 werden so bestimmt, dass

$$P(X \leq k_0 \mid p = 0,25) + P(X \geq k_1 \mid p = 0,25) \leq 0,01$$

gilt. Die Aussage ist äquivalent zu

$$\sum_{x=0}^{k_0} \binom{20}{x} 0,25^x \cdot 0,75^{20-x} + \sum_{x=k_1}^{20} \binom{20}{x} 0,25^x \cdot 0,75^{20-x} \leq 0,01.$$

Die Wahrscheinlichkeit $\alpha = 0,01$ teilt man so auf, dass

$$P(X \in \{0, 1, \ldots, k_0\} \mid p = 0,25) \leq 0,005$$

und

$$P(X \in \{k_1, k_1 + 1, \ldots, 20\} \mid p = 0,25) \leq 0,005$$

gelten. Aus der Binomialverteilungstabelle entnehmen wir

$$P(X = 0 \mid p = 0,25) = 0,0032 < 0,005$$

und

$$P(X \leq 1 \mid p = 0,25) = 0,0243 > 0,005.$$

Daraus folgt: $k_0 = 0$. Ähnlich erhalten wir $k_1 = 11$, da

$$P(X \geq 11 \mid p = 0,25) = 0,0039 < 0,005$$

und

$$P(X \geq 10 \mid p = 0,25) = 0,0139 > 0,005.$$

Der Ablehnungsbereich lautet somit:

$$B = \{0\} \cup \{11, 12, \ldots, 20\}$$

Das heißt: Wenn tatsächlich 25% der Gummibärchen rot sind, ist es unwahrscheinlich, dass man unter 20 zufällig entnommenen Gummibärchen kein rotes oder mehr als 11 rote erhält. Da in der gezogenen Stichprobe sich $x = 13$ rote Gummibärchen befinden, wird H_0 abgelehnt.

Die Hypothesen im Beispiel 13.2 können wir allgemein wie folgt hinschreiben:

$$H_0 : p = p_0 \qquad H_1 : p \neq p_0 \tag{13.14}$$

In diesem Fall wird man H_0 ablehnen, wenn sich in der Stichprobe „zu wenige" oder „zu viele" Treffer befinden. Deshalb lautet der Ablehnungsbereich ($k_0 < k_1$):

$$B = \{0, 1, \ldots, k_0\} \cup \{k_1, k_1 + 1, \ldots, n\} \tag{13.15}$$

Der Annahmebereich lautet:

$$\bar{B} = \{k_0, k_0 + 1, \ldots, k_1 - 1\} \tag{13.16}$$

B bestimmt man so, dass

$$\sum_{x=0}^{k_0} \binom{n}{x} p_0^x (1 - p_0)^{n-x} + \sum_{x=k_1}^{n} \binom{n}{x} p_0^x (1 - p_0)^{n-x} \leq \alpha \tag{13.17}$$

gilt. Die Grenzen k_0 und k_1 werden so festgelegt, dass die Voraussetzungen

$$P(X \in \{0, 1, \ldots, k_0\} | p = p_0) \leq \frac{\alpha}{2}$$

und

$$P(X \in \{k_1, k_1 + 1, \ldots, n\} | p = p_0) \leq \frac{\alpha}{2}$$

erfüllt sind.

Zusammengefasst hat man beim zweiseitigen **Binomialtest** die folgenden Arbeitsschritte:

1. Festlegen der Hypothesen:
$$H_0 : p = p_0 \quad \text{gegen} \quad H_1 : p \neq p_0$$
2. Festlegen des Signifikanzniveaus: α
3. Prüfgröße X: *Anzahl der Treffer in der Stichprobe*
4. Wenn H_0 richtig ist, gilt
$$X \sim B(n; p_0).$$
5. Ablehnungsbereich:
$$B = \{0, 1, \ldots, k_0\} \cup \{k_1, k_1 + 1, \ldots, n\}$$
6. Berechnung von x aus der gezogenen Stichprobe
7. Entscheidung: Ist $x \in B$, dann wird H_0 abgelehnt. H_1 ist signifikant. Andernfalls behält man H_0 bei.

Der Ablehnungsbereich (13.8) bleibt weiterhin für den Signifikanztest

$$H_0 : p \leq p_0 \quad \text{gegen} \quad H_1 : p > p_0 \tag{13.18}$$

gültig, denn es gilt:

$$P(k \leq X \leq n \mid p \leq p_0) \leq P(k \leq X \leq n \mid p = p_0) \leq \alpha$$

(Je weniger „Treffer“ sich in der Grundgesamtheit befinden, umso kleiner ist die Chance, „viele Treffer“ in der Stichprobe zu erhalten.) Ebenso gilt nach den gleichen Überlegungen der in (13.12) angegebene Ablehnungsbereich für den Test

$$H_0 : p \geq p_0 \quad \text{gegen} \quad H_1 : p < p_0. \tag{13.19}$$

Für die Bestimmung des Ablehnungsbereiches reicht somit die Verteilung der Testgröße an der Stelle $p = p_0$ aus.

13.3. Approximativer Binomialtest

Im exakten Binomialtest ist die Testgröße X: *Anzahl der Erfolge in der Stichprobe* an der Stelle $p = p_0$ binomialverteilt mit den Parametern n und p_0. Insbesondere bedeutet dies: Wenn H_0 vorliegt, ist np_0 die erwartete Trefferzahl in der Stichprobe.

Nach dem Grenzwertsatz von de Moivre lässt sich für großes n (Faustregel: $np \geq 5$ und $n(1-p) \geq 5$) die $B(n,p)$-Verteilung durch die Normalverteilung mit $\mu = np$ und $\sigma^2 = np(1-p)$ approximieren. Für großes n, falls $p = p_0$, gilt somit:

$$Z = \frac{X - np_0}{\sqrt{np_0(1-p_0)}} \underset{a}{\sim} N(0;1) \tag{13.20}$$

Folglich kann man mit Z als Prüfgröße den Ablehnungsbereich des Binomialtests über die Normalverteilung annähern. Bei dem einseitigen Test zum Niveau α für

$$H_0 : p \leq p_0 \qquad \text{gegen} \qquad H_1 : p > p_0 \tag{13.21}$$

wird man H_0 ablehnen, wenn X „zu groß" ist, d. h., wenn $X - np_0 > \delta$. Es gilt:

$$X - np_0 > \delta \quad \Leftrightarrow \quad Z > \frac{\delta}{\sqrt{np_0(1-p_0)}}$$

Also wird man H_0 ablehnen, wenn

$$z \in B = \left\{z : z > \frac{\delta}{\sqrt{np_0(1-p_0)}}\right\}.$$

Den Ablehnungsbereich B bestimmt man so, dass

$$P\left(Z > \frac{\delta}{\sqrt{np_0(1-p_0)}} \mid p = p_0\right) = \alpha \tag{13.22}$$

gilt. Hier kann α wegen der Stetigkeit der Normalverteilung ganz ausgeschöpft werden. Wegen

$$P\left(Z > \frac{\delta}{\sqrt{np_0(1-p_0)}} \mid p = p_0\right) = 1 - P\left(Z \leq \frac{\delta}{\sqrt{np_0(1-p_0)}} \mid p = p_0\right)$$

und

$$P\Big(Z \leq \frac{\delta}{\sqrt{np_0(1-p_0)}} \mid p = p_0\Big) = \Phi\Big(\frac{\delta}{\sqrt{np_0(1-p_0)}}\Big)$$

ist (13.22) äquivalent zu

$$1 - \Phi\Big(\frac{\delta}{\sqrt{np_0(1-p_0)}}\Big) = \alpha \Leftrightarrow \Phi\Big(\frac{\delta}{\sqrt{np_0(1-p_0)}}\Big) = 1 - \alpha.$$

Diese Gleichung gilt genau dann, wenn

$$\frac{\delta}{\sqrt{np_0(1-p_0)}} = z_{1-\alpha}.$$

Damit lautet der Ablehnungsbereich:

$$B = \{z : z > z_{1-\alpha}\} =]z_{1-\alpha}; \infty[\tag{13.23}$$

Für den Test (zum Niveau α) für

$$H_0 : p \geq p_0 \qquad \text{gegen} \qquad H_1 : p < p_0 \tag{13.24}$$

lautet wegen der Symmetrie der Normalverteilung der Ablehnungsbereich

$$B = \{z : z < -z_{1-\alpha}\} =] -\infty; -z_{1-\alpha}[. \tag{13.25}$$

Für den zweiseitigen Test (zum Niveau α)

$$H_0 : p = p_0 \qquad \text{gegen} \qquad H_1 : p \neq p_0 \tag{13.26}$$

wird man H_0 ablehnen, wenn X „zu weit“ von np_0 entfernt liegt, d. h., wenn

$$\mid X - np_0 \mid > \delta \qquad \text{bzw.} \qquad \mid Z \mid > \frac{\delta}{\sqrt{np_0(1-p_0)}}.$$

Mit Z als Testgröße bestimmt man den Ablehnungsbereich B so, dass

$$P\Big(\mid Z \mid > \frac{\delta}{\sqrt{np_0(1-p_0)}} \mid p = p_0\Big) = \alpha \tag{13.27}$$

gilt.

Die Gleichung (13.27) ist äquivalent zu

$$P\Big(Z < -\frac{\delta}{\sqrt{np_0(1-p_0)}} \mid p = p_0\Big) + P\Big(Z > \frac{\delta}{\sqrt{np_0(1-p_0)}} \mid p = p_0\Big) = \alpha.$$

Wegen der Symmetrie der Normalverteilung teilt man α in zwei Hälften so, dass

$$P\Big(Z < -\frac{\delta}{\sqrt{np_0(1-p_0)}} \mid p = p_0\Big) = \alpha/2 \tag{13.28}$$

und

$$P\Big(Z > \frac{\delta}{\sqrt{np_0(1-p_0)}} \mid p = p_0\Big) = \alpha/2 \tag{13.29}$$

Gleichung (13.28) ist äquivalent zu

$$\Phi\Big(-\frac{\delta}{\sqrt{np_0(1-p_0)}}\Big) = \alpha/2.$$

Wegen

$$\Phi\Big(-\frac{\delta}{\sqrt{np_0(1-p_0)}}\Big) = 1 - \Phi\Big(\frac{\delta}{\sqrt{np_0(1-p_0)}}\Big)$$

ist

$$\frac{\delta}{\sqrt{np_0(1-p_0)}} = z_{1-\alpha/2}.$$

Der Ablehnungsbereich ist somit gegeben durch

$$B =]-\infty; -z_{1-\alpha/2}[\ \cup\ ]z_{1-\alpha/2}; \infty[. \tag{13.30}$$

Beispiel 13.3

Ein Autor hat im Magazin der *Süddeutschen Zeitung* (Nummer 35, 2. September 2011) geschrieben, 80% aller Geisterfahrer auf deutschen Radwegen seien Frauen. Er stellte im Sommer 2011 fest, dass 82% der Geisterfahrer auf Radwegen tatsächlich Frauen sind. Nehmen wir an, er habe 100 Geisterfahrer beobachtet. Kann man seine Hypothese zum Signifikanzniveau von 5% verwerfen?

1. Hypothesen: $H_0 : p = 0,80$ gegen $H_1 : p < 0,80$.

2. Signifikanzniveau: $\alpha = 0,05$, Stichprobenumfang: $n = 100$.

3. Wegen
$$np_0 = 100 \cdot 0,8 = 80 > 5$$
und
$$n(1 - p_0) = 100(1 - 0,8) = 20 > 5$$
kann man die $B(100; 0,8)$- durch die $N(80; \sqrt{16})$-Verteilung annähern.

   Für die Testgröße X: *Anzahl der Frauen unter den beobachteten Geisterfahrern* gilt unter H_0 somit:
$$Z = \frac{X - 80}{\sqrt{16}} \underset{a}{\sim} N(0; 1)$$

4. Für $\alpha = 0,05$ ist $z_{1-\alpha} = z_{0,95} = 1,64$. Somit lautet der Ablehnungsbereich
$$B = \{z : z < -1,64\}.$$

5. 82 von 100 beobachteten Geisterfahrern sind Frauen. Daraus ergibt sich
$$z = \frac{82 - 80}{\sqrt{16}} = 0,5.$$

6. Da $z \notin B$ wird H_0 nicht abgelehnt.

Die Vermutung, dass Falschfahrer auf deutschen Radwegen überwiegend Frauen sind, wird nicht widerlegt. Das bedeutet jedoch nicht, dass sie bestätigt wird. Der Fehler 2. Art, den man nicht kennt, könnte sich eingeschlichen haben!

Die folgende Übersicht fasst die Tests zusammen:

Approximativer Binomialtest

Voraussetzung: großes n (Faustregel: $np \geq 5$ und $n(1-p) \geq 5$)

1. Hypothesen:
   a) $H_0 : p \leq p_0$ $\quad H_1 : p > p_0$
   b) $H_0 : p \geq p_0$ $\quad H_1 : p < p_0$
   c) $H_0 : p = p_0$ $\quad H_1 : p \neq p_0$
2. Signifikanzniveau: α
3. Wenn $p = p_0$, gilt für X: *Anzahl der Treffer in der Stichprobe*:
$$X = \sum_{i=1}^{n} X_i \underset{a}{\sim} N\Big(np_0; \sqrt{np_0(1-p_0)}\Big)$$
   bzw.
$$Z = \frac{X - np_0}{\sqrt{np_0(1-p_0)}} \underset{a}{\sim} N(0;1).$$
4. Mit Z als Prüfgröße lautet der Ablehnungsbereich in
   a) $B = \{z : z > z_{1-\alpha}\}$.
   b) $B = \{z : z < -z_{1-\alpha}\}$.
   c) $B = \big] -\infty; -z_{1-\alpha/2}\big[\cup \big] z_{1-\alpha/2}; \infty\big[$.
5. Berechne z aus der vorliegenden Stichprobe.
6. Entscheidungsregel: Ist $z \in B$, dann wird H_0 abgelehnt.

13.4. Gauß-Test für den Erwartungswert

Der Name *Gauß* wird in der mathematischen Statistik stets mit der Normalverteilung verbunden. So handelt es sich in diesem Abschnitt um Tests für Hypothesen über den Erwartungswert einer $N(\mu;\sigma)$-Verteilung. Dabei setzen wir voraus, dass die Varianz σ^2 bekannt ist. In einem Gauß-Test ist die Testgröße (wie sollte es auch anders sein) unter H_0 normalverteilt. Die Stetigkeit der Normalverteilung erlaubt uns, α in der Bestimmungsungleichung (13.6) ganz auszuschöpfen. (Das heißt: „=“ ist möglich.)

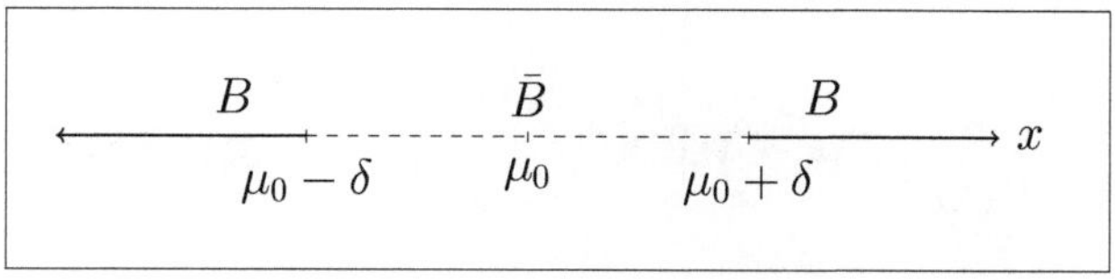

Abbildung 13.1.: Ablehnungsbereich B bzw. Annahmebereich $\bar{B}$

Zu einem vorgegebenen Signifikanzniveau α will man die Nullhypothese

$$H_0 : \mu = \mu_0 \quad \text{gegen} \quad H_1 : \mu \neq \mu_0 \tag{13.31}$$

testen. Aussagekräftige Informationen über den Erwartungswert gibt bekanntlich der Stichprobenmittelwert $\bar{X} = \frac{1}{n}\sum_{i=1}^{n} X_i$. Deshalb wird man sich für H_1 entscheiden, wenn $\bar{X}$ stark von μ_0 abweicht. Das heißt: Wenn

$$\left|\bar{X} - \mu_0\right| > \delta \Leftrightarrow \bar{X} \in \left] -\infty\,;\mu_0 - \delta\right[\cup \left]\mu_0 + \delta\,;\infty\right[, \tag{13.32}$$

werden wir H_0 ablehnen. Die Intervalle

$$\left] -\infty\,;\mu_0 - \delta\right[\cup \left]\mu_0 + \delta\,;\infty\right[= B \tag{13.33}$$

bilden somit den **Ablehnungsbereich**, und das Intervall

$$\bar{B} = \left[\mu_0 - \delta; \mu_0 + \delta\right] \tag{13.34}$$

bildet den **Annahmebereich** des Tests (siehe Abbildung 13.1).

B ist so zu bestimmen, dass

$$P(\bar{X} \in B \mid \mu = \mu_0) = \alpha \tag{13.35}$$

gilt. Wenn die Nullhypothese $H_0 : \mu = \mu_0$ richtig ist, gilt

$$\bar{X} \sim N\left(\mu_0; \frac{\sigma}{\sqrt{n}}\right) \tag{13.36}$$

bzw.

$$Z = \frac{\bar{X} - \mu_0}{\sigma/\sqrt{n}} \sim N(0; 1). \tag{13.37}$$

Um B zu bestimmen, schreiben wir die Bedingung (13.35) wie folgt um:

$$P(\bar{X} < \mu_0 - \delta \mid \mu = \mu_0) + P(\bar{X} > \mu_0 + \delta \mid \mu = \mu_0) = \alpha \tag{13.38}$$

bzw.

$$P\Big(Z < \frac{-\delta}{\sigma/\sqrt{n}} \mid \mu = \mu_0\Big) + P\Big(Z > \frac{\delta}{\sigma/\sqrt{n}} \mid \mu = \mu_0\Big) = \alpha \qquad (13.39)$$

Wegen der Symmetrie der Normalverteilung teilt man α in zwei Hälften so, dass

$$P\Big(Z < \frac{-\delta}{\sigma/\sqrt{n}} \mid \mu = \mu_0\Big) = \alpha/2 \qquad (13.40)$$

und

$$P\Big(Z > \frac{\delta}{\sigma/\sqrt{n}} \mid \mu = \mu_0\Big) = \alpha/2 \qquad (13.41)$$

gelten. Aus (13.40) und wegen

$$P\Big(Z < \frac{-\delta}{\sigma/\sqrt{n}} \mid \mu = \mu_0\Big) = \Phi\Big(\frac{-\delta}{\sigma/\sqrt{n}}\Big)$$

gilt:

$$\frac{-\delta}{\sigma/\sqrt{n}} = z_{\alpha/2} \quad \Rightarrow \quad -\delta = z_{\alpha/2}\frac{\sigma}{\sqrt{n}}$$

Aus (13.41) und wegen

$$\begin{aligned} P\Big(Z > \tfrac{\delta}{\sigma/\sqrt{n}} \mid \mu = \mu_0\Big) &= 1 - \Phi\Big(\frac{\delta}{\sigma/\sqrt{n}}\Big) \\ \Leftrightarrow \qquad \Phi\Big(\tfrac{\delta}{\sigma/\sqrt{n}}\Big) &= 1 - \alpha/2 \end{aligned}$$

folgt:

$$\frac{\delta}{\sigma/\sqrt{n}} = z_{1-\alpha/2} \quad \Rightarrow \quad \delta = z_{1-\alpha/2}\frac{\sigma}{\sqrt{n}}$$

Mit $z_{\alpha/2} = -z_{1-\alpha/2}$ lautet der Ablehnungsbereich

$$B = \Big] - \infty\,;\, \mu_0 - z_{1-\alpha/2}\frac{\sigma}{\sqrt{n}}\Big[\cup \Big]\mu_0 + z_{1-\alpha/2}\frac{\sigma}{\sqrt{n}}\,;\, \infty\Big[\qquad (13.42)$$

bzw. der Annahmebereich

$$\bar{B} = \Big[\mu_0 - z_{1-\alpha/2}\frac{\sigma}{\sqrt{n}}; \mu_0 + z_{1-\alpha/2}\frac{\sigma}{\sqrt{n}}\Big]. \qquad (13.43)$$

(Vgl. Abbildung 13.2.)

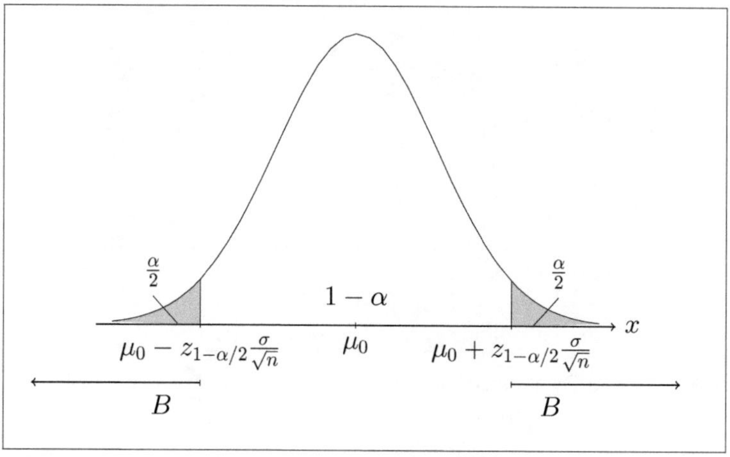

Abbildung 13.2.: Dichtefunktion von $\bar{X}$ unter H_0 mit dem Ablehnungsbereich B

Zweiseitiger Gauß-Test

1. Festlegen der Hypothesen:

$$H_0 : \mu = \mu_0 \quad \text{gegen} \quad H_1 : \mu \neq \mu_0$$

2. Festlegen des Signifikanzniveaus: α
3. Festlegen der Teststatistik $\bar{X} = \frac{1}{n}\sum_{i=1}^{n} X_i$
4. Wenn H_0 richtig ist, gilt

$$\bar{X} \sim N\Big(\mu_0; \frac{\sigma}{\sqrt{n}}\Big).$$

5. Bestimmung des Ablehnungsbereichs:

$$B = \Big] -\infty\,;\, \mu_0 - z_{1-\alpha/2}\frac{\sigma}{\sqrt{n}}\Big[\cup \Big]\mu_0 + z_{1-\alpha/2}\frac{\sigma}{\sqrt{n}}\,;\,\infty\Big[$$

6. Berechnung von $\bar{x}$ aus der gezogenen Stichprobe.
7. Entscheidung: Ist $\bar{x} \in B$, dann wird H_0 abgelehnt; H_1 ist signifikant. Andernfalls lehnt man H_0 nicht ab.

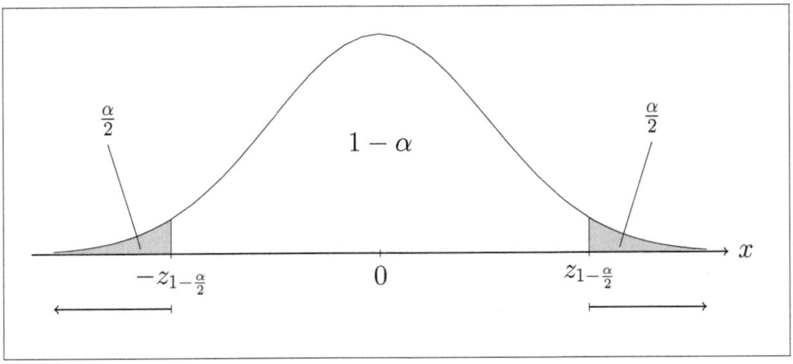

Abbildung 13.3.: Dichtefunktion von Z und der Ablehnungsbereich für $Z : \{z : |z| \geq z_{1-\alpha/2}\}$

Man kann ebenso mit Hilfe von Z eine Entscheidung treffen (siehe Abbildung 13.3). Die Nullhypothese wird dann abgelehnt, wenn

$$z = \frac{\bar{x} - \mu_0}{\sigma/\sqrt{n}} \in \big] - \infty\, ;\, -z_{1-\alpha/2}\big[\cup \big] z_{1-\alpha/2}\, ;\, \infty\big[.$$

Beispiel 13.4

In einer Molkerei füllen Maschinen Milch in 1-Liter-Flaschen ab. Bei einer der Abfüllmaschinen besteht der Verdacht, dass diese nicht korrekt abfüllt. Um die Vermutung zu überprüfen, wird ein statistischer Test zum Signifikanzniveau 0,05 durchgeführt. Die Abfüllmenge kann man als eine normalverteilte Zufallsvariable mit einer Standardabweichung von 10 ml ansehen. Aus 16 abgefüllten Flaschen, die zufällig entnommen wurden, wurde ein Mittelwert von 992,5 ml gemessen. Kann man dieses Ergebnis für zufällig halten?

1. Hypothesen (in ml):

$$H_0 : \mu = 1000 \qquad H_1 : \mu \neq 1000$$

2. Signifikanzniveau: $\alpha = 0,05$

3. Wenn H_0 richtig ist, gilt

$$\bar{X} \sim N\Big(1000; \frac{10}{\sqrt{16}}\Big).$$

4. Für die Bestimmung des Ablehnungsbereichs ermitteln wir

$$z_{1-\alpha/2} = z_{0,975} = 1,96$$

und

$$z_{1-\alpha/2}\frac{\sigma}{\sqrt{n}} = 1,96 \cdot \frac{10}{\sqrt{16}} = 4,9.$$

Der Ablehnungsbereich lautet somit

$$\begin{aligned} B &= \Big]-\infty\,;\,1000-4,9\Big[\;\cup\; \Big]1000+4,9\,;\,\infty\Big[\\ &= \Big]-\infty\,;\,995,1\Big[\;\cup\; \Big]1004,9\,;\,\infty\Big[. \end{aligned}$$

5. Da $\bar{x} = 992,5 \in B$, wird H_0 abgelehnt. H_1 ist signifikant. Die Abweichung ist deutlich genug, um sie nicht als zufällig einstufen zu können. Die Wahrscheinlichkeit, dass diese Entscheidung falsch ist, beträgt höchstens 0,05.

Eine Entscheidung über Z führt selbstverständlich zum selben Ergebnis:

$$z = \frac{992,5 - 1000}{10/\sqrt{16}} = -3 \in \big]-\infty\,;\,-1,96\big[\cup\big]1,96\,;\,\infty\big[$$

Betrachten wir nun den Gauß-Test für die Hypothese

$$H_0 : \mu = \mu_0 \quad \text{gegen} \quad H_1 : \mu > \mu_0 \tag{13.44}$$

Die Nullhypothese H_0 wird man ablehnen, wenn der Stichprobenmittelwert „zu groß“ ist, d. h. wenn

$$\bar{X} - \mu_0 > \delta. \tag{13.45}$$

Folglich lehnt man H_0 ab, wenn $\bar{x}$ in den Ablehnungsbereich

$$B = \big]\mu_0 + \delta\,;\,\infty\big[\tag{13.46}$$

fällt. B wird so bestimmt, dass

$$P(\bar{X} \in B \,|\mu = \mu_0) = \alpha \tag{13.47}$$

gilt. Wegen $\bar{X} \in B \Leftrightarrow \bar{X} - \mu_0 > \delta$ ist (13.47) äquivalent zu

$$\begin{aligned} P(\bar{X} - \mu_0 > \delta \,|\mu = \mu_0) &= P\Big(Z > \frac{\delta}{\sigma/\sqrt{n}}\Big|\mu = \mu_0\Big) \\ &= 1 - \Phi\Big(\frac{\delta}{\sigma/\sqrt{n}}\Big) = \alpha \end{aligned}$$

Daraus folgt:

$$\frac{\delta}{\sigma/\sqrt{n}} = z_{1-\alpha} \quad \Rightarrow \quad \delta = z_{1-\alpha}\frac{\sigma}{\sqrt{n}}$$

H_0 wird dann abgelehnt, wenn $\bar{x}$ im Ablehnungsbereich

$$B = \left]\mu_0 + z_{1-\alpha}\frac{\sigma}{\sqrt{n}}\,;\,\infty\right[\tag{13.48}$$

liegt. (Siehe Abbildung 13.4.) Die alternative Entscheidungsregel mit Hilfe von Z lautet: Lehne H_0 ab, wenn

$$z \in \left]z_{1-\alpha}\,;\,\infty\right[.$$

Einseitiger Gauß-Test

1. Formulierung der Hypothesen:

$$H_0 : \mu = \mu_0 \qquad\qquad H_1 : \mu > \mu_0$$

2. Festlegen des Signifikanzniveaus: α
3. Testgröße: $\bar{X} = \frac{1}{n}\sum_{i=1}^{n} X_i$
4. Wenn H_0 richtig ist, gilt

$$\bar{X} \sim N\left(\mu_0; \frac{\sigma}{\sqrt{n}}\right).$$

5. Bestimmung des Ablehnungsbereichs:

$$B = \left]\mu_0 + z_{1-\alpha}\frac{\sigma}{\sqrt{n}}\,;\,\infty\right[$$

(Annahmebereich $\bar{B} = \left]-\infty\,;\mu_0 + z_{1-\alpha}\frac{\sigma}{\sqrt{n}}\right]$)

6. Berechnung von $\bar{x}$ aus der gezogenen Stichprobe.
7. Entscheidung: Ist $\bar{x} \in B \Rightarrow H_0$ wird abgelehnt; H_1 ist signifikant. Andernfalls lehnt man H_0 nicht ab.
8. Entscheidung mit Hilfe von Z: Lehne H_0 ab, wenn

$$z = \frac{\bar{x} - \mu_0}{\sigma/\sqrt{n}} \in \left]z_{1-\alpha}\,;\,\infty\right[.$$

Beispiel 13.5
Greifen wir auf das Beispiel 13.4 zurück und testen die Nullhypothese $H_0 : \mu = 1000$ gegen $H_1 : \mu > 1000$, d. h. „Die Maschine füllt zu viel ab". Dabei behalten wir das Signifikanzniveau $\alpha = 0,05$ bei. Aus der Stichprobe hat man $\bar{x} = 992,5$ ermittelt.

1. Hypothesen:

$$H_0 : \mu = 1000 \qquad\qquad H_1 : \mu > 1000$$

2. Signifikanzniveau: $\alpha = 0,05$

3. Wenn H_0 richtig ist, gilt

$$\bar{X} \sim N\Big(1000; \frac{10}{\sqrt{16}}\Big).$$

4. Für die Bestimmung des Ablehnungsbereichs ermitteln wir

$$z_{1-\alpha} = z_{0,95} = 1,64$$

und

$$\mu_0 + z_{1-\alpha}\frac{\sigma}{\sqrt{n}} = 1000 + 1,64 \cdot \frac{10}{4} = 1004,1.$$

Der Ablehnungsbereich ist somit

$$B =]1004,1\,;\,\infty[.$$

5. Da

$$\bar{x} = 992,5 \notin B \quad \text{bzw.} \quad z = \frac{992,5 - 1000}{10} \cdot 4 = -3 \notin]1,64\,;\,\infty[$$

wird H_0 nicht abgelehnt.

Dieses Ergebnis ist nicht signifikant; es besagt lediglich, dass gegen die Nullhypothese nichts einzuwenden ist.

Wegen der Symmetrie können wir für das 3. Hypothesenpaar

$$H_0 : \mu = \mu_0 \qquad\qquad H_1 : \mu < \mu_0 \tag{13.49}$$

den Ablehnungs- bzw. Annahmebereich einfach angeben:

$$B = \Big] - \infty\,;\mu_0 - z_{1-\alpha}\frac{\sigma}{\sqrt{n}}\Big[\tag{13.50}$$

bzw.:

$$\bar{B} = \left[\mu_0 - z_{1-\alpha}\frac{\sigma}{\sqrt{n}}\,;\infty\right[\tag{13.51}$$

(Siehe Abbildung 13.4.) Man wird H_0 ablehnen, wenn sich $\bar{X}$ zu weit links von μ_0 befindet. Die Entscheidungsregel mit Hilfe von Z lautet: Lehne H_0 ab, wenn

$$z \in \left] -\infty\,;\, -z_{1-\alpha}\right[.$$

Beispiel 13.6

Im Anschluss an das Beispiel 10.17 betrachten wir X: *Inhalt der Maßkrüge auf dem Oktoberfest in München* als eine normalverteilte Zufallsvariable mit dem Erwartungswert 1000 ml und der Standardabweichung 10 ml. Die Kontrollbehörde der Stadt München überprüft stichprobenartig, ob die Biermenge vorschriftmäßig eingeschenkt wird. Bei einer Kontrolle wurde aus 16 Bierkrügen ein Mittelwert von 992 ml ermittelt. Zum Signifikanzniveau von 1% wollen wir überprüfen, ob dieses Ergebnis rein zufällig ist.

1. Hypothesen:

$$H_0 : \mu = 1000 \qquad H_1 : \mu < 1000$$

2. Signifikanzniveau: $\alpha = 0,01$

3. Wenn H_0 richtig ist, gilt

$$\bar{X} \sim N\left(1000; \frac{10}{\sqrt{16}}\right).$$

4. Für die Bestimmung des Ablehnungsbereichs ermitteln wir

$$z_{1-\alpha} = z_{0,99} = 2,33$$

und

$$\mu_0 - z_{1-\alpha}\frac{\sigma}{\sqrt{n}} = 1000 - 2,33 \cdot \frac{10}{4} = 994,34.$$

Der Ablehnungsbereich ist somit

$$B =]-\infty\,;\,994,34[.$$

5. Da

$$\bar{x} = 992 \in B \quad \text{bzw.} \quad z = \frac{992 - 1000}{10}\cdot 4 = -3,2 \in]-\infty\,;\,-2,33[$$

wird H_0 abgelehnt.

Das Ergebnis ist signifikant; die Daten sprechen dafür, dass zu wenig eingeschenkt wird. Die Wahrscheinlichkeit, dass man die Nullhypothese zu Unrecht ablehnt, beträgt höchstens 0,01.

Für die zusammengesetzte Nullhypothese

$$H_0 : \mu \leq \mu_0 \quad \text{gegen} \quad H_1 : \mu > \mu_0$$

gilt derselbe Ablehnungsbereich (13.48) wie für den einfachen Fall (13.44), weil für Z unter H_0 gilt (vgl. Abbildung 13.5):

$$P\Big(Z > \frac{\delta}{\sigma}\sqrt{n} \mid \mu < \mu_0\Big) < P\Big(Z > \frac{\delta}{\sigma}\sqrt{n} \mid \mu = \mu_0\Big) = \alpha \qquad (13.52)$$

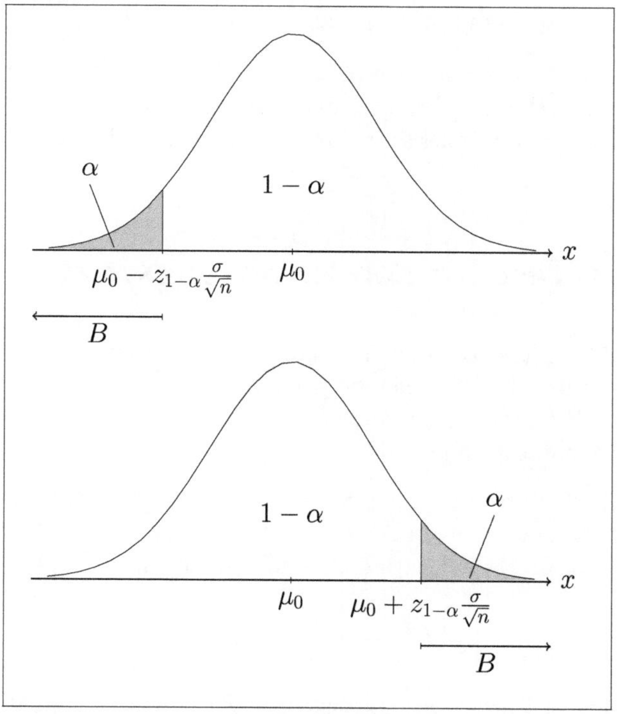

Abbildung 13.4.: Dichtefunktion von $\bar{X}$ unter H_0 mit dem Ablehnungsbereich B in den Fällen $H_1 : \mu < \mu_0$ (obere Grafik) bzw. $H_1 : \mu > \mu_0$ (untere Grafik)

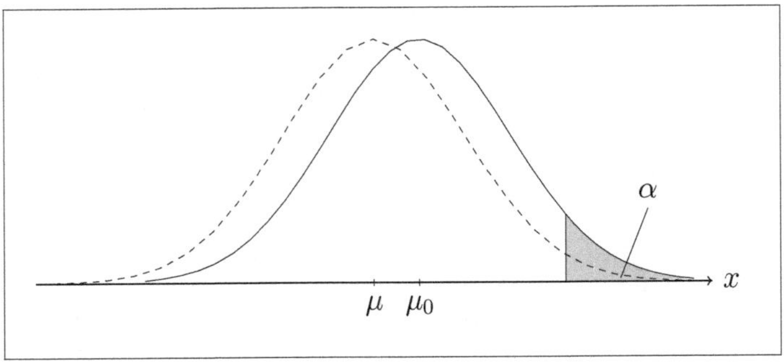

Abbildung 13.5.: Die Wahrscheinlichkeit für den Fehler 1. Art in Abhängigkeit von $\mu \leq \mu_0$

Entsprechend besitzt der Test für das Hypothesenpaar

$$H_0 : \mu \geq \mu_0 \quad \text{gegen} \quad H_1 : \mu < \mu_0$$

denselben Ablehnungsbereich (13.50) wie der Test (13.49). Ebenso wie bei den Binomialtests braucht man für die Bestimmung des Ablehnungsbereiches nur den Parameter μ_0 am „Rand“ der Nullhypothese.

13.5. t-Test für den Erwartungswert

Um den Gauß-Test anwenden zu können, muss man die Varianz kennen. In der Regel kennt man sie jedoch nicht. Wie geht man nun vor, wenn man Hypothesen über μ einer $N(\mu; \sigma)$-Verteilung mit einem unbekannten σ überprüfen will?

Uns ist der erwartungstreue Schätzer S^2 für σ^2 bekannt, und aus der Intervallschätzung im Abschnitt 12.5.1 wissen wir, dass für eine $N(\mu; \sigma)$-verteilte Zufallsvariable X mit unbekanntem σ gilt:

$$T = \frac{\bar{X} - \mu}{S/\sqrt{n}} \sim t(n-1)$$

Diese Tatsache werden wir im Folgenden für die bereits erwähnte Testaufgabe auch nutzen. Wir formulieren zunächst die uns interessierenden Hypothesen:

$$H_0 : \mu = \mu_0 \quad \text{gegen} \quad H_1 : \mu \neq \mu_0 \tag{13.53}$$

$$H_0 : \mu \leq \mu_0 \quad \text{gegen} \quad H_1 : \mu > \mu_0 \tag{13.54}$$

$$H_0 : \mu \geq \mu_0 \quad \text{gegen} \quad H_1 : \mu < \mu_0 \tag{13.55}$$

Als Testgröße können wir die T-Statistik

$$T = \frac{\bar{X} - \mu_0}{S/\sqrt{n}} \tag{13.56}$$

verwenden. Wenn $\mu = \mu_0$ vorliegt, gilt:

$$T \sim t(n-1) \tag{13.57}$$

Da die t-Verteilung wie die Standardnormalverteilung symmetrisch um Null ist, kann man den t-Test völlig analog zum Gauß-Test herleiten. Im zweiseitigen Gauß-Test lehnt man H_0 ab, wenn $|Z| > z_{1-\alpha/2}$. Dabei ist $z_{1-\alpha/2}$ das $(1-\alpha/2)$-Quantil (Fraktil) der $N(0;1)$-Verteilung.

Entsprechend wird H_0 im zweiseitigen Fall (13.53) abgelehnt, wenn

$$|T| > t_{1-\alpha/2;n-1},$$

wobei $t_{1-\alpha/2;n-1}$ das $(1-\alpha/2)$-Quantil der $t(n-1)$-Verteilung bezeichnet. Somit erhalten wir den Ablehnungsbereich

$$B = \left]-\infty; -t_{1-\alpha/2;n-1}\right[\, \cup \, \left]t_{1-\alpha/2;n-1}; \infty\right[. \tag{13.58}$$

Auf die gleiche Art und Weise werden die Ablehnungsbereiche für die einseitigen Tests konstruiert. Für das Hypothesenpaar (13.54) sprechen „große“ T-Werte für H_1. Deshalb besteht der Ablehnungsbereich aus „großen“ T-Werten; genauer lautet der Ablehnungsbereich

$$B = \left]t_{1-\alpha;n-1} \, ; \, \infty\right[. \tag{13.59}$$

Für das Hypothesenpaar (13.55) sprechen „kleine“ T-Werte für H_1. Da die t-Verteilung symmetrisch ist, lässt sich der Ablehnungsbereich für diesen Test sofort angeben. Er lautet:

$$B = \left]-\infty; -t_{1-\alpha\,;\,n-1}\right[\tag{13.60}$$

Für $n \geq 30$ stimmen praktisch die $t(n)$- und die $N(0;1)$-Verteilung überein, dass man für die Bestimmung des Ablehnungsbereichs eines t-Tests die Standardnormalverteilung anstelle dert $t(n-1)$-Verteilung verwenden kann. Die folgende Übersicht fasst die t-Tests zusammen.

***t*-Test für den Erwartungswert**

1. Hypothesen:
   a) $H_0 : \mu = \mu_0 \qquad H_1 : \mu \neq \mu_0$
   b) $H_0 : \mu \leq \mu_0 \qquad H_1 : \mu > \mu_0$
   c) $H_0 : \mu \geq \mu_0 \qquad H_1 : \mu < \mu_0$
2. Signifikanzniveau: α
3. Testgröße:
$$T = \frac{\bar{X} - \mu_0}{S/\sqrt{n}}$$
4. Wenn $\mu = \mu_0$, gilt: $T \sim t(n-1)$
5. a) Ablehnungsbereich des zweiseitigen Tests:
$$B = \left] -\infty; -t_{1-\alpha/2;n-1} \right[\cup \left] t_{1-\alpha/2;n-1}; \infty \right[$$
   b) Ablehnungsbereich des einseitigen Tests:
$$B = \left] t_{1-\alpha;n-1} \,;\, \infty \right[$$
   c) Ablehnungsbereich des einseitigen Tests:
$$B = \left] -\infty; -t_{1-\alpha\,;n-1} \right[$$
6. Berechne t (die Realisierung von T) aus der gezogenen Stichprobe
7. Entscheidungsregel: Ist $t \in B$, dann wird H_0 abgelehnt.

Ist $n \geq 30$, dann verwendet man die $N(0;1)$- anstelle der $t(n-1)$-Verteilung.

Beispiel 13.7

Wir greifen auf die Situation in Beispiel 13.4 zurück. Dort war ein Sollwert von einem Liter Milch mit Hilfe eines statistischen Tests zum Niveau $\alpha = 0,05$ zu überprüfen. Diese Aufgabe wiederholen wir nun, setzen aber voraus, dass σ unbekannt ist. Als Grundlage der Entscheidung dient eine Stichprobe vom Umfang $n = 16$. Daraus wurden ein Mittelwert $\bar{x} = 992,5$ ml und eine Standardabweichung von $s = 10$ ml berechnet. Kann man mit diesem Ergebnis die Vermutung, die Maschine fülle korrekt ab, widerlegen?

1. Hypothesen:

$$H_0 : \mu = 1000 \qquad H_1 : \mu \neq 1000$$

2. Signifikanzniveau: $\alpha = 0,05$

3. Für $\mu = 1000$ gilt:

$$T = \frac{\bar{X} - 1000}{S/\sqrt{16}} \sim t(15)$$

4. Ablehnungsbereich:

$$B = \left] -\infty; -t_{0,975;15} \right[\cup \left] t_{0,975;15}; \infty \right[$$

Aus der $t(15)$-Verteilungstabelle lesen wir

$$t_{0,975;15} = 2,1314$$

ab. Der Ablehnungsbereich lautet somit

$$B = \left] -\infty; -2,1314 \right[\cup \left] 2,1314; \infty \right[$$

5. Berechnung von t:

$$t = \frac{\bar{x} - \mu_0}{s/\sqrt{n}} = \frac{992,5 - 1000}{10/\sqrt{16}} = -3$$

6. Entscheidung: H_0 wird abgelehnt, denn $t = -3 \in B$.

13.6. Ein alternatives Entscheidungskriterium

Das bisherige Entscheidungskriterium lautet: Fällt der konkrete Wert der Prüfgröße in den Ablehnungsbereich, dann lehne H_0 ab. Eine andere Möglichkeit der Entscheidung verwendet den sogenannten p-**Wert**. Was ein p-Wert besagt, lässt sich am einfachsten anhand eines Beispiels zeigen.

Betrachten wir den zweiseitigen Gauß-Test für μ (13.31). Dort lautet das Entscheidungskriterium: Ist $|z| > z_{1-\alpha/2}$, dann lehne H_0 ab. Nun können wir – unter der Annahme, dass H_0 vorliegt – die Wahrscheinlichkeit, dass die Testgröße Z Werte annimmt, die betragsmäßig größer als der konkret aus der Stichprobe errechnete Wert z sind, berechnen. Kurz: Wir berechnen

$$P(|Z| > z \mid \mu = \mu_0).$$

Diese Wahrscheinlickeit stellt den p-Wert für den zweiseitigen Gauß-Test dar. Für den p-Wert gilt (vgl. Abbildung 13.6):

$$p\text{–Wert} \leq \alpha \;\Leftrightarrow\; |z| > z_{1-\alpha/2} \; (z \in B)$$

bzw. (Abbildung 13.7)

$$p\text{–Wert} > \alpha \;\Leftrightarrow\; |z| < z_{1-\alpha/2} \; (z \in \bar{B})$$

Deshalb lautet die Entscheidungsregel: Lehne H_0 ab, wenn der p-Wert kleiner oder gleich α ist.

Als Zahlenbeispiel geben wir den p-Wert des Gauß-Tests im Beispiel 13.4 an. Dort haben wir $z = -3$ ausgerechnet.

$$\begin{aligned} \underbrace{P(Z < -3|\mu = 1000)}_{1-\Phi(3)} + \underbrace{P(Z > 3|\mu = 1000)}_{1-\Phi(3)} &= 2(1 - \Phi(3)) \\ &= 2(1 - 0,9987) = 0,0026 \end{aligned}$$

Der p-Wert beträgt 0,0026 und ist eindeutig kleiner als $\alpha = 0,05$. Deshalb wird H_0 abgelehnt.

Für das einseitige Hypothesenpaar

$$H_0 : \mu \leq \mu_0 \qquad\qquad H_1 : \mu > \mu_0$$

ist der p-Wert die Wahrscheinlichkeit, dass die Zufallsvariable Z Werte größer als z annimmt, wenn $\mu = \mu_0$ gilt, kurz

$$P(Z > z \mid \mu = \mu_0).$$

Der p-Wert berechnet sich für Beispiel 13.5 ($z = -3$) gemäß

$$\begin{aligned} P(Z > -3 \mid \mu = 1000) &= 1 - \Phi(-3) \\ &= 1 - (1 - \Phi(3)) \\ &= \Phi(3) = 0,9987. \end{aligned}$$

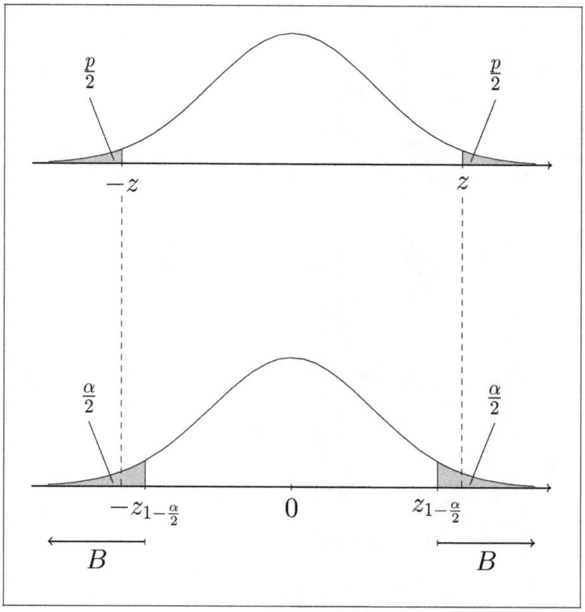

Abbildung 13.6.: Ablehnung der Nullhypothese (p-Wert $< \alpha$)

Er liegt deutlich über $\alpha = 0,05$. Deshalb wird H_0 nicht abgelehnt.

Für das Hypothesenpaar

$$H_0 : \mu \geq \mu_0 \qquad H_1 : \mu < \mu_0,$$

lautet der p-Wert:

$$P(Z < z \mid \mu = \mu_0)$$

Der p-Wert des Gauß-Tests im Beispiel 13.6 ($z = -3,2$)

$$\begin{aligned} P(Z < -3,2 \mid \mu = 1000) &= 1 - \Phi(3,2) = 1 - 0,9987 \\ &= 0,0013 < 0,05 = \alpha \end{aligned}$$

führt zur Ablehnung von H_0.

Nach all diesen Beispielen können wir den p-Wert wie folgt allgemein formulieren.

Der **p-Wert** eines Tests ist die Wahrscheinlichkeit, dass die Prüfgröße unter H_0 den aus der vorliegenden Stichprobe errechneten Wert oder noch weiter in Richtung H_1 liegende Werte annimmt.

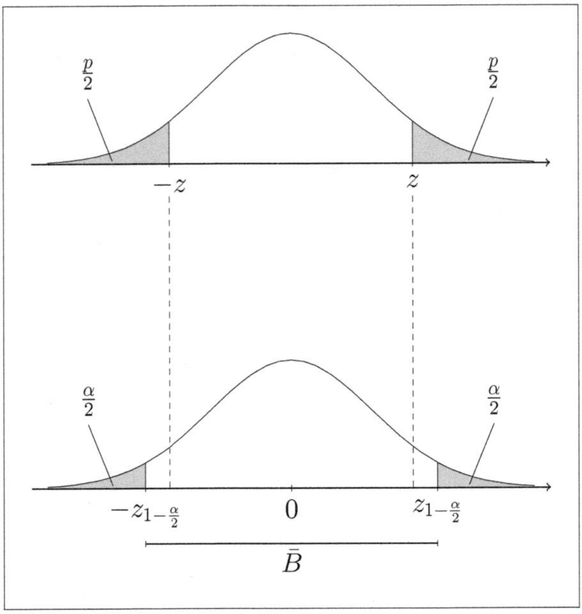

Abbildung 13.7.: Nichtablehnung der Nullhypothese (p-Wert $> \alpha$)

Wir haben oben nur die p-Werte der Gauß-Tests betrachtet. Das bedeutet jedoch nicht, dass die Anwendung dieser Methode sich nur auf Gauß-Tests beschänkt. Man kann p-Werte ebenfalls für Binomial- und t-Tests bestimmen. Statistik-Software und Excel geben in ihren Testergebnissen standardmäßig p-Werte aus.

13.7. Chi-Quadrat-Test für die Varianz

In den letzten beiden Abschnitten wurden Tests für Mittelwerte einer Normalverteilung vorgestellt. Dabei unterscheidet man, ob die Varianz bekannt ist oder nicht. Ist sie bekannt, dann verwendet man den Gauß-Test. Andernfalls wendet man bei kleinem Stichprobenumfang den t-Test an. Ist der Stichprobenumfang größer als 30, dann kann man (bei unbekannter Varianz) für die Bestimmung des Ablehnungsbereiches statt der t- die Normalverteilung verwenden. In diesem Fall ist die Testgröße annähernd normalverteilt.

In diesem Abschnitt wollen wir uns näher mit der Varianz beschäftigen. Es steht außer Frage, dass die Varianz als Streuungsparameter in der Praxis eine große Rolle spielt; man denke an die Standardabweichung als Risikomaßzahl. Auch in der Industrie will man starke Qualitätsschwankungen (in Größe, Volumen, Lebensdauer o. ä.) vermeiden. Deshalb liegt es nahe, Hypothesen über die Varianz aufzustellen und zu überprüfen. Im Folgenden werden wir den Chi-Quadrat-Test für die Varianz einer normalverteilten Zufallsvariablen kennenlernen. Dazu betrachten wir eine normalverteilte Zufallsvariable X mit dem Erwartungswert μ und der Varianz σ^2. Über σ^2 liegen die Hypothesen

$$H_0 : \sigma^2 = \sigma_0^2 \qquad\qquad H_1 : \sigma^2 \neq \sigma_0^2 \tag{13.61}$$

vor. Zum vorgegebenen Niveau α will man nun dieses Hypothesenpaar überprüfen. Dazu sei $X_1, \ldots, X_n$ eine Stichprobe vom Umfang n. Eine geeignete Teststatistik für diese Testaufgabe stellt die Stichprobenfunktion

$$\frac{n-1}{\sigma^2} S^2 \tag{13.62}$$

dar. Dabei ist $S^2 = \frac{1}{n-1} \sum_{i=1}^{n} (X_i - \bar{X})^2$ ein erwartungstreuer und konsistenter Schätzer für σ^2. Wenn H_0 richtig ist, gilt:

$$\chi^2 = \frac{n-1}{\sigma_0^2} S^2 \sim \chi^2(n-1) \tag{13.63}$$

Man wird H_0 ablehnen, wenn χ^2 „zu große“ oder „zu kleine“ Werte annimmt, d. h., wenn

$$\chi^2 \in \,]0\,;\, c_u[\, \cup \,]c_0\,;\, \infty[\, = B.$$

Da die χ^2-Verteilung nicht symmetrisch ist, müssen die Grenzen c_u und c_o einzeln bestimmt werden, und zwar so, dass

$$P(\chi^2 < c_u \mid \sigma^2 = \sigma_0^2) = \alpha/2 \tag{13.64}$$

und

$$P(\chi^2 > c_o \mid \sigma^2 = \sigma_0^2) = \alpha/2. \tag{13.65}$$

Die beiden Gleichungen werden genau dann erfüllt, wenn

$$\begin{aligned} c_u = c_{\alpha/2;n-1} &= \alpha/2\text{-Fraktil der } \chi^2(n-1)\text{-Verteilung und} \\ c_o = c_{1-\alpha/2;n-1} &= (1-\alpha/2)\text{-Fraktil der } \chi^2(n-1)\text{-Verteilung.} \end{aligned}$$

Damit ist der Ablehnungsbereich gegeben durch:

$$B = [0\ ;\ c_{\alpha/2;n-1}[\cup]c_{1-\alpha/2;n-1}\ ;\ \infty[\tag{13.66}$$

Die folgende Übersicht fasst den χ^2-Test für σ^2 zusammen.

χ^2-Test für die Varianz

1. Hypothesen:
$$H_0 : \sigma^2 = \sigma_0^2 \qquad H_1 : \sigma^2 \neq \sigma_0^2$$
2. Signifikanzniveau: α
3. Prüfgröße:
$$\chi^2 = \frac{n-1}{\sigma_0^2} S^2 \sim \chi^2(n-1)$$
4. Unter H_0 gilt:
$$\chi^2 \sim \chi^2(n-1)$$
5. Ablehnungsbereich:
$$B = [0\ ;\ c_{\alpha/2;n-1}[\cup]c_{1-\alpha/2;n-1}\ ;\ \infty[$$
6. Berechnung von χ^2 aus der gezogenen Stichprobe.
7. Entscheidungsregel: Ist $\chi^2 \in B$, dann wird H_0 abgelehnt.

Beispiel 13.8

Die Bearbeitungszeit X von Großaufträgen in einem Unternehmen kann als eine normalverteilte Zufallsvariable angesehen werden. Ein Qualitätsmerkmal des Unternehmens liegt darin, dass für die Bearbeitungszeit eine Standardabweichung von 10 Monaten eingehalten wird. Zur Qualitätssicherung werden wiederholt Stichproben erhoben und Signifikanztests durchgeführt. So wird die Hypothese nun zum Signifikanzniveau $\alpha = 0,05$ überprüft. Eine Stichprobe von 16 zufällig ausgewählten Aufträgen liefern die folgenden Bearbeitungszeiten (in Monaten):

24	28	23	34	39	28	30	30
25	22	20	19	13	52	45	41

Durchführung des Tests:

1. Hypothesen: $H_0 : \sigma^2 = 100 \qquad H_1 : \sigma^2 \neq 100$
2. Signifikanzniveau: $\alpha = 0,05$
3. Für den Ablehnungsbereich bestimmen wir

$$c_{\alpha/2;n-1} = c_{0,025;15} = 6,26$$

und

$$c_{1-\alpha/2;n-1} = c_{0,975;15} = 27,49.$$

Der Ablehnungsbereich lautet somit:

$$B = [0\ ;\ 6,26[\ \cup\ ]27,49\ ;\ \infty[$$

4. Aus der Stichprobe berechnen wir $\bar{x} = 29,5625$ und (vgl. Tabelle 13.3)

$$s^2 = \frac{1}{15}\sum_{i=1}^{16}(x_i - \bar{x})^2 = \frac{1615,94}{15} = 107,73 \text{ (gerundet)}.$$

i	x_i	$x_i - \bar{x}$	$(x_i - \bar{x})^2$	i	x_i	$x_i - \bar{x}$	$(x_i - \bar{x})^2$
1	13	-16,5625	274,316406	9	28	-1,5625	2,44140625
2	19	-10,5625	111,566406	10	30	0,4375	0,19140625
3	20	-9,5625	91,4414063	11	30	0,4375	0,19140625
4	22	-7,5625	57,1914063	12	34	4,4375	19,6914063
5	23	-6,5625	43,0664063	13	39	9,4375	89,0664063
6	24	-5,5625	30,9414063	14	41	11,4375	130,816406
7	25	-4,5625	20,8164063	15	45	15,4375	238,316406
8	28	-1,5625	2,44140625	16	52	22,4375	503,441406
					473	0	1615,9375

Tabelle 13.3.: Arbeitstabelle für die Berechnung von s^2

Die Prüfgröße nimmt den Wert

$$\chi^2 = \frac{n-1}{\sigma_0^2} s^2 = \frac{15}{100} \cdot 107,73 = 16,16 \text{ an.}$$

5. $16,16 \notin B \;\Rightarrow H_0$ wird beibehalten.

Das Nichtablehnen der Nullhypothese bedeutet keineswegs, dass diese bestätigt ist. Es bedeutet nur: Gegen den bislang unterstellten Wert der Varianz von 100 ist nichts einzuwenden.

13.8. Zusammenfassung

Ein statistischer Test ist ein Entscheidungskriterium zwischen zwei Hypothesen. Hypothesen sind Vermutungen über die Grundgesamtheit. Der Ausgangspunkt eines statistischen Tests wird Nullhypothese genannt und mit H_0 bezeichnet. Die Gegenhypothese heißt Alternativhypothese H_1. Die Null- und die Alternativhypothese schließen einander aus und ergänzen sich. Vor der Durchführung eines Tests wird das Signifikanzniveau α vorgegeben. Die Wahrscheinlichkeit, dass die Nullhypothese irrtümlich abgelehnt wird, darf höchstens gleich α.

Aus einer Stichprobe werden Hinweise gesucht, die eine Ablehnung der Nullhypothese ermöglichen. Diese Hinweise werden in Form einer Testgröße verdichtet. Mit Hilfe ihrer Verteilung unter H_0 und unter Einhaltung von α wird der Wertebereich der Testgröße in den Annahme- und den Ablehnungsbereich aufgeteilt.

Fällt der aus der Stichprobe errechnete Wert der Testgröße in den Ablehnungsbereich, so wird die Nullhypothese verworfen. Bei einer Ablehnung von H_0 ist H_1 (zum Niveau α) signifikant. Wird H_0 nicht abgelehnt, ist das Ergebnis nicht signifikant. Nicht-Ablehnung der Nullhypothese bedeutet nicht, dass H_0 wahr ist. („Aus Mangel an Beweisen" wird H_0 beibehalten.)

<u>Notationen und ihre Bedeutung</u>

H_0 Nullhypothese

H_1 Alternativ- oder Gegenhypothese

α Signifikanzniveau

β Wahrscheinlichkeit für den Fehler 2. Art

Die Vorgehensweise bei einem Signifikanztest kann man in folgenden Schritten angeben:

1. Festlegen der Hypothesen H_0 und H_1
2. Festlegen des Signifikanzniveaus α
3. Festlegen der Teststatistik V
4. Weiter geht es nach der „klassischen" Methode:
   a) Bestimmung des Ablehnungsbereiches B
   b) Berechnung des Prüfgrößenwertes v aus den vorliegenden Daten
   c) Entscheidung: Ist $v \in B$, dann lehne H_0 ab.
5. Bzw. nach der p-Wert-Methode:
   a) Berechnung des Prüfgrößenwertes v aus der gezogenen Stichprobe
   b) Bestimmung des p-Wertes
   c) Entscheidung: Ist $p \leq \alpha$, dann lehne H_0 ab.

Tests für Anteilswerte

Hypothesen:	$H_0 : p = p_0$	$H_1 : p \neq p_0$
	$H_0 : p \leq p_0$	$H_1 : p > p_0$
	$H_0 : p \geq p_0$	$H_1 : p < p_0$

<u>Exakter Binomialtest</u>
Testgröße:

$$X = \text{Anzahl der Treffer} \sim B(n; p_0)$$

<u>Approximativer Binomialtest</u>
Testgröße:

$$Z = \frac{X - np_0}{\sqrt{np_0(1-p_0)}} \underset{a}{\sim} N(0;1)$$

Tests für den Erwartungswert

Hypothesen: $H_0 : \mu = \mu_0$ $H_1 : \mu \neq \mu_0$
$H_0 : \mu \leq \mu_0$ $H_1 : \mu > \mu_0$
$H_0 : \mu \geq \mu_0$ $H_1 : \mu < \mu_0$

Normalverteilungsannahme

1. σ^2 bekannt: Gauß-Test
   Prüfgröße:
   $$Z = \frac{\bar{X} - \mu_0}{\sigma}\sqrt{n} \sim N(0;1).$$
2. σ^2 unbekannt: t-Test
   Prüfgröße:
   $$T = \frac{\bar{X} - \mu_0}{S}\sqrt{n} \sim t(n-1).$$

Beliebige Verteilung, $n > 30$

1. σ^2 bekannt: approximativer Gauß-Test
   Prüfgröße:
   $$Z = \frac{\bar{X} - \mu_0}{\sigma}\sqrt{n} \underset{a}{\sim} N(0;1)$$
2. σ^2 unbekannt: approximativer t-Test
   Prüfgröße:
   $$T = \frac{\bar{X} - \mu_0}{S}\sqrt{n} \underset{a}{\sim} N(0;1)$$

χ^2-Test für die Varianz

Hypothesen:
$$H_0 : \sigma^2 = \sigma_0^2 \qquad H_1 : \sigma^2 \neq \sigma_0^2$$

Prüfgröße:
$$\chi^2 = \frac{n-1}{\sigma_0^2}S^2 \sim \chi^2(n-1)$$

14. Chi-Quadrat-Tests

Im vorangegangenen Kapitel haben wir Hypothesen über Parameter einer Grundgesamtheit mittels Signifikanztests überprüft. Darin wurde u. a. der Chi-Quadrat-Test für die Varianz behandelt. In diesem Kapitel werden zwei weitere statistische Methoden, die zur Familie der Chi-Quadrat-Tests gehören, vorgestellt. Diese sind auch auf nominale Daten anwendbar.

Die erste Methode ist der **Chi-Quadrat-Anpassungstest**, auch als **Goodness-of-fit-Test** bekannt. Diese Methode ist für Daten geeignet, die aus einem Multinomial-Experiment stammen. Ein Multinomial-Experiment ist ein Zufallsexperiment mit $k \geq 2$ möglichen Ausgängen; es ist also eine Verallgemeinerung des Bernoulli-Experiments. (Für $k = 2$ ist das Multinomial-Experiment identisch mit dem Bernoulli-Experiment.)

Die zweite Methode dient zur Überprüfung der Hypothese „Die Merkmale X und Y sind unabhängig". Deshalb heißt die Methode **Chi-Quadrat-Unabhängigkeitstest**[1]. Die Grundlage für diesen Test wurde bereits im Kapitel 4 gelegt. Dort haben wir u. a. den Pearson-Kontingenzkoefizienten, der auf Basis der Chi-Quadrat-Größe (4.12) definiert wird, kennengelernt. Wir werden im Abschnitt 14.2 sehen, dass die Chi-Quadrat-Größe als Testgröße geeignet ist.

14.1. Chi-Quadrat-Anpassungstest

Wie eingangs erwähnt wurde, erhalten wir die Daten für den Chi-Quadrat-Anpassungstest aus einem Multinomial-Experiment. Ein Multinomial-Experiment lässt sich durch die folgenden Eigenschaften charakterisieren:

1. Es gibt $k \geq 2$ mögliche Ausgänge $x_1, \ldots, x_k$. Die Ausgänge werden auch *Zellen* genannt.

[1] Für beide Tests stammt der Zusatz χ^2 (*Chi-Quadrat*) von der Verteilung der Prüfgröße.

2. Die Wahrscheinlichkeit für ein Ergebnis x_j sei p_j, $j = 1, \ldots, k$, $\sum_{j=1}^{k} p_j = 1$.

Das Experiment wird n-mal unabhängig wiederholt. Die Häufigkeit, mit der x_j dabei beobachtet wird, bezeichnen wir mit n_j. Die Häufigkeiten addieren sich zu n:

$$\sum_{j=1}^{k} n_j = n$$

Ein Beispiel: Es soll überprüft werden, ob ein Würfel fair ist. Bei einem Würfelwurf sind $k = 6$ Ergebnisse ($x_1 = 1, \ldots, x_6 = 6$) möglich. Ist der Würfel fair, so gilt $p_j = \frac{1}{6}$ für jedes $j = 1, \ldots, 6$. Somit wird man die Nullhypothese

$$H_0 : p_j = \frac{1}{6} \quad \text{für } j = 1, \ldots, 6 \quad \text{(„Unschuldsvermutung“)}$$

und die Alternative

$$H_1 : p_j \neq \frac{1}{6} \quad \text{für mindestens ein } j$$

aufstellen. Das Experiment *Würfelwurf* wird nun, z. B. $n = 600$-mal unabhängig wiederholt. Nehmen wir an, es liege das folgende Ergebnis vor:

x_j	1	2	3	4	5	6	
n_j	104	125	80	98	108	85	600

Wie können wir anhand dieses Ergebnisses entscheiden, ob der Würfel fair ist? Anders gefragt: Können wir anhand dieses Ergebnisses die Nullhypothese ablehnen?

Bevor wir die Frage beantworten, betrachten wir den Fall allgemeiner: Die Häufigkeiten n_j ($j = 1, \ldots, k$) lassen sich als Realisationen der Zufallsvariablen

$$N_j : \text{Die Häufigkeit, mit der } x_j \text{ beobachtet wird,}$$

auffassen. Wenn H_0 vorliegt, dann gilt für jedes $j = 1, \ldots, k$:

$$N_j \sim B(n; p_j) \tag{14.1}$$

Insbesondere ist

$$E(N_j) = np_j.$$

($E(N_j)$ stellt die erwartete Anzahl der Beobachtungen von x_j unter H_0 dar.) Wenn H_0 vorliegt, ist die Zufallsvariable

$$\chi^2 = \sum_{j=1}^{k} \frac{(N_j - np_j)^2}{np_j} \tag{14.2}$$

für großes n anähernd χ^2-verteilt mit $k-1$ Freiheitsgraden (Faustregel $np_j \geq 1$ für alle j, $np_j \geq 5$ für mindestens 80% der k Zellen – siehe [11]).

Mit χ^2 als Teststatistik wird man H_0 ablehnen, wenn die Stichprobe einen „zu großen" χ^2-Wert hervorbringt. Mit anderen Worten: Der Ablehnungsbereich B des Tests besteht aus „großen" χ^2-Werten; B wird so bestimmt, dass für vorgegebenes α die Bedingung

$$P(\chi^2 > c_o \mid H_0) = \alpha \tag{14.3}$$

erfüllt ist. Die Gleichung (14.3) ist äquivalent zu

$$1 - P(\chi^2 \leq c_o \mid H_0) = \alpha \Leftrightarrow P(\chi^2 \leq c_o \mid H_0) = 1 - \alpha.$$

Für $c_o = c_{1-\alpha;k-1} = (1-\alpha)$-Fraktil der $\chi^2(k-1)$-Verteilung wird die obige Gleichung erfüllt. Somit lautet der Ablehnungsbereich

$$B = \left]c_{1-\alpha;k-1}\ ;\ \infty\right[. \tag{14.4}$$

Nun zurück zum Einführungsbeispiel: Falls der Würfel fair ist, erwarten wir $np_j = 600 \cdot \frac{1}{6} = 100$ Beobachtungen in jeder Zelle $j = 1, \ldots, 6$. Für $\alpha = 0,01$ werden wir die Hypothese „Der Würfel ist fair" ablehnen, wenn der aus den Daten errechnete χ^2-Wert größer als $c_{1-\alpha;k-1} = c_{0,99;5} = 15,09$ ist.

Da (für die Berechnung von χ^2 siehe nachfolgende Tabelle)

$$\chi^2 = 13,34 \notin B =]15,09\ ;\ \infty[,$$

wird die Nullhypothese nicht abgelehnt.

x_j	n_j	np_j	$(n_j - np_j)^2$	$\frac{(n_j-np_j)^2}{np_j}$
1	104	100	16	0,16
2	125	100	625	6,25
3	80	100	400	4,00
4	98	100	4	0,04
5	108	100	64	0,64
6	85	100	225	2,25
	600	600		$13,34 = \chi^2$

Die folgende Übersicht fasst den Test zusammen.

χ^2-Anpassungstest

1. Hypothesen:

   $H_0 : P(X = x_j) = p_j \qquad j = 1, \ldots, k$
   $H_1 : P(X = x_j) \neq p_j \qquad$ für mindestens ein j

2. Signifikanzniveau: α

3. Teststatistik:

$$\chi^2 = \sum_{j=1}^{k} \frac{(N_j - np_j)^2}{np_j}$$

   (Die Zufallsvariable N_j gibt die Häufigkeit an, mit der x_j beobachtet wird.)

4. Unter H_0 gilt:

$$\chi^2 \underset{a}{\sim} \chi^2(k-1)$$

   (Faustregel $np_j \geq 1$ für alle j, $np_j \geq 5$ für mindestens 80% der k Zellen – siehe [11].)

5. Ablehnungsbereich:

$$B = \left]c_{1-\alpha;k-1}; \infty\right[$$

   Dabei ist $c_{1-\alpha;k-1}$ das $(1-\alpha)$-Fraktil der $\chi^2(k-1)$-Verteilung.

6. Berechnung der Teststatistik $\sum_{j=1}^{k} \frac{(n_j-np_j)^2}{np_j}$ aus der Stichprobe.

7. Entscheidung: Lehne H_0 ab, wenn $\sum_{j=1}^{k} \frac{(n_j-np_j)^2}{np_j} \in B$.

Beispiel 14.1
Der Marktanteil eines neu eingeführten Kraftstoffes K1 beträgt 10%. Die zwei klassischen Kraftstoffe K2 und K3 teilen sich den restlichen Anteil zu 40% bzw. 50% auf. Um den Marktanteil des neuen Kraftstoffes zu erhöhen, wurde eine offensive Werbekampagne veranstaltet. Anschließend soll zum Signifikanzniveau $\alpha = 0,05$ überprüft werden, ob die Marktanteile sich verändert haben. Dazu wurden 200 zufällig ausgewählte Autofahrer befragt. Das Ergebnis: 18 der befragten Autofahrer haben den neuen Kraftstoff K1, 78 den Kraftstoff K2 und die verbliebenen 104 Autofahrer haben den Kraftstoff K3 getankt.

1. Hypothesen:

   H_0: $p_1 = 0,10$; $p_2 = 0,40$; $p_3 = 0,50$

   H_1: Für mindestens ein j gilt die Annahme in H_0 nicht.

2. Signifikanzniveau: $\alpha = 0,05$
3. Teststatistik: $\chi^2 = \sum_{j=1}^{3} \frac{(N_j - np_j)^2}{np_j}$
4. Unter H_0 gilt: $\chi^2 \underset{a}{\sim} \chi^2(2)$
5. Ablehnungsbereich: $B = \left]c_{0,95;2}\ ;\ \infty\right[= \left]5,99\ ;\ \infty\right[$
6. Arbeitstabelle für die Berechnung der Teststatistik ($n = 200$):

Kraftstoff	n_j	np_j	$(n_j - np_j)^2$	$\frac{(n_j-np_j)^2}{np_j}$
K1	18	20	4	$\frac{4}{20}$
K2	78	80	4	$\frac{4}{80}$
K3	104	100	16	$\frac{16}{100}$
	200			χ^2=0,41

7. $\chi^2 = 0,41 \notin B \;\Rightarrow\; H_0$ wird nicht abgelehnt. Die Marktaufteilung in der Nullhypothese wird dadurch jedoch nicht bestätigt.

14.2. Chi-Quadrat-Unabhängigkeitstest

In vielen Anwendungen statistischer Methoden wird die Unabhängigkeit von Zufallsvariablen vorausgesetzt. In diesem Abschnitt werden wir einen Test, den χ^2-**Unabhängigkeitstest**, kennenlernen, mit dessen Hilfe sich die Unabhängigkeitsannahme überprüfen lässt.

Wir betrachten die Zufallsvariablen X mit den Ausprägungen $x_1, \ldots, x_m$ und Y mit den Ausprägungen $y_1, \ldots, y_\ell$. Für $j = 1, \ldots, m$ und $k = 1, \ldots, \ell$ sei

$$p_{jk} = P(X = x_j, Y = y_k)$$

die Wahrscheinlichkeit, dass die Ereignisse $\{X = x_j\}$ und $\{Y = y_k\}$ gemeinsam eintreten. Weiter bezeichnen

$p_{j\bullet} = \sum_{k=1}^{\ell} p_{jk}$ die Wahrscheinlichkeit von X (ohne Y) und

$p_{\bullet k} = \sum_{j=1}^{m} p_{jk}$ die Wahrscheinlichkeit von Y (ohne X).

Nach Definition der (stochastischen) Unabhängigkeit sind zwei Zufallsvariablen X und Y genau dann unabhängig, wenn für alle $j = 1, \ldots, m$ und für alle $k = 1, \ldots, \ell$ (vgl. (10.4))

$$p_{jk} = p_{j\bullet} \cdot p_{\bullet k}$$

gilt. Somit können wir die Nullhypothese: „X und Y sind unabhängig" wie folgt formulieren:

$$H_0 : p_{jk} = p_{j\bullet} \cdot p_{\bullet k} \tag{14.5}$$

für alle $j = 1, \ldots, m$ und für alle $k = 1, \ldots, \ell$

Diese Hypothese soll nun zum vorgegebenen Signifikanzniveau α überprüft werden. Eine Stichprobe vom Umfang n wird dazu gezogen. Für jedes Ausprägungspaar (x_j, y_k) bezeichnet n_{jk} die beobachtete Häufigkeit von (x_j, y_k) in der Stichprobe. Wie in der deskriptiven Statistik fassen wir die Ergebnisse in einer Kontingenztabelle zusammen (siehe Tabelle 14.1).

Dabei bezeichnen

$$n_{j\bullet} = \sum_{k=1}^{\ell} n_{jk} \quad \text{und} \quad n_{\bullet k} = \sum_{j=1}^{m} n_{jk}.$$

Wenn die Nullhypothese richtig ist, dann erwartet man, dass in jeder Zelle (j, k) der Kontingenztabelle

$$e_{jk} = \frac{n_{j\bullet} \cdot n_{\bullet k}}{n}$$

	y_1	$\dots$	y_k	$\dots$	y_ℓ	
x_1	n_{11}	$\dots$	n_{1k}	$\dots$	$n_{1\ell}$	$n_{1.}$
$\vdots$	$\vdots$		$\vdots$		$\vdots$	$\vdots$
x_j	n_{j1}	$\dots$	n_{jk}	$\dots$	$n_{j\ell}$	$n_{j.}$
$\vdots$	$\vdots$		$\vdots$		$\vdots$	$\vdots$
x_m	n_{m1}	$\dots$	n_{mk}	$\dots$	$n_{m\ell}$	$n_{m.}$
	$n_{.1}$	$\dots$	$n_{.k}$	$\dots$	$n_{.\ell}$	n

Tabelle 14.1.: Kontingenztabelle für die Anzahl der Beobachtungen

Beobachtungen liegen. (Vergleiche dazu Abschnitt 4.3 im Zusammenhang mit dem Kontingenzkoeffizienten nach Pearson.)

Die Idee besteht nun darin, n_{jk} und e_{jk} zu vergleichen. Weichen sie stark voneinander ab, dann wird man H_0 verwerfen. Die Häufigkeiten n_{jk} kann man als Realisationen einer Zufallsvariablen N_{jk} interpretieren. Dabei bedeutet

$$N_{jk} : \text{Anzahl der Beobachtungen in der Zelle } (j, k).$$

Als Prüfgröße geeignet ist die Stichprobenfunktion[2]

$$\chi^2 = \sum_{j=1}^{m} \sum_{k=1}^{\ell} \frac{(N_{jk} - e_{jk})^2}{e_{jk}}. \tag{14.6}$$

Unter der Nullhypothese ist χ^2 asymptotisch χ^2-verteilt mit $(m-1)(\ell-1)$ Freiheitsgraden (siehe u. a. [11, Abschnitt 11.4.1]). Man schreibt kurz:

$$\chi^2 \underset{a}{\sim} \chi^2((m-1)(\ell-1)) \tag{14.7}$$

Sind die Abweichungen zwischen den Beobachtungen n_{jk} und den theoretischen Werten e_{jk} groß, dann wird χ^2 ebenfalls groß. Deshalb besteht der Ablehnungsbereich aus großen χ^2-Werten, also hat der Ablehnungsbereich die Gestalt

$$B =]c_o; \infty[.$$

[2] Für $m = \ell = 2$ vereinfacht sich die Berechnung: $\chi^2 = \frac{n(n_{11}n_{22} - n_{12}n_{21})^2}{n_{1.}n_{2.}n_{.1}n_{.2}}$

Der Ablehnungsbereich B wird so bestimmt, dass die Bedingung

$$P(\chi^2 > c_o \mid H_0) = \alpha \tag{14.8}$$

erfüllt ist. Analog dem χ^2-Anpassungstest bestimmen wir

$$\begin{aligned} c_o &= c_{1-\alpha;(m-1)(\ell-1)} \\ &= (1-\alpha)\text{-Fraktil der } \chi^2((m-1)(\ell-1))\text{-Verteilung.} \end{aligned}$$

Somit lautet der Ablehnungsbereich:

$$B =]c_{1-\alpha;(m-1)(\ell-1)} \; ; \; \infty[\tag{14.9}$$

Die Nullhypothese lehnt man ab, wenn $\sum_{j=1}^{m} \sum_{k=1}^{\ell} \frac{(n_{jk}-e_{jk})^2}{e_{jk}} \in B$.

Die folgende Übersicht fasst den χ^2-Unabhängigkeitstest zusammen.

χ^2-Unabhängigkeitstest

1. Nullhypothese:

$$H_0 : p_{jk} = p_{j.} \cdot p_{.k} \text{ für alle } j = 1, \ldots, m; k = 1, \ldots, \ell$$

2. Signifikanzniveau: α
3. Teststatistik:

$$\chi^2 = \sum_{j=1}^{m} \sum_{k=1}^{\ell} \frac{(N_{jk} - e_{jk})^2}{e_{jk}} = \sum_{j=1}^{m} \sum_{k=1}^{\ell} \frac{N_{jk}^2}{e_{jk}} - n$$

4. Unter H_0 gilt:

$$\chi^2 \underset{a}{\sim} \chi^2((m-1)(\ell-1))$$

5. Ablehnungsbereich:

$$B =]c_{1-\alpha;(m-1)(\ell-1)} \; ; \; \infty[$$

6. Berechnung der Teststatistik $\sum_{j=1}^{m} \sum_{k=1}^{\ell} \frac{(n_{jk}-e_{jk})^2}{e_{jk}}$ aus der Stichprobe.
7. Entscheidung: Lehne H_0 ab, wenn $\sum_{j=1}^{m} \sum_{k=1}^{\ell} \frac{(n_{jk}-e_{jk})^2}{e_{jk}} \in B$.

Beispiel 14.2
Die Hypothese, die Merkmale X: *Geschlecht* und Y: *Parteipräferenz* seien unabhängig, soll anhand eines Signifikanztests zum Niveau $\alpha =$

0, 05 überprüft werden. Dazu wurden $n = 1000$ Personen befragt. Tabelle 14.2 gibt das Ergebnis dieser Befragung wieder. Wenn die beiden Merkmale unabhängig wären, dann würde die Kontingenztabelle 14.3 vorliegen. Diese theoretischen Werte e_{jk} ergeben sich für jedes $j = 1, 2$ und jedes $k = 1, 2, 3$ aus

$$e_{jk} = \frac{n_{j\bullet} \cdot n_{\bullet k}}{n},$$

z. B. $e_{11} = \frac{n_{1\bullet} \cdot n_{\bullet 1}}{n} = \frac{510 \cdot 349}{1000} = 177,99$, $e_{12} = \frac{n_{1\bullet} \cdot n_{\bullet 2}}{n} = \frac{510 \cdot 336}{1000} = 171,36$ usw.

	Partei A	Partei B	Partei C	
Männlich	129	196	185	510
Weiblich	220	140	130	490
	349	336	315	1000

Tabelle 14.2.: Ergebnis der Befragung: „Welche Partei würden Sie wählen?" nach Geschlecht

	Partei A	Partei B	Partei C	
Männlich	177,99	171,36	160,65	510
Weiblich	171,01	164,64	154,35	490
	349	336	315	1000

Tabelle 14.3.: Beobachtungen, wenn X: *Geschlecht* und Y: *Parteipräferenz* unabhängig wären

Formal lautet die Nullhypothese:

$$H_0 : p_{jk} = p_{j\bullet} \cdot p_{\bullet k} \quad \text{für } j = 1, 2 \text{ und für } k = 1, 2, 3$$

Unter H_0 ist die Prüfgröße

$$\chi^2 = \sum_{j=1}^{2} \sum_{k=1}^{3} \frac{(N_{jk} - e_{jk})^2}{e_{jk}}$$

χ^2-verteilt mit $(2-1)(3-1) = 2$ Freiheitsgraden. Für den Ablehnungsbereich lesen wir $c_{1-\alpha;2} = c_{0,95;2} = 5,9915$ aus der $\chi^2(2)$-Verteilungstabelle ab; Ablehnungsbereich:

$$B =]5,99\ ;\ \infty[$$

Für die Berechnung des χ^2-Wertes

$$\chi^2 = \sum_{j=1}^{2}\sum_{k=1}^{3}\frac{(n_{jk}-e_{jk})^2}{e_{jk}} = 42,281$$

siehe die unten stehende Arbeitstabelle. Da $\chi^2 = 42,281 \in B$ wird H_0 abgelehnt. Man kann davon ausgehen, dass zwischen den Merkmalen Geschlecht und Parteipräferenz ein Zusammenhang besteht. Das Ergebnis ist signifikant (zum Niveau 5%).

Arbeitstabelle:

j	k	n_{jk}	e_{jk}	$(n_{jk}-e_{jk})^2$	$\frac{(n_{jk}-e_{jk})^2}{e_{jk}}$
1	1	129	177,99	2400,0201	13,484
1	2	196	171,36	607,1296	3,543
1	3	185	160,65	592,9225	3,691
2	1	220	171,01	2400,0201	14,034
2	2	140	164,64	607,1296	3,688
2	3	130	154,35	592,9225	3,841
		1000	1000		42,281

14.3. Zusammenfassung

Der Begriff Chi-Quadrat-Test umfasst eine Gruppe von statistischen Hypothesentests, deren Testgröße χ^2- oder näherungsweise χ^2-verteilt ist. In den vorangegangenen Abschnitten haben wir aus dieser Testgruppe den χ^2-Anpassungs- und den χ^2-Unabhängigkeitstest kennengelernt.

In den Beispielen wurden χ^2-Anpassungstests für Merkmale mit endlich vielen Ausprägungen durchgeführt. Die Anwendung des χ^2-Anpassungstests beschränkt sich jedoch nicht nur auf solche Merkmale. Man kann allgemein mit Hilfe des χ^2-Anpassungstests überprüfen, ob vorliegende Daten einer bestimmten (auch stetigen) Verteilung gehorchen. So kann man zum Beispiel feststellen, ob die häufig angenommene Normalverteilung vorliegt. Diese Fragestellung wird beispielsweise in [11, Abschnitt 11.1.2], [23, Abschnitt 16.2] oder [15, Abschnitt 15.4] behandelt.

Mit dem χ^2-Unabhängigkeitstest überprüft man, ob zwei Zufallsvariablen stochastisch unabhängig sind. Dieser Test lässt sich auf alle Skalenniveaus anwenden.

χ^2-Anpassungstest

Hypothesen:

$$\begin{array}{ll} H_0: P(X = x_j) = p_j & j = 1, \ldots, k \\ H_1: P(X = x_j) \neq p_j & \text{für mindestens ein } j \end{array}$$

Prüfgröße:

$$\chi^2 = \sum_{j=1}^{k} \frac{(N_j - np_j)^2}{np_j} \underset{a}{\sim} \chi^2(k-1)$$

χ^2-Unabhängigkeitstest

Nullhypothesen:

$$H_0: p_{jk} = p_{j.} \cdot p_{.k} \qquad j = 1, \ldots, m; k = 1, \ldots, \ell$$

Prüfgröße:

$$\chi^2 = \sum_{j=1}^{m} \sum_{k=1}^{\ell} \frac{(N_{jk} - e_{jk})^2}{e_{jk}} \underset{a}{\sim} \chi^2((m-1)(\ell-1))$$

Anhang

Summenzeichen

Für eine Summe von n beliebigen Zahlen $x_1,\ x_2,\ \ldots,\ x_n$

$$x_1 + x_2 + \ldots + x_n$$

kann man kurz schreiben:

$$\sum_{i=1}^{n} x_i$$

Gelesen wird: Die Summe von x_i, i läuft von 1 bis n. Als Summenzeichen dient Σ, der griechische Großbuchstabe Sigma. Weitere Erklärung zu den Bezeichnungen:

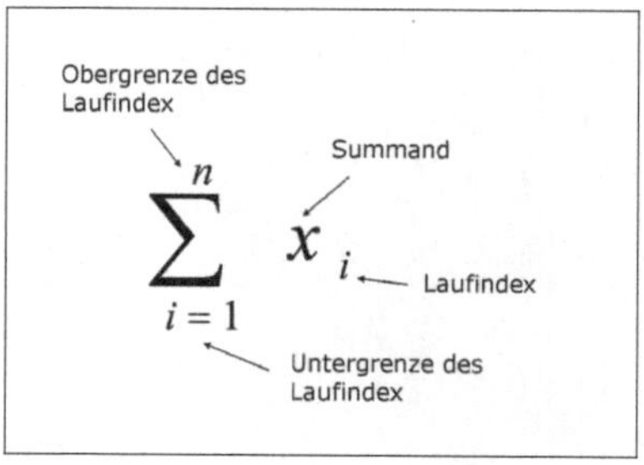

<u>Rechenregeln</u>:

1. $\sum_{i=1}^{n} x = n \cdot x$
2. $\sum_{i=1}^{n} k \cdot x_i = k \sum_{i=1}^{n} x_i$
3. $\sum_{i=1}^{n} (x_i + y_i) = \sum_{i=1}^{n} x_i + \sum_{i=1}^{n} y_i$
4. $\sum_{i=1}^{n} (x_i - y_i) = \sum_{i=1}^{n} x_i - \sum_{i=1}^{n} y_i$
5. $\sum_{i=1}^{n} x_{i+1} - \sum_{i=1}^{n} x_i = x_{n+1} - x_1$

Die Doppelsumme

$$\sum_{j=1}^{m}\sum_{k=1}^{\ell} x_{jk}$$

bedeutet

$$\sum_{j=1}^{m}(x_{j1} + \ldots + x_{j\ell}) = \sum_{j=1}^{m} x_{j1} + \ldots + \sum_{j=1}^{m} x_{j\ell}.$$

Da die Addition kommutativ ist, gilt

$$\sum_{j=1}^{m}\sum_{k=1}^{\ell} x_{jk} = \sum_{k=1}^{\ell}\sum_{j=1}^{m} x_{jk}.$$

Tabellen

Binomialverteilung

Wertetabelle der Verteilungsfunktion:

$$F(x) = P(X \leq x) = \sum_{k=0}^{x} \binom{n}{k} p^k (1-p)^{n-k}$$

	$n = 5$							
	p							
x	0,01	0,05	0,10	0,20	0,25	0,30	0,40	0,50
0	0,9510	0,7738	0,5905	0,3277	0,2373	0,1681	0,0778	0,0313
1	0,9990	0,9774	0,9185	0,7373	0,6328	0,5282	0,3370	0,1875
2	1,0000	0,9988	0,9914	0,9421	0,8965	0,8369	0,6826	0,5000
3	1,0000	1,0000	0,9995	0,9933	0,9844	0,9692	0,9130	0,8125
4	1,0000	1,0000	1,0000	0,9997	0,9990	0,9976	0,9898	0,9688
5	1,0000	1,0000	1,0000	1,0000	1,0000	1,0000	1,0000	1,0000

	$n = 6$							
	p							
x	0,01	0,05	0,10	0,20	0,25	0,30	0,40	0,50
0	0,9415	0,7351	0,5314	0,2621	0,1780	0,1176	0,0467	0,0156
1	0,9985	0,9672	0,8857	0,6554	0,5339	0,4202	0,2333	0,1094
2	1,0000	0,9978	0,9842	0,9011	0,8306	0,7443	0,5443	0,3438
3	1,0000	0,9999	0,9987	0,9830	0,9624	0,9295	0,8208	0,6563
4	1,0000	1,0000	0,9999	0,9984	0,9954	0,9891	0,9590	0,8906
5	1,0000	1,0000	1,0000	0,9999	0,9998	0,9993	0,9959	0,9844
6	1,0000	1,0000	1,0000	1,0000	1,0000	1,0000	1,0000	1,0000

Binomialverteilung

	$n=7$							
	p							
x	0,01	0,05	0,10	0,20	0,25	0,30	0,40	0,50
0	0,9321	0,6983	0,4783	0,2097	0,1335	0,0824	0,0280	0,0078
1	0,9980	0,9556	0,8503	0,5767	0,4449	0,3294	0,1586	0,0625
2	1,0000	0,9962	0,9743	0,8520	0,7564	0,6471	0,4199	0,2266
3	1,0000	0,9998	0,9973	0,9667	0,9294	0,8740	0,7102	0,5000
4	1,0000	1,0000	0,9998	0,9953	0,9871	0,9712	0,9037	0,7734
5	1,0000	1,0000	1,0000	0,9996	0,9987	0,9962	0,9812	0,9375
6	1,0000	1,0000	1,0000	1,0000	0,9999	0,9998	0,9984	0,9922
7	1,0000	1,0000	1,0000	1,0000	1,0000	1,0000	1,0000	1,0000

	$n=8$							
	p							
x	0,01	0,05	0,10	0,20	0,25	0,30	0,40	0,50
0	0,9227	0,6634	0,4305	0,1678	0,1001	0,0576	0,0168	0,0039
1	0,9973	0,9428	0,8131	0,5033	0,3671	0,2553	0,1064	0,0352
2	0,9999	0,9942	0,9619	0,7969	0,6785	0,5518	0,3154	0,1445
3	1,0000	0,9996	0,9950	0,9437	0,8862	0,8059	0,5941	0,3633
4	1,0000	1,0000	0,9996	0,9896	0,9727	0,9420	0,8263	0,6367
5	1,0000	1,0000	1,0000	0,9988	0,9958	0,9887	0,9502	0,8555
6	1,0000	1,0000	1,0000	0,9999	0,9996	0,9987	0,9915	0,9648
7	1,0000	1,0000	1,0000	1,0000	1,0000	0,9999	0,9993	0,9961
8	1,0000	1,0000	1,0000	1,0000	1,0000	1,0000	1,0000	1,0000

	$n=9$							
	p							
x	0,01	0,05	0,10	0,20	0,25	0,30	0,40	0,50
0	0,9135	0,6302	0,3874	0,1342	0,0751	0,0404	0,0101	0,0020
1	0,9966	0,9288	0,7748	0,4362	0,3003	0,1960	0,0705	0,0195
2	0,9999	0,9916	0,9470	0,7382	0,6007	0,4628	0,2318	0,0898
3	1,0000	0,9994	0,9917	0,9144	0,8343	0,7297	0,4826	0,2539
4	1,0000	1,0000	0,9991	0,9804	0,9511	0,9012	0,7334	0,5000
5	1,0000	1,0000	0,9999	0,9969	0,9900	0,9747	0,9006	0,7461
6	1,0000	1,0000	1,0000	0,9997	0,9987	0,9957	0,9750	0,9102
7	1,0000	1,0000	1,0000	1,0000	0,9999	0,9996	0,9962	0,9805
8	1,0000	1,0000	1,0000	1,0000	1,0000	1,0000	0,9997	0,9980
9	1,0000	1,0000	1,0000	1,0000	1,0000	1,0000	1,0000	1,0000

Binomialverteilung

	$n = 10$							
	p							
x	0,01	0,05	0,10	0,20	0,25	0,30	0,40	0,50
0	0,9044	0,5987	0,3487	0,1074	0,0563	0,0282	0,0060	0,0010
1	0,9957	0,9139	0,7361	0,3758	0,2440	0,1493	0,0464	0,0107
2	0,9999	0,9885	0,9298	0,6778	0,5256	0,3828	0,1673	0,0547
3	1,0000	0,9990	0,9872	0,8791	0,7759	0,6496	0,3823	0,1719
4	1,0000	0,9999	0,9984	0,9672	0,9219	0,8497	0,6331	0,3770
5	1,0000	1,0000	0,9999	0,9936	0,9803	0,9527	0,8338	0,6230
6	1,0000	1,0000	1,0000	0,9991	0,9965	0,9894	0,9452	0,8281
7	1,0000	1,0000	1,0000	0,9999	0,9996	0,9984	0,9877	0,9453
8	1,0000	1,0000	1,0000	1,0000	1,0000	0,9999	0,9983	0,9893
9	1,0000	1,0000	1,0000	1,0000	1,0000	1,0000	0,9999	0,9990
10	1,0000	1,0000	1,0000	1,0000	1,0000	1,0000	1,0000	1,0000

	$n = 15$							
	p							
x	0,01	0,05	0,10	0,20	0,25	0,30	0,40	0,50
0	0,8601	0,4633	0,2059	0,0352	0,0134	0,0047	0,0005	0,0000
1	0,9904	0,8290	0,5490	0,1671	0,0802	0,0353	0,0052	0,0005
2	0,9996	0,9638	0,8159	0,3980	0,2361	0,1268	0,0271	0,0037
3	1,0000	0,9945	0,9444	0,6482	0,4613	0,2969	0,0905	0,0176
4	1,0000	0,9994	0,9873	0,8358	0,6865	0,5155	0,2173	0,0592
5	1,0000	0,9999	0,9978	0,9389	0,8516	0,7216	0,4032	0,1509
6	1,0000	1,0000	0,9997	0,9819	0,9434	0,8689	0,6098	0,3036
7	1,0000	1,0000	1,0000	0,9958	0,9827	0,9500	0,7869	0,5000
8	1,0000	1,0000	1,0000	0,9992	0,9958	0,9848	0,9050	0,6964
9	1,0000	1,0000	1,0000	0,9999	0,9992	0,9963	0,9662	0,8491
10	1,0000	1,0000	1,0000	1,0000	0,9999	0,9993	0,9907	0,9408
11	1,0000	1,0000	1,0000	1,0000	1,0000	0,9999	0,9981	0,9824
12	1,0000	1,0000	1,0000	1,0000	1,0000	1,0000	0,9997	0,9963
13	1,0000	1,0000	1,0000	1,0000	1,0000	1,0000	1,0000	0,9995
14	1,0000	1,0000	1,0000	1,0000	1,0000	1,0000	1,0000	1,0000

Binomialverteilung

	$n = 20$							
	p							
x	0,01	0,05	0,10	0,20	0,25	0,30	0,40	0,50
0	0,8179	0,3585	0,1216	0,0115	0,0032	0,0008	0,0000	0,0000
1	0,9831	0,7358	0,3917	0,0692	0,0243	0,0076	0,0005	0,0000
2	0,9990	0,9245	0,6769	0,2061	0,0913	0,0355	0,0036	0,0002
3	1,0000	0,9841	0,8670	0,4114	0,2252	0,1071	0,0160	0,0013
4	1,0000	0,9974	0,9568	0,6296	0,4148	0,2375	0,0510	0,0059
5	1,0000	0,9997	0,9887	0,8042	0,6172	0,4164	0,1256	0,0207
6	1,0000	1,0000	0,9976	0,9133	0,7858	0,6080	0,2500	0,0577
7	1,0000	1,0000	0,9996	0,9679	0,8982	0,7723	0,4159	0,1316
8	1,0000	1,0000	0,9999	0,9900	0,9591	0,8867	0,5956	0,2517
9	1,0000	1,0000	1,0000	0,9974	0,9861	0,9520	0,7553	0,4119
10	1,0000	1,0000	1,0000	0,9994	0,9961	0,9829	0,8725	0,5881
11	1,0000	1,0000	1,0000	0,9999	0,9991	0,9949	0,9435	0,7483
12	1,0000	1,0000	1,0000	1,0000	0,9998	0,9987	0,9790	0,8684
13	1,0000	1,0000	1,0000	1,0000	1,0000	0,9997	0,9935	0,9423
14	1,0000	1,0000	1,0000	1,0000	1,0000	1,0000	0,9984	0,9793
15	1,0000	1,0000	1,0000	1,0000	1,0000	1,0000	0,9997	0,9941
16	1,0000	1,0000	1,0000	1,0000	1,0000	1,0000	1,0000	0,9987
17	1,0000	1,0000	1,0000	1,0000	1,0000	1,0000	1,0000	0,9998
18	1,0000	1,0000	1,0000	1,0000	1,0000	1,0000	1,0000	1,0000

Binomialverteilung

	$n = 25$							
	p							
x	0,01	0,05	0,10	0,20	0,25	0,30	0,40	0,50
0	0,7778	0,2774	0,0718	0,0038	0,0008	0,0001	0,0000	0,0000
1	0,9742	0,6424	0,2712	0,0274	0,0070	0,0016	0,0001	0,0000
2	0,9980	0,8729	0,5371	0,0982	0,0321	0,0090	0,0004	0,0000
3	0,9999	0,9659	0,7636	0,2340	0,0962	0,0332	0,0024	0,0001
4	1,0000	0,9928	0,9020	0,4207	0,2137	0,0905	0,0095	0,0005
5	1,0000	0,9988	0,9666	0,6167	0,3783	0,1935	0,0294	0,0020
6	1,0000	0,9998	0,9905	0,7800	0,5611	0,3407	0,0736	0,0073
7	1,0000	1,0000	0,9977	0,8909	0,7265	0,5118	0,1536	0,0216
8	1,0000	1,0000	0,9995	0,9532	0,8506	0,6769	0,2735	0,0539
9	1,0000	1,0000	0,9999	0,9827	0,9287	0,8106	0,4246	0,1148
10	1,0000	1,0000	1,0000	0,9944	0,9703	0,9022	0,5858	0,2122
11	1,0000	1,0000	1,0000	0,9985	0,9893	0,9558	0,7323	0,3450
12	1,0000	1,0000	1,0000	0,9996	0,9966	0,9825	0,8462	0,5000
13	1,0000	1,0000	1,0000	0,9999	0,9991	0,9940	0,9222	0,6550
14	1,0000	1,0000	1,0000	1,0000	0,9998	0,9982	0,9656	0,7878
15	1,0000	1,0000	1,0000	1,0000	1,0000	0,9995	0,9868	0,8852
16	1,0000	1,0000	1,0000	1,0000	1,0000	0,9999	0,9957	0,9461
17	1,0000	1,0000	1,0000	1,0000	1,0000	1,0000	0,9988	0,9784
18	1,0000	1,0000	1,0000	1,0000	1,0000	1,0000	0,9997	0,9927
19	1,0000	1,0000	1,0000	1,0000	1,0000	1,0000	0,9999	0,9980
20	1,0000	1,0000	1,0000	1,0000	1,0000	1,0000	1,0000	0,9995
21	1,0000	1,0000	1,0000	1,0000	1,0000	1,0000	1,0000	0,9999
22	1,0000	1,0000	1,0000	1,0000	1,0000	1,0000	1,0000	1,0000

Standardnormalverteilung

Wertetabelle der Verteilungsfunktion: $\Phi(z) = P(Z \leq z),\ z > 0$

z	0,00	0,01	0,02	0,03	0,04	0,05	0,06	0,07	0,08	0,09
0,0	0,5000	0,5040	0,5080	0,5120	0,5160	0,5199	0,5239	0,5279	0,5319	0,5359
0,1	0,5398	0,5438	0,5478	0,5517	0,5557	0,5596	0,5636	0,5675	0,5714	0,5753
0,2	0,5793	0,5832	0,5871	0,5910	0,5948	0,5987	0,6026	0,6064	0,6103	0,6141
0,3	0,6179	0,6217	0,6255	0,6293	0,6331	0,6368	0,6406	0,6443	0,6480	0,6517
0,4	0,6554	0,6591	0,6628	0,6664	0,6700	0,6736	0,6772	0,6808	0,6844	0,6879
0,5	0,6915	0,6950	0,6985	0,7019	0,7054	0,7088	0,7123	0,7157	0,7190	0,7224
0,6	0,7257	0,7291	0,7324	0,7357	0,7389	0,7422	0,7454	0,7486	0,7517	0,7549
0,7	0,7580	0,7611	0,7642	0,7673	0,7704	0,7734	0,7764	0,7794	0,7823	0,7852
0,8	0,7881	0,7910	0,7939	0,7967	0,7995	0,8023	0,8051	0,8078	0,8106	0,8133
0,9	0,8159	0,8186	0,8212	0,8238	0,8264	0,8289	0,8315	0,8340	0,8365	0,8389
1,0	0,8413	0,8438	0,8461	0,8485	0,8508	0,8531	0,8554	0,8577	0,8599	0,8621
1,1	0,8643	0,8665	0,8686	0,8708	0,8729	0,8749	0,8770	0,8790	0,8810	0,8830
1,2	0,8849	0,8869	0,8888	0,8907	0,8925	0,8944	0,8962	0,8980	0,8997	0,9015
1,3	0,9032	0,9049	0,9066	0,9082	0,9099	0,9115	0,9131	0,9147	0,9162	0,9177
1,4	0,9192	0,9207	0,9222	0,9236	0,9251	0,9265	0,9279	0,9292	0,9306	0,9319
1,5	0,9332	0,9345	0,9357	0,9370	0,9382	0,9394	0,9406	0,9418	0,9429	0,9441
1,6	0,9452	0,9463	0,9474	0,9484	0,9495	0,9505	0,9515	0,9525	0,9535	0,9545
1,7	0,9554	0,9564	0,9573	0,9582	0,9591	0,9599	0,9608	0,9616	0,9625	0,9633
1,8	0,9641	0,9649	0,9656	0,9664	0,9671	0,9678	0,9686	0,9693	0,9699	0,9706
1,9	0,9713	0,9719	0,9726	0,9732	0,9738	0,9744	0,9750	0,9756	0,9761	0,9767
2,0	0,9772	0,9778	0,9783	0,9788	0,9793	0,9798	0,9803	0,9808	0,9812	0,9817
2,1	0,9821	0,9826	0,9830	0,9834	0,9838	0,9842	0,9846	0,9850	0,9854	0,9857
2,2	0,9861	0,9864	0,9868	0,9871	0,9875	0,9878	0,9881	0,9884	0,9887	0,9890
2,3	0,9893	0,9896	0,9898	0,9901	0,9904	0,9906	0,9909	0,9911	0,9913	0,9916
2,4	0,9918	0,9920	0,9922	0,9925	0,9927	0,9929	0,9931	0,9932	0,9934	0,9936
2,5	0,9938	0,9940	0,9941	0,9943	0,9945	0,9946	0,9948	0,9949	0,9951	0,9952
2,6	0,9953	0,9955	0,9956	0,9957	0,9959	0,9960	0,9961	0,9962	0,9963	0,9964
2,7	0,9965	0,9966	0,9967	0,9968	0,9969	0,9970	0,9971	0,9972	0,9973	0,9974
2,8	0,9974	0,9975	0,9976	0,9977	0,9977	0,9978	0,9979	0,9979	0,9980	0,9981
2,9	0,9981	0,9982	0,9982	0,9983	0,9984	0,9984	0,9985	0,9985	0,9986	0,9986
3,0	0,9987	0,9987	0,9987	0,9988	0,9988	0,9989	0,9989	0,9989	0,9990	0,9990

$\Phi(3,1) = 0,9990$, $\Phi(3,2) = 0,9993$, $\Phi(3,3) = 0,9995$,
$\Phi(3,4) = 0,9997$, $\Phi(3,5) = 0,9998$, $\Phi(3,6) = 0,9998$,
$\Phi(3,7) = 0,9999$, $\Phi(3,8) = 0,9999$, $\Phi(3,9) = 1,0000$

t-Verteilung

Wertetabelle der Quantile der $t(n)$-Verteilung

	$1-\alpha$						
n	0,8	0,85	0,9	0,95	0,975	0,99	0,995
1	1,3764	1,9626	3,0777	6,3138	12,7062	31,8205	63,6567
2	1,0607	1,3862	1,8856	2,9200	4,3027	6,9646	9,9248
3	0,9785	1,2498	1,6377	2,3534	3,1824	4,5407	5,8409
4	0,9410	1,1896	1,5332	2,1318	2,7764	3,7469	4,6041
5	0,9195	1,1558	1,4759	2,0150	2,5706	3,3649	4,0321
6	0,9057	1,1342	1,4398	1,9432	2,4469	3,1427	3,7074
7	0,8960	1,1192	1,4149	1,8946	2,3646	2,9980	3,4995
8	0,8889	1,1081	1,3968	1,8595	2,3060	2,8965	3,3554
9	0,8834	1,0997	1,3830	1,8331	2,2622	2,8214	3,2498
10	0,8791	1,0931	1,3722	1,8125	2,2281	2,7638	3,1693
11	0,8755	1,0877	1,3634	1,7959	2,2010	2,7181	3,1058
12	0,8726	1,0832	1,3562	1,7823	2,1788	2,6810	3,0545
13	0,8702	1,0795	1,3502	1,7709	2,1604	2,6503	3,0123
14	0,8681	1,0763	1,3450	1,7613	2,1448	2,6245	2,9768
15	0,8662	1,0735	1,3406	1,7531	2,1314	2,6025	2,9467
16	0,8647	1,0711	1,3368	1,7459	2,1199	2,5835	2,9208
17	0,8633	1,0690	1,3334	1,7396	2,1098	2,5669	2,8982
18	0,8620	1,0672	1,3304	1,7341	2,1009	2,5524	2,8784
19	0,8610	1,0655	1,3277	1,7291	2,0930	2,5395	2,8609
20	0,8600	1,0640	1,3253	1,7247	2,0860	2,5280	2,8453
21	0,8591	1,0627	1,3232	1,7207	2,0796	2,5176	2,8314
22	0,8583	1,0614	1,3212	1,7171	2,0739	2,5083	2,8188
23	0,8575	1,0603	1,3195	1,7139	2,0687	2,4999	2,8073
24	0,8569	1,0593	1,3178	1,7109	2,0639	2,4922	2,7969
25	0,8562	1,0584	1,3163	1,7081	2,0595	2,4851	2,7874
26	0,8557	1,0575	1,3150	1,7056	2,0555	2,4786	2,7787
27	0,8551	1,0567	1,3137	1,7033	2,0518	2,4727	2,7707
28	0,8546	1,0560	1,3125	1,7011	2,0484	2,4671	2,7633
29	0,8542	1,0553	1,3114	1,6991	2,0452	2,4620	2,7564
30	0,8538	1,0547	1,3104	1,6973	2,0423	2,4573	2,7500

$\chi^2(n)$-**Verteilung**

Wertetabelle der Quantile der $\chi^2(n)$-Verteilung

					$1-\alpha$				
n	0,01	0,025	0,05	0,1	0,5	0,9	0,95	0,975	0,99
1	0,0002	0,0010	0,0039	0,0158	0,4549	2,7055	3,8415	5,0239	6,6349
2	0,0201	0,0506	0,1026	0,2107	1,3863	4,6052	5,9915	7,3778	9,2103
3	0,1148	0,2158	0,3518	0,5844	2,3660	6,2514	7,8147	9,3484	11,3449
4	0,2971	0,4844	0,7107	1,0636	3,3567	7,7794	9,4877	11,1433	13,2767
5	0,5543	0,8312	1,1455	1,6103	4,3515	9,2364	11,0705	12,8325	15,0863
6	0,8721	1,2373	1,6354	2,2041	5,3481	10,6446	12,5916	14,4494	16,8119
7	1,2390	1,6899	2,1673	2,8331	6,3458	12,0170	14,0671	16,0128	18,4753
8	1,6465	2,1797	2,7326	3,4895	7,3441	13,3616	15,5073	17,5345	20,0902
9	2,0879	2,7004	3,3251	4,1682	8,3428	14,6837	16,9190	19,0228	21,6660
10	2,5582	3,2470	3,9403	4,8652	9,3418	15,9872	18,3070	20,4832	23,2093
11	3,0535	3,8157	4,5748	5,5778	10,3410	17,2750	19,6751	21,9200	24,7250
12	3,5706	4,4038	5,2260	6,3038	11,3403	18,5493	21,0261	23,3367	26,2170
13	4,1069	5,0088	5,8919	7,0415	12,3398	19,8119	22,3620	24,7356	27,6882
14	4,6604	5,6287	6,5706	7,7895	13,3393	21,0641	23,6848	26,1189	29,1412
15	5,2293	6,2621	7,2609	8,5468	14,3389	22,3071	24,9958	27,4884	30,5779
16	5,8122	6,9077	7,9616	9,3122	15,3385	23,5418	26,2962	28,8454	31,9999
17	6,4078	7,5642	8,6718	10,0852	16,3382	24,7690	27,5871	30,1910	33,4087
18	7,0149	8,2307	9,3905	10,8649	17,3379	25,9894	28,8693	31,5264	34,8053
19	7,6327	8,9065	10,1170	11,6509	18,3377	27,2036	30,1435	32,8523	36,1909
20	8,2604	9,5908	10,8508	12,4426	19,3374	28,4120	31,4104	34,1696	37,5662
21	8,8972	10,2829	11,5913	13,2396	20,3372	29,6151	32,6706	35,4789	38,9322
22	9,5425	10,9823	12,3380	14,0415	21,3370	30,8133	33,9244	36,7807	40,2894
23	10,1957	11,6886	13,0905	14,8480	22,3369	32,0069	35,1725	38,0756	41,6384
24	10,8564	12,4012	13,8484	15,6587	23,3367	33,1962	36,4150	39,3641	42,9798
25	11,5240	13,1197	14,6114	16,4734	24,3366	34,3816	37,6525	40,6465	44,3141
26	12,1981	13,8439	15,3792	17,2919	25,3365	35,5632	38,8851	41,9232	45,6417
27	12,8785	14,5734	16,1514	18,1139	26,3363	36,7412	40,1133	43,1945	46,9629
28	13,5647	15,3079	16,9279	18,9392	27,3362	37,9159	41,3371	44,4608	48,2782
29	14,2565	16,0471	17,7084	19,7677	28,3361	39,0875	42,5570	45,7223	49,5879
30	14,9535	16,7908	18,4927	20,5992	29,3360	40,2560	43,7730	46,9792	50,8922

Literaturverzeichnis

[1] Bamberg, G. ; Baur, F.: *Statistik.* R. Oldenbourg Verlag München Wien, 1989

[2] Bamberg, G. ; Baur, F. ; Krapp, M.: *Statistik.* Oldenbourg Verlag München, 2009

[3] Basieux, P.: *Die Architektur der Mathematik. Denken in Strukturen.* Rowohlt Taschenbuch Verlag GmbH, 2000

[4] Bergamini, D.: *Die Mathematik.* TIME-LIFE International (Nederland) N. V., 1971

[5] Bewersdorff, J.: *STATISTIK - wie und warum sie funktioniert. Ein mathematisches Lesebuch.* Vieweg+Teubner Verlag, 2011

[6] Buttler, G. ; Fickel, N.: *Statistik mit Stichproben.* Rowohlt Taschenbuch Verlag, Reinbek bei Hamburg, 2002

[7] Chung, K.L.: *Elementare Wahrscheinlichkeitstheorie und Stochastische Prozesse.* Springer Verlag, 1978

[8] Cottin, C. ; Döhler, S.: *Risikoanalyse.* Vieweg+Teubner, 2009

[9] Daume, P.: *Finanzmathematik im Unterricht.* Vieweg+Teubner, 2009

[10] Devlin, K.: *Pascal, Fermat und die Berechnung des Glücks.* Verlag C.H.Beck München, 2009

[11] Fahrmeir, L. ; Künstler, R. ; Pigeot, I. ; Tutz, G.: *Statistik. Der Weg zur Datenanalyse.* Springer, 2007

[12] Goldrian, G. (Hrsg.): *ifo Beiträge zur Wirtschaftsforschung. Handbuch der umfragebasierten Konjunkturforschung.* 2004

[13] Gonick, L. ; Smith, W.: *The cartoon guide to statistics.* HarperCollins Publishers, Inc., 2005

[14] Kaplan, E. ; Kaplan, M.: *Eins zu Tausend. Die Geschichte der Wahrscheinlichkeitsrechnung.* Campus Verlag GmbH, Frankfurt/Main, 2007

[15] Keller, G.: *Manegerial Statistics.* 9th edition. International Edition. South-Western Cengage Learning, 2009

[16] Krämer, W.: *So lügt man mit Statistik.* Campus Verlag Frankfurt/New York., 1992

[17] Krämer, W.: *Statistik verstehen.* Piper Verlag GmbH, München, 2001

[18] NIERHAUS, W.: Zur Einführung der Vorjahrespreisbasis in der deutschen Statistik: Konsequenzen für die Konjunkturanalyse (58. Jahrgang - ifo Schnelldienst 5/2005). – Forschungsbericht. – 19 – 27 S.

[19] PIMM, D. (Hrsg.): *An Open University First Level Course. MU 120 Unit 2. Block A. For better, for worse. Prices.* Henry Ling Ltd, The Dorset Press, Dorchester, 1996

[20] PINDYCK, R. ; RUBINFELD, D.: *Mikroökonomie.* 7., aktualisierte Auflage. München: Pearson Studium, 2009

[21] PREXL, S. ; M.BLOSS ; D.ERNST ; C.HAAS ; J.HÄCKER ; B.RÖCK: *Financial Modeling.* Schäfer-Poeschel Verlag Stutgart, 2010

[22] RANDOW, G. v.: *Das Ziegenproblem. Denken in Wahrscheinlichkeiten.* Rowohlt, Reinbek bei Hamburg, 2004

[23] SCHIRA, J.: *Statistische Methoden der VWL und BWL.* 3., aktualisierte Auflage. München: Pearson Studium, 2009

[24] WALZ, G. (Hrsg.): *Lexikon der Statistik.* Elsevier Spektrum akademischer Verlag, München, 2004

Index